高等院校电脑美术教材

Flash CC 中文版动画制作基础教程

焦 建 编 著

清华大学出版社

北 京

内 容 简 介

本书由浅入深、循序渐进地介绍了 Flash CC 的使用方法和操作技巧。全书共 18 章,包括认识 Flash CC 及工作环境,基本图形的绘制,素材文件的导入,图形的编辑与操作,色彩工具的使用,文本的编辑与应用,元件、库和实例,制作简单的动画,补间与多场景动画的制作,ActionScript 基础与基本语句,组件的应用,动画作品的输出和发布等内容,最后根据 Flash 不同的应用领域,安排了六章项目指导,分别为:常用 Flash 文字效果、商业卡通形象绘制、商业广告的设计与制作、网站片头的设计与制作、贺卡的设计与制作、多媒体课件的制作。

书每一章都围绕综合实例来介绍,便于提高和拓宽读者对 Flash CC 基本功能的掌握与应用。

本书内容翔实,结构清晰,语言流畅,实例分析透彻,操作步骤简洁实用,适合广大初学 Flash CC 的用户使用,也可作为各类高等院校相关专业的教材。

图书在版编目(CIP)数据

Flash CC 中文版动画制作基础教程/焦建编著. --北京:清华大学出版社,2014
(高等院校电脑美术教材)
ISBN 978-7-302-36667-6

Ⅰ. ①F… Ⅱ. ①焦… Ⅲ. ①动画制作软件—高等学校—教材 Ⅳ. ①TP391.41

中国版本图书馆 CIP 数据核字(2014)第 112981 号

责任编辑:张彦青
封面设计:杨玉兰
责任校对:李玉萍
责任印制:沈 露

出版发行:清华大学出版社
    网 址:http://www.tup.com.cn,http://www.wqbook.com
    地 址:北京清华大学学研大厦 A 座   邮 编:100084
    社 总 机:010-62770175   邮 购:010-62786544
    投稿与读者服务:010-62776969,c-service@tup.tsinghua.edu.cn
    质 量 反 馈:010-62772015,zhiliang@tup.tsinghua.edu.cn
    课 件 下 载:http://www.tup.com.cn,010-62791865
印 刷 者:北京鑫丰华彩印有限公司
装 订 者:三河市溧源装订厂
经 销:全国新华书店
开 本:185mm×260mm 印 张:25.5 字 数:610 千字
    (附 DVD1 张)
版 次:2014 年 7 月第 1 版 印 次:2014 年 7 月第1 次印刷
印 数:1~3500
定 价:56.00 元

产品编号:057915-01

前　言

1. Flash CC 中文版简介

Flash CC 是一款优秀的矢量动画编辑软件，具有高品质、跨平台、可嵌入声音、视频，以及强大的交互功能等特性。由于文件体积小，播放效果清晰，因此深受广大用户的青睐，广泛应用于媒体宣传、动漫设计、网站设计、游戏开发等领域。

当前，Flash 动画飞速发展，越来越多的人喜欢上了 Flash 动画角色，专门从事 Flash 动画制作的公司也逐渐增多，闪客们不再像以前只是为了一个爱好而学习 Flash 动画技术，已经把 Flash 动画当成了自己的事业。Flash 动画所涉及的领域也越来越多，从简单的 Flash 动画广告发展到 Flash 短片，再发展到 Flash 影视广告、影视动画，逐渐被动画制作者作为制作影视动画的工具。如日中天的 Flash 不仅在网页制作、多媒体演示、手机、电视等领域得到广泛的应用，而且已经成为一种动画制作手段。Adobe 公司最新推出的 Flash CC，将动画设计、手机应用设计、用户界面，以及 HTML 代码整合功能提升到了前所未有的高度。

2. 本书内容介绍

全书共 18 章，循序渐进地介绍了 Flash CC 的基本操作和功能，详细讲解了 Flash CC 的工作环境、基本图形绘制和编辑、常用动画的制作、ActionScript 语句和组件的应用等，具体内容如下。

第 1 章　主要介绍 Flash CC 的工作环境，其中包括 Flash 动画的定义、Flash 动画的应用领域、Flash 中的基本术语、Flash CC 的新增功能、Flash CC 的安装、Flash 的启动和退出等。

第 2 章　详细介绍 Flash CC 的基本绘图功能，其中包括线条及几何图形的绘制，另外还介绍了辅助工具的使用，例如网格线、标尺等。

第 3 章　主要介绍素材文件导入的基本操作，包括图像文件、其他图形格式的文件、视频音频文件的导入以及素材的导出和影片的发布与输出。

第 4 章　主要介绍图形的编辑与操作，其中包括选择工具的使用、任意变形工具的使用、图形的其他操作及图形辅助工具的使用等。

第 5 章　介绍色彩工具的使用，包括笔触和填充工具的使用、橡皮擦工具的使用、颜色和样板面板的使用。

第 6 章　主要介绍文本的编辑与应用，其中主要包括文本工具的应用、编辑文本、对文本进行整体参照及文本滤镜的应用等。

第 7 章　主要介绍元件、库和实例的应用，其中包括元件的基本操作、元件库的基本操作，以及实例的基本操作等。

第 8 章　主要介绍如何制作简单的动画及在制作动画过程中图层和帧的应用，主要包括图层的使用、使用图层文件夹管理图层、处理关键帧、处理普通关键帧、编辑多个帧及如何使用绘图纸等。

第 9 章　主要介绍补间及多场景动画的制作，主要包括创建补间动画、创建补间形状动画、引导层动画，以及遮罩层动画的制作等。

第 10 章　主要介绍 ActionScript 基础及基本语句，主要包括 ActionScript 的概念、编程环境、数据类型、变量、运算符、ActionScript 语法等。

第 11 章　主要介绍组件的应用，包括组件的基础知识、UI 组件及 Video 组件的应用。

第 12 章　主要介绍动画作品的输出与发布，包括测试并优化 Flash 作品、Flash 作品的导出、发布 Flash 格式等。

第 13 章　主要介绍 Flash 文字特效的制作，包括弹跳文字、闪光文字、渐隐渐变文字、破碎文字、风吹文字、波光文字和放大文字的制作等。

第 14 章　通过介绍卡通动物、按钮图标、卡通人物的绘制综合学习商业卡通的绘制。

第 15 章　主要介绍商业广告的设计与制作，包括制作装饰公司宣传广告、制作手机宣传广告等。

第 16 章　主要介绍网站片头的设计与制作，其中包括网页导航栏和网站动画的制作。

第 17 章　介绍如何制作贺卡及贺卡的设计，包括祝福贺卡及友情贺卡的制作。

第 18 章　介绍多媒体课件的制作，其中包括课件首页和导航的制作、课件页面的制作以及结束页面的制作。

3. 本书约定

为便于阅读理解，本书的写作风格遵从如下约定。

- 本书中出现的中文菜单和命令将用【】括起来，以示区分。此外，为了使语句更加简洁易懂，本书中所有的菜单和命令之间以竖线(|)分隔，例如，单击【编辑】菜单，再选择【移动】命令，就用【编辑】|【移动】来表示。

- 用加号(+)连接的两个或三个键表示组合键，在操作时表示同时按下这两个或三个键。例如，Ctrl+V 是指在按下 Ctrl 键的同时，再按下 V 字母键；Ctrl+Alt+F10 是指在按下 Ctrl 和 Alt 键的同时，再按下功能键 F10。

- 在没有特殊指定时，单击、双击和拖曳是指用鼠标左键单击、双击和拖曳，右击是指用鼠标右键单击。

本书内容充实，结构清晰，功能讲解详细，实例分析透彻，适合 Flash 初级用户全面了解与学习，本书同样可作为各类高等院校相关专业以及社会培训班的教材。

衷心感谢在本书出版过程中给予我帮助以及为这本书付出辛勤劳动的清华大学出版社的编辑和老师们。

本书主要由德州职业技术学院的焦建老师以及葛伦、高甲斌、刘蒙蒙、徐文秀、任大为、李少勇编写，参加本书编写的还有白文才、刘鹏磊、张林、于海宝、王玉、李娜、李乐乐、徐伟伟、张云、弥蓬、任龙飞、刘峥、刘晶老师，其他参与编写、校对以及排版的有陈月娟、陈月霞、刘希林、黄健、黄永生、田冰、徐昊，以及北方电脑学校的刘德生、宋明、刘景君老师，谢谢你们在书稿前期材料的组织、版式设计、校对、编排以及为大量图片的处理所做的工作。

编　者

目　　录

第1章　认识 Flash CC 及工作环境 1

1.1　什么是 Flash 动画 1

　　1.1.1　Flash 的历史与现状 1

　　1.1.2　Flash 动画的发展前景 3

　　1.1.3　Flash 动画的特点 3

　　1.1.4　Flash 动画的制作成本 4

1.2　Flash 动画的应用领域 5

1.3　Flash 中的基本术语 7

　　1.3.1　矢量图形和位图图像 7

　　1.3.2　场景和帧 7

1.4　Flash CC 的新增功能 8

　　1.4.1　Toolkit for CreateJS 8

　　1.4.2　导出 Sprite 表 8

　　1.4.3　高效 SWF 压缩 9

　　1.4.4　直接模式发布 9

　　1.4.5　在 AIR 插件中支持直接
　　　　　渲染模式 10

　　1.4.6　从 Flash Pro 获取最新版
　　　　　Flash Player 10

　　1.4.7　导出 PNG 序列文件 10

1.5　Flash 的启动与退出 11

　　1.5.1　启动 Flash CC 11

　　1.5.2　退出 Flash CC 11

1.6　Flash CC 的操作界面 12

　　1.6.1　Flash CC 启动后的开始页 12

　　1.6.2　菜单栏 13

　　1.6.3　时间轴 14

　　1.6.4　工具箱 14

　　1.6.5　舞台和工作区 15

　　1.6.6　【属性】面板 15

1.7　【首选参数】对话框 16

　　1.7.1　【常规】选项卡 16

　　1.7.2　【代码编辑器】选项卡 17

　　1.7.3　【文本】选项卡 17

　　1.7.4　【绘制】选项卡 17

1.8　文件的基本操作 18

　　1.8.1　新建文件 18

　　1.8.2　设定文件大小 19

　　1.8.3　设定文件背景颜色 20

　　1.8.4　设定动画播放速率 20

　　1.8.5　打开文件 21

　　1.8.6　测试文件 21

　　1.8.7　保存文件 22

　　1.8.8　关闭文件 22

1.9　习题 23

第2章　绘制基本图形 24

2.1　认识 Flash CC 工具箱 24

2.2　绘制生动的线条 24

　　2.2.1　线条工具 24

　　2.2.2　铅笔工具 26

　　2.2.3　钢笔工具 27

　　2.2.4　刷子工具 28

2.3　绘制几何图形 30

　　2.3.1　椭圆工具和基本椭圆工具 30

　　2.3.2　矩形工具和基本矩形工具 31

　　2.3.3　多角星形工具 33

2.4　设置文档属性 34

2.5　标尺的使用 35

　　2.5.1　打开/隐藏标尺 35

　　2.5.2　修改标尺单位 35

2.6　辅助线的使用 35

　　2.6.1　添加/删除辅助线 36

　　2.6.2　移动/对齐辅助线 37

2.6.3 锁定/解锁辅助线..................37

2.6.4 显示/隐藏辅助线..................37

2.6.5 设置辅助线参数..................38

2.7 网格工具的使用........................38

2.7.1 显示/隐藏网格..................39

2.7.2 对齐网格..........................39

2.8 修改网格参数............................39

2.9 上机练习——绘制万圣节南瓜头..40

2.10 习题......................................43

第3章 素材文件的导入....................44

3.1 导入图像文件............................44

3.1.1 导入位图..........................44

3.1.2 压缩位图..........................45

3.1.3 转换位图..........................46

3.2 导入更多图形格式......................47

3.2.1 导入 AI 文件......................47

3.2.2 导入 PSD 文件....................48

3.2.3 导入 PNG 文件....................49

3.2.4 导入 FreeHand 文件............49

3.3 导入视频文件............................50

3.4 导入音频文件............................52

3.4.1 导入音频文件的方法............52

3.4.2 编辑音频..........................53

3.4.3 压缩音频..........................54

3.5 素材的导出................................55

3.5.1 导出图像文件....................55

3.5.2 导出图像序列文件..............56

3.5.3 导出 SWF 影片....................57

3.5.4 导出视频..........................58

3.6 影片的发布及输出......................59

3.6.1 发布为 SWF 文件及 HTML

文件..............................59

3.6.2 发布 GIF 文件....................60

3.6.3 发布 JPEG 文件..................60

3.6.4 发布 PNG 文件....................61

3.7 上机练习——添加背景音乐............61

3.8 习题......................................65

第4章 图形的编辑与操作..................66

4.1 选择工具的使用..........................66

4.1.1 使用选择工具....................66

4.1.2 使用部分选择工具..............68

4.2 任意变形工具的使用....................68

4.2.1 旋转和倾斜对象..................69

4.2.2 缩放对象..........................69

4.2.3 扭曲对象..........................70

4.2.4 封套变形对象....................70

4.3 图形的其他操作..........................71

4.3.1 组合对象和分离对象............71

4.3.2 对象的对齐........................71

4.3.3 修饰图形..........................72

4.4 查看图形的辅助工具....................74

4.4.1 缩放工具..........................74

4.4.2 手形工具..........................75

4.5 上机练习..................................75

4.5.1 绘制卡通人物标志..............75

4.5.2 绘制卡通小蜜蜂..................79

4.6 习题......................................83

第5章 色彩工具的使用....................84

5.1 笔触和填充工具的使用................84

5.1.1 墨水瓶工具的使用..............84

5.1.2 颜料桶工具的使用..............85

5.1.3 滴管工具的使用..................86

5.1.4 渐变变形工具的使用............87

5.1.5 任意变形工具参照..............88

5.2 橡皮擦工具的使用......................90

5.3 【颜色】和【样本】面板的使用......92

5.3.1 【颜色】面板的使用............92

5.3.2 【样本】面板的使用............93

5.4 上机练习..................................93

5.4.1　绘制花纹图案................93

5.4.2　绘制卡通房子................96

5.5　习题................................99

第6章　文本的编辑与应用.........100

6.1　文本工具简介....................100

6.1.1　文本工具的属性..........100

6.1.2　文本的类型................102

6.2　编辑文本..........................103

6.2.1　文本的编辑................103

6.2.2　修改文本..................104

6.2.3　文字的分离................104

6.3　对文字进行整体变形............105

6.4　对文字进行局部变形............105

6.5　应用文本滤镜....................106

6.5.1　为文本添加滤镜效果....106

6.5.2　投影滤镜..................106

6.5.3　模糊滤镜..................107

6.5.4　发光滤镜..................107

6.5.5　斜角滤镜..................108

6.5.6　渐变发光滤镜............109

6.5.7　渐变斜角滤镜............109

6.5.8　调整颜色滤镜............110

6.6　文本的其他应用................110

6.6.1　字体元件的创建和使用..........111

6.6.2　缺失字体的替换..........112

6.7　上机练习..........................113

6.7.1　渐变文字效果的制作....113

6.7.2　立体文字效果的制作.....116

6.8　习题..............................117

第7章　元件、库和实例...........119

7.1　元件..............................119

7.1.1　元件概述..................119

7.1.2　元件的类型................119

7.1.3　转换为元件................120

7.1.4　编辑元件..................121

7.1.5　元件的基本操作..........121

7.1.6　元件的相互转换..........124

7.2　元件库............................124

7.3　实例..............................125

7.3.1　实例的编辑................126

7.3.2　实例的属性................126

7.4　上机练习——制作女裤展示动画.....129

7.5　习题..............................140

第8章　制作简单的动画...........141

8.1　认识时间轴......................141

8.2　图层的使用......................142

8.2.1　图层的管理................142

8.2.2　设置图层的状态..........144

8.2.3　图层属性..................145

8.3　使用图层文件夹管理图层......146

8.3.1　添加图层文件夹..........146

8.3.2　组织图层文件夹..........147

8.3.3　展开或折叠图层文件夹.......147

8.3.4　用【分散到图层】命令自动

分配图层................148

8.4　处理关键帧......................149

8.4.1　插入帧和关键帧..........149

8.4.2　帧的删除、移动、复制、

转换与清除............151

8.4.3　调整空白关键帧..........153

8.4.4　帧标签、注释和锚记.....153

8.5　处理普通帧......................154

8.5.1　插入普通帧................154

8.5.2　延长普通帧................154

8.5.3　删除普通帧................154

8.5.4　关键帧和普通帧的转换.......155

8.6　编辑多个帧......................155

8.6.1　选择多个帧................155

8.6.2　多帧的移动................156

8.6.3　帧的翻转 157

8.7　使用绘图纸 157

8.8　上机练习——打字效果 158

8.9　习题 161

第 9 章　补间与多场景动画的制作 162

9.1　创建补间动画 162

　　9.1.1　创建传统补间基础 162

　　9.1.2　制作传统补间动画 163

9.2　创建补间形状动画 165

　　9.2.1　补间形状动画基础 165

　　9.2.2　制作补间形状动画 166

9.3　引导层动画 170

　　9.3.1　引导层动画基础 170

　　9.3.2　制作引导层动画 172

9.4　遮罩动画 174

　　9.4.1　遮罩层动画基础 174

　　9.4.2　制作遮罩层动画 175

9.5　动画场景 177

9.6　上机练习——制作卷轴动画 178

9.7　习题 184

第 10 章　ActionScript 基础与基本语句 185

10.1　ActionScript 的概念 185

10.2　Flash CC 的编程环境 186

10.3　数据类型 188

　　10.3.1　字符串数据类型 188

　　10.3.2　数字数据类型 188

　　10.3.3　布尔值数据类型 189

　　10.3.4　对象数据类型 189

　　10.3.5　电影剪辑数据类型 189

　　10.3.6　空值数据类型 190

10.4　变量 190

　　10.4.1　变量的命名 190

　　10.4.2　变量的声明 190

10.4.3　变量的赋值 190

10.4.4　变量的作用域 191

10.4.5　变量的使用 192

10.5　运算符 193

　　10.5.1　数值运算符 193

　　10.5.2　比较运算符 193

　　10.5.3　逻辑运算符 194

　　10.5.4　赋值运算符 194

　　10.5.5　运算符的优先级和结合性 195

10.6　ActionScript 语法 196

　　10.6.1　点语法 196

　　10.6.2　斜杠语法 196

　　10.6.3　界定符 197

　　10.6.4　关键字 197

　　10.6.5　注释 198

10.7　基本语句 198

　　10.7.1　条件语句 198

　　10.7.2　循环语句 200

10.8　上机练习——制作时钟 203

10.9　习题 210

第 11 章　组件的应用 211

11.1　组件的基础知识 211

11.2　UI 组件 211

　　11.2.1　CheckBox(复选框) 211

　　11.2.2　ComboBox(下拉列表框) ...212

　　11.2.3　RadioButton(单选按钮) ...213

　　11.2.4　Button(按钮) 214

　　11.2.5　List(列表框) 214

　　11.2.6　其他组件 215

11.3　Video 组件 222

11.4　上机练习——制作滚动文字 223

11.5　习题 225

第 12 章　动画作品的输出和发布 226

　12.1　测试并优化 Flash 作品 226

　　12.1.1　测试 Flash 作品 226

　　12.1.2　优化 Flash 作品 226

　12.2　Flash 作品的导出 227

　　12.2.1　导出动画文件 228

　　12.2.2　导出动画图像 228

　12.3　发布 Flash 格式 229

　　12.3.1　发布格式设置 229

　　12.3.2　发布预览 231

　12.4　习题 231

**第 13 章　项目指导——常用 Flash
文字效果** 233

　13.1　弹跳文字 233

　13.2　闪光文字 237

　13.3　渐隐渐现文字 240

　13.4　破碎文字 248

　13.5　风吹文字 252

　13.6　波纹字体 255

　13.7　放大文字 261

**第 14 章　项目指导——商业卡通
形象绘制** 271

　14.1　卡通动物 271

　14.2　按钮图标 276

　14.3　卡通人物 279

**第 15 章　项目指导——商业广告的
设计与制作** 286

　15.1　制作装饰公司宣传广告 286

　15.2　制作手机宣传广告动画 301

**第 16 章　项目指导——网站片头的
设计与制作** 316

　16.1　网页导航栏 316

　16.2　网站动画——公益广告 324

**第 17 章　项目指导——贺卡的
设计与制作** 334

　17.1　祝福贺卡 334

　17.2　制作友情贺卡 349

**第 18 章　项目指导——多媒体
课件的制作** 368

　18.1　课件首页和导航的制作 368

　18.2　课件页面的制作 374

　　18.2.1　【作者简介】页面的
制作 374

　　18.2.2　【美文欣赏】页面的
制作 378

　　18.2.3　【文章主旨】页面的
制作 381

　18.3　结束页面的制作 386

附录　习题答案 389

第 1 章　认识 Flash CC 及工作环境

本章将带领大家了解 Flash 的历史、现状和未来，并介绍 Flash CC 中新增的功能以及 Flash 文档的一些简单操作。

1.1　什么是 Flash 动画

从简单的动画效果到动态的网页设计、短篇音乐剧、广告、电子贺卡、游戏的制作，Flash 的应用领域日趋广泛。毋庸置疑，便捷的操作和不断升级的功能使其引领着整个网络动画时代。

1.1.1　Flash 的历史与现状

Flash 是目前最优秀的网络动画编辑软件之一，已经得到了整个网络界的广泛认可，并逐渐占据网络广告的主体地位，学好 Flash 也就成为衡量网站设计师水平的重要标准。

1. Flash 的历史

在 Flash 出现之前，基于网络的带宽不足和浏览器支持等原因，通常网页上所播放的动画只有两种选择：一种是借助软件厂商推出的附加到浏览器上的各种插件，观看特定格式的动画，但效果并不理想；另一种是观看 GI 格式图像实现的动画效果，由于该格式只有 256 色，加上动画效果单调，已经不能满足网民的视觉需求，网民强烈希望网上的内容更丰富、更精彩、更富有互动性。

Macromedia 公司利用自己在多媒体软件开发上的优势，对收至麾下的矢量动画软件 Futore Splash 进行了修改，并赋予其一个闪亮的名字——Flash。由于网络技术的局限性，Flash 1.0 和 Flash 2.0 均未得到业界的重视。1998 年，Macromedia 公司推出了 Flash 3.0，它与同时推出的 Dreamweaver 2.0 和 Fireworks 2.0 被称为 DreamTeam，即"网页三剑客"。1999 年，Macromedia 公司推出了 Flash 4.0，Flash 技术在网页动画制作中得到了广泛应用，并逐渐被广大用户认识和接受。2000 年，Flash 5.0 掀起了全球的闪客旋风，把矢量图的精确性和灵活性与位图、声音、动画巧妙融合，功能有了显著的增强，使用它可以独立制作出具有冲击力效果的网页和个性化的站点。如图 1.1 所示为含有 Flash 技术的网站。

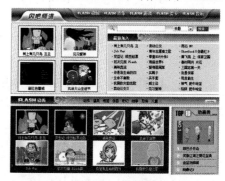

图 1.1　Flash 网站

Flash 5.0 开始了对 XML 和 Smart clip(智能影片剪辑)的支持。ActionScript 语法开始发展成为一种完整的面向对象的语言，并且遵循 EcMASc-npt 标准，就像 JavaScript 一样。后来，Macromedia 公司陆续发布了新一代的网络多媒体动画制作软件——Flash MX，2003

年秋，又推出 Flash MX 2004。这些激动人心的产品给国内网民，尤其是网页制作人员和多媒体动画创作人员带来了很大冲击。Macromedia 公司为 Flash 加入了流媒体(flv)的支持，使 Flash 可以处理基于 0n6v 编 / 解码标准的压缩视频。

时隔两年，Flash 发展到了 Flash 8.0 版本，与前面的版本相比，它具有更强大的功能和灵活性。从 Flash 8.0 版本开始，Flash 已不再被称为矢量图形软件，因为它的处理能力已延伸到了视频、矢量、位图和声音。

2. Flash 的现状

2006 年，Macromedia 公司被 Adobe 公司收购，由此带来了 Flash 的巨大变革。2007 年 3 月 27 日发布的 Flash CS3 成为 Adobe Creative Studio(CS3)中的一员，与 Adobe 公司的矢量图形软件 Illustrator 以及被称为业界标准的位图图像处理软件 Photoshop 完美地结合在一起。三者之间不仅实现了用户界面上的互通，还实现了文件的互相转换。更重要的是，Flash CS6 支持全新脚本语言 ActionScript 3.0。ActionScript 3.0 是 Flash 历史上的第二次飞跃，从此以后，ActionScript 终于被认可为一种"正规的"、"完整的"、"清晰的"面向对象语言。新的 ActionScript 包含上百个类库，这些类库涵盖图形、算法、矩阵、XML、网络传输等诸多范围，为开发者提供了一个丰富的开发环境基础。如图 1.2 所示为 Flash CS6 的启动界面。

图 1.2　Flash CC 打开界面

Flash 的动画播放器目前在全世界计算机上的普及率达到 98.8%，这是迄今为止市场占有率最高的软件产品(超过了 Windows、DOS 和 Office 以及任何一种输入法)，通过 Flash Player，开发者制作的 Flash 影片能够在不同的平台上以同样的效果运行，目前，在包括 Sonypsp 及 PS3 系列、Microsoft Xbox 系列、Microsoft Windows Mobile 系列的 PC 和嵌入式平台上，都可以运行 Flash。业界普遍认为 Flash 的下一个主要应用平台将出现在移动设备上，LG "爱巧克力"手机是一个开拓者，其完全使用 Flash 作为手机操作系统的用户界面。

对网页设计师而言，Flash CC 是一个完美的工具，用于设计交互式媒体页面，或者专业开发多媒体内容，它强调对多种媒体的导入和控制。针对高级网络设计师和应用程序开发人员，Flash 是不同于其他任何应用程序的组合式应用程序。从表面上看，它是介于面向 Web 的位图处理程序和矢量图形绘制程序之间的简单组合体，但其功能却比简单的组合强大很多，它是一种交互式的多媒体创作程序，同时也是如今最为成熟的动画制作程序，适合于各种各样的动画制作——从简单的网页修饰到广播品质的卡通片。另外，Flash 支持强大、完整的 ActionScript 语言，同时它的 runtime 还支持 XML 和 JavaScript、HTML 和其他内容能够以多种方式联合使用。因此，它也是一种能够和 Web 的其他部分通信的脚本语言。Flash 也可作为前台和图形的引擎，作为一种杰出、稳健的解决方案，从数据库和其他后台资源中获得信息，生成动态 Web 内容(图形、图表、声音和个性化的 Flash 动画)。

1.1.2　Flash 动画的发展前景

矢量图形的用户界面设计与开发将在未来成为数字艺术领域的一个越来越重要的分支。无论是创建动画、广告、短片或是整个 Flash 站点，Flash 都是最佳选择，因为它是目前最专业的网络矢量动画软件。不管未来如何发展，矢量图形界面已被公认为是未来操作系统、网站、应用程序、RIA 的发展方向，矢量图形界面能够给用户带来更丰富的交互体验。

1.1.3　Flash 动画的特点

Flash 是 Macromedia 公司出品的交互式网页动画制作软件，从简单的动画到复杂的交互式 Web 应用程序，它几乎可以帮助用户完成任何作品。作为当前业界最流行的动画制作软件，Flash CC 必定有其独特的技术优势，了解这些知识对于今后的学习和制作动画将会有很大帮助。

1. 矢量格式

用 Flash 绘制的图形可以保存为矢量图形，这种类型的图像文件包含独立的分离图像，可以自由无限制地重新组合。

它的特点是放大后图像不会失真，和分辨率无关，文件占用空间较小，非常有利于在网络上进行传播。

2. 支持多种图像格式文件导入

在动画设计中，前期必然会使用到多种图像处理软件，利用如 Photoshop、Illustrator、Freehand 等制作图形和图像，当在这些软件中做好图像后，可以使用 Flash 中的导入命令将它们导入 Flash 中，然后进行动画的制作。

另外，Flash 还可以导入 Adobe PDF 电子文档和 Adobe Illustrator 10 文件，并保留源文件的精确矢量图。

3. 支持视/音频文件导入

Flash 支持声音文件的导入，在 Flash 中可以使用 MP3。MP3 是一种压缩性能比很高的音频格式，能很好地还原声音，从而保证在 Flash 中添加的声音文件既有很好的音质，文件体积也很小。

Flash 提供了功能强大的视频导入功能，可让用户设计的 Flash 作品更加丰富多彩，并做到现实场景和动画场景相结合。

4. 支持导入视频

Flash 提供了功能强大的视频导入功能，可以让用户的 Flash 应用程序界面更加丰富多彩，而且还支持从外部调用视频文件，大大缩短了输出时间。

5. 平台的广泛支持

任何安装有 Flash Player 插件的网页浏览器都可以观看 Flash 动画。目前已有 95% 以上的浏览器安装了 Flash Player 观看 Flash 制作的动画影片，这几乎跨越了所有的浏览器和操作系统，因此 Flash 动画已经逐渐成为应用最为广泛的多媒体形式。

6. Flash 动画文件容量小

通过关键帧和组件技术的使用，使得 Flash 输出的动画文件非常小。通常一个简短的动画只有几百 K 大小，这就可以在打开网页很短的时间内对动画进行播放，同时也节省了上传和下载时间。

7. 制作简单且观赏性强

相对于实拍短片，Flash 动画有着操作相对简单、制作周期短、易于修改和成本低等特点，其不受现实空间的制约，有利于进行各种创意思维和夸张手法的运用，创作出观赏性极强的动画。

8. 支持流式下载

GIF、AVI 等传统动画文件，由于必须在文件全部下载后才能开始播放，所以需要等待很长时间，而 Flash 支持流式下载，可以一边下载一边播放，大大节省了浏览时间。若制作的 Flash 动画比较大，可以在大动画的前面放置一个小动画，在播放小动画的过程中，检测大动画的下载情况，从而避免出现等待的情况。

9. 交互性强

在传统视频文件中，用户只有观看的权利，并不能和动画进行交流，而 Flash CC 可以在一段动画中添加一个小的游戏，它内置的 ActionScript 脚本运行机制可以让用户添加任何复杂的程序，这样就可以实现炫目的效果，来增强对于交互时间的动作控制。

另外，脚本程序语言在动态数据交互方面有了重大改进，ASP 功能的全面嵌入使得制作一个完整意义上的 Flash 动态商务网站成为可能，用户甚至还可以用它来开发一个功能完备的虚拟社区。

> 提示： 在实际制作 Flash 动画的过程中，用户必须综合考虑位图和矢量图两者的利弊，以便尽可能地获得最佳的表现效果和最小的图形空间。

1.1.4 Flash 动画的制作成本

传统的一部动画短片的制作成本至少需要几十万元，还不包括广告费、播出费等，再加上市场运作与相关产品开发等，制作成本大大高于收入，所以制约了传统动画片的发展。而 Flash 动画制作成本非常低廉，只需一台电脑、一套软件，用户就可以制作出 Flash 动画，大大减少了人力、物力资源以及时间上的消耗。在目前中国动画市场资金短缺的环境下，Flash 动画非常适合中国的国情。

1.2　Flash 动画的应用领域

使用 Flash 制作动画的优点是动画品质高、体积小、互动功能强大，目前广泛应用于网页设计、动画制作、多媒体教学软件、游戏设计、企业介绍等诸多领域。

1. 宣传广告动画

宣传广告动画无疑是 Flash 应用最广泛的一个领域。由于在新版 Windows 操作系统中预装了 Flash 插件，使得 Flash 在该领域的发展非常迅速，已经成为大型门户网站广告动画的主要形式。目前新浪、搜狐等大型门户网站都很大程度地使用了 Flash 动画。如图 1.3 所示就是网站中的 Flash 广告动画。

2. 产品功能演示

可以借助 Flash 制作演示片来让人们了解新开发出来的产品，以使人们更加了解新产品的功能，以便全面地展示产品的特点。如图 1.4 所示为演示动画。

图 1.3　宣传广告

图 1.4　演示动画

3. 教学课件

Flash 是一个完美的教学课件开发软件——它操作简单、输出文件体积小，而且交互性很强，非常有利于教学的互动。

4. 音乐 MTV

自从有了 Flash，在网络上实现 MTV 便成为可能。由于 Flash 支持 MP3 音频，而且能边下载边播放，大大节省了下载时间和所占用的宽带，因此迅速在网上火爆起来。

5. 故事片

提到故事片，相信大家可以举出一大堆经典的 Flash 故事片，如三国系列、春水系列、流氓兔系列等。搞笑是它们的一贯作风，要达到这种水平，手绘是少不了的，需多加修炼。如图 1.5 所示的是江湖梦故事。

6. 网站导航

由于 Flash 能够响应鼠标单击、双击等事件，因此很多网站利用这一特点制作出具有独特风格的导航条，如图 1.6 所示。

图 1.5 故事片

图 1.6 导航界面

7. 网站片头

追求完美的设计者往往希望自己的网站能让浏览者过目不忘，于是就出现了炫目的网站片头。现在几乎所有的个人网站或设计类网站都有网站片头动画，如图 1.7 所示。

8. 游戏

提起 Flash 游戏，就忘不了小小，小小工作室制作了很多非常优秀的作品，如图 1.8 所示。

图 1.7 网站片头

图 1.8 小游戏

其实 Flash 的功能远远不止这些，但是这些足以给予我们很多机会从事具有挑战性的工作，同时获得创作的乐趣。

1.3　Flash 中的基本术语

初次接触 Flash 软件的读者，需要了解一些 Flash CS6 软件的基本术语，便于后续章节的学习，如矢量图形、位图图像、场景、帧等名词都是初学者需要掌握的。

1.3.1　矢量图形和位图图像

计算机对图像的处理方式有矢量图形和位图图像两种。在 Flash 中用绘图工具绘制的是矢量图形，而在使用 Flash 时会接触到矢量图形和位图图像两种，并会经常交叉使用。

1. 矢量图形

矢量图形是用包含颜色和位置属性的点和线来描述的图像。以直线为例，它利用两端的端点坐标和粗细、颜色来表示直线，因此无论怎样放大图像，都不会影响画质，依旧保持其原有的清晰度。通常情况下，矢量图形的文件体积要比位图图像的体积小，但是如果对构图复杂的图像来说，矢量图形的文件体积比位图图像的体积还要大。另外，矢量图形具有独立的分辨率，它能以不同的分辨率显示和输出，即可以在不损失图像质量的前提下，以各种各样的分辨率显示在输出设备中。如图 1.9 所示的是矢量图形及其放大后的效果。

2. 位图图像

位图图像是通过像素点来记录图像的。许多不同色彩的点组合在一起后，就形成了一幅完整的图像。位图图像存在的方式及所占空间的大小是由像素点的数量来控制的。图像点越多，即分辨率越大，图像所占容量也越大。位图图像能够精确地记录图像丰富的色调，因而它弥补了矢量图形的缺陷，可以逼真地表现自然图像。对位图进行放大时，实际是对像素的放大，因此放大到一定程度，就会出现马赛克现象。如图 1.10 所示的是位图图像及其放大后的效果。

图 1.9　矢量图形　　　　　　　　　　　图 1.10　位图图像

1.3.2　场景和帧

1. 场景

场景是设计者直接绘制帧图或者从外部导入图形之后进行编辑处理，形成单独的帧图，再将单独的帧图合成为动画的场所。它需要有固定的长、宽、分辨率、帧的播放速率等。

2. 帧

帧是一个数据传输中的发送单位，帧内包含一个信息。在 Flash 中，帧是指时间轴面板中窗格内一个个的小格子，由左至右编号。每帧内包含图像信息，在播放时每帧内容会随时间轴一个个地放映而改变，最后形成连续的动画效果。帧又称为静态帧，是依赖于关键帧的普通帧，普通帧中不可以添加新的内容。有内容的静态帧呈灰色；空的静态帧显示白色。

关键帧是定义了动画变化的帧，也可以是包含了帧动作的帧。在默认情况下，每一层的第一帧是关键帧，在时间轴上关键帧以黑点表示。关键帧可以是空的，可以使用空的关键帧作为停止显示指定图层中已有内容的一种方法。时间轴上的空白关键帧以空心小圆圈表示。

帧序列是某一层中的一个关键帧到下一个关键帧之间的静态帧，不包括下一个关键帧。帧序列可以选择为一个实体，这意味着它们容易复制和在时间轴中移动。

1.4   Flash CC 的新增功能

新移动内容模拟器允许您模拟硬件按键、加速计、多点触控和地理定位。

1.4.1   Toolkit for CreateJS

Adobe Flash Professional Toolkit for CreateJS 是 Flash Professional CS6 的扩展，它允许设计人员和动画制作人员使用开放源 CreateJS JavaScript 库为 HTML5 项目创建资源。该扩展支持 Flash Professional 的大多数核心动画和插图功能，包括矢量、位图、传统补间、声音和 JavaScript 时间轴脚本。只需单击一下，Toolkit for CreateJS 即可将舞台上以及库中的内容导出为可以在浏览器中预览的 JavaScript，这样有助于您很快开始构建非常具有表现力的基于 HTML5 的内容。

Toolkit for CreateJS 旨在帮助 Flash Pro 用户顺利过渡到 HTML5。它将库中的元件和舞台上的内容转变为格式清楚的 JavaScript，JavaScript 非常易于理解和编辑，方便开发人员重新使用，他们可以使用将为 ActionScript 3 用户所熟知的 JavaScript 和 CreateJS 增加互动性。Toolkit for CreateJS 还发布了简单的 HTML 页面，以提供预览资源的快捷方式。

1.4.2   导出 Sprite 表

现在您通过选择库中或舞台上的元件，可以导出 Sprite 表。Sprite 表是一个图形图像文件，该文件包含选定元件中使用的所有图形元素。在文件中会以平铺方式安排这些元素。在库中选择元件时，还可以包含库中的位图。要创建 Sprite 表，请执行以下步骤。

(1) 在库中或舞台上选择元件。

(2) 单击右键，在弹出的快捷菜单中选择【生成 Sprite 表】命令，如图 1.11 所示。

1.4.3 高效 SWF 压缩

对于面向 Flash Player 11 或更高版本的 SWF，可以使用一种新的压缩算法，即 LZMA。此新压缩算法效率会提高 40%，特别是对于包含很多 ActionScript 或矢量图形的文件而言。

使用高效 SWF 压缩的具体操作步骤如下。

(1) 在菜单栏中选择【文件】|【发布设置】命令，如图 1.12 所示。

图 1.11 选择【生成 Sprite 表】命令

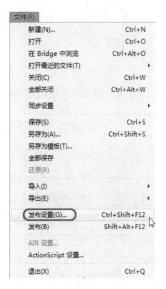

图 1.12 选择【发布设置】命令

(2) 在弹出的【发布设置】对话框的【高级】选项组中选中【压缩影片】复选框，然后从其右侧的菜单中选择 LZMA 选项，如图 1.13 所示。

1.4.4 直接模式发布

可以使用一种名为"直接"的新窗口模式，它支持使用 Stage3D 的硬件加速内容。Stage3D 要求使用 Flash Player 11 或更高版本。

使用直接模式发布的具体操作步骤如下。

在菜单栏中选择【文件】|【发布设置】命令，在弹出的【发布设置】对话框中选中【HTNL 包装器】复选框，在【窗口模式】下拉列表框中选择【直接】选项，如图 1.14 所示。

图 1.13 选择 LZMA 选项

1.4.5 在 AIR 插件中支持直接渲染模式

此功能为 AIR 应用程序提供对 StageVideo/Stage3D 的 Flash Player Direct 模式渲染支持。在 AIR 应用程序的描述符文件中，可以使用新 renderMode=direct 设置。可为 AIR for Desktop、AIR for iOS 和 AIR for Android 设置直接模式。

1.4.6 从 Flash Pro 获取最新版 Flash Player

现在从 Flash Pro 的【帮助】菜单即可直接跳转到 Adobe.com 上的 Flash Player 下载页。

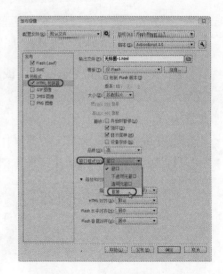

图 1.14 【发布设置】对话框

1.4.7 导出 PNG 序列文件

使用此功能可以生成图像文件，Flash Pro 或其他应用程序可使用这些图像文件生成内容。例如，PNG 序列文件会经常在游戏应用程序中用到。使用此功能，可以在库项目或舞台上的单独影片剪辑、图形元件和按钮中导出一系列 PNG 文件。

导出 PNG 序列文件的具体操作步骤如下。

(1) 在【库】面板中或舞台中选择单个影片剪辑、按钮或图形元件，单击右键，在弹出的快捷菜单中选择【导出 PNG 序列】命令，如图 1.15 所示。

(2) 在打开的【导出 PNG 序列】对话框中设置一个正确的路径，然后单击【保存】按钮即可，如图 1.16 所示。

图 1.15 选择【导出 PNG 序列】命令

图 1.16 【导出 PNG 序列】对话框

(3) 在弹出的【导出 PNG 序列】对话框中单击【导出】按钮，即可导出 PNG 序列，如图 1.17 所示。

图 1.17　【导出 PNG 序列】对话框

1.5　Flash 的启动与退出

1.5.1　启动 Flash CC

若要启动 Flash CC，可执行以下操作之一。

- 选择【开始】|【程序】| Adobe Flash Professional CC 命令，即可启动 Flash CS6 软件，如图 1.18 所示。
- 在桌面上单击 ![icon] (Adobe Flash professional CC)的快捷方式。
- 双击 Flash CC 相关联的文档。

图 1.18　启动 Flash CC

📝 提示：　在 Adobe Professional Flash CC 命令上右击，在弹出的快捷菜单中选择【发送到】|【桌面快捷方式】命令，即可在桌面上创建 Flash CC 的快捷方式，用户在启动 Flash CC 时，只需双击桌面上的快捷方式图标即可。

1.5.2　退出 Flash CC

如果要退出 Flash CC，可在菜单栏中选择【文件】|【退出】命令，即可退出 Flash。
用户还可以在程序窗口左上角的图标上右击，在弹出的快捷菜单中选择【关闭】命令，如图 1.19 所示；或单击程序窗口右上角的【关闭】按钮，如图 1.20 所示；按 Alt+F4 组合键、按 Ctrl+Q 组合键等操作也可退出 Flash CC。

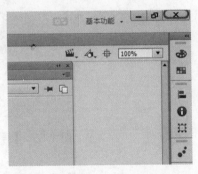

图 1.19　关闭系统　　　　　　　　　　　图 1.20　关闭系统

1.6　Flash CC 的操作界面

在打开的开始页面中选择【创建】栏下的 ActionScript 3.0，即可创建一个空白文档，打开的界面如图 1.21 所示。

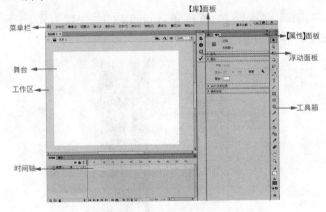

图 1.21　创建一个空白文档

1.6.1　Flash CC 启动后的开始页

启动 Flash CC 软件之后，首先打开 Flash CC 的开始页面，如图 1.22 所示。

一般情况下，我们都会选择新建一个空白的 ActionScript 3.0 空白文档。新建后的界面如图 1.23 所示。

可以在开始页中选择任意一个项目来进行工作。开始页分为 3 栏，分别为【从模板创建】、【新建】、【学习】和【打开】，它们的作用分别如下。

- 从模板创建：单击此栏中的任意一个选项，即可创建一个软件内自带的模板动画。
- 新建：新建一个 ActionScript 3.0。
- 学习：在连接互联网的情况下，用户可选择一个选项，都会出现相应选项的介绍，便于我们学习。

- 打开：单击【打开】按钮，在弹出的【打开】对话框中选择一个 Flash 项目文件，单击【打开】按钮，系统即可自动跳转到打开后的项目文档中。

图 1.22　开始页面

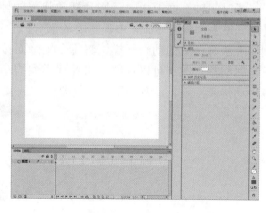

图 1.23　空白文档

1.6.2　菜单栏

与许多应用程序一样，Flash CC 的菜单栏包含了绝大多数通过窗口和面板可以实现的功能。尽管如此，某些功能还是只能通过菜单或者相应的快捷键才可以实现。图 1.24 所示为 Flash CC 的菜单栏。

图 1.24　菜单栏

- 【文件】菜单：主要用于一些基本的文件管理操作，如新建、保存、打印等，也是最常用和最基本的一些功能。
- 【编辑】菜单：主要用于进行一些基本的编辑操作，如复制、粘贴、选择及相关设置等，它们都是动画制作过程中很常用的命令组。
- 【视图】菜单：其中的命令主要用于屏幕显示的控制，如缩放、网格、各区域的显示与隐藏等。
- 【插入】菜单：提供的多为插入命令，如向库中添加元件、在动画中添加场景、在场景中添加层、在层中添加帧等操作，都是制作动画时所需的命令组。
- 【修改】菜单：其中的命令主要用于修改动画中各种对象的属性，如帧、层、场景，甚至动画本身等，这些命令都是进行动画编辑时必不可少的重要工具。
- 【文本】菜单：提供处理文本对象的命令，如字体、字号、段落等文本编辑命令。
- 【控制】菜单：相当于 Flash CC 电影动画的播放控制器，通过其中的命令可以直接控制动画的播放进程和状态。
- 【调试】菜单：提供了影片脚本的调试命令，包括跳入、跳出、设置断点等。
- 【窗口】菜单：提供了 Flash CC 所有的工具栏、编辑窗口和面板的选择方式，是当前界面形式和状态的总控制器。
- 【帮助】菜单：包括丰富的帮助信息、教程和动画示例，是 Flash CC 提供的帮助资源的集合。

1.6.3 时间轴

【时间轴】面板由显示影片播放状况的帧和表示阶层的图层组成，如图 1.25 所示。【时间轴】面板是 Flash 中最重要的部分，它控制着影片播放和停止等操作。Flash 动画的制作方法与一般的动画一样，将每个帧画面按照一定的顺序和速度播放，反映这一过程的正是时间轴。图层可以理解为将各种类型的动画以层级结构重放的空间。如果要制作包括多种动作或特效、声音的影片，就要建立放置这些内容的图层。

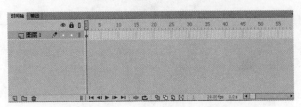

图 1.25　时间轴

1.6.4 工具箱

工具箱包括一套完整的 Flash 图形创作工具，与 Photoshop 等其他图像处理软件的绘图工具非常类似，其中放置了编辑图形和文本的各种工具，利用这些工具可以进行绘图、选取、喷涂、修改及编排文字等操作，有些工具还可以改变查看工作区的方式。选择某一工具时，其对应的附加选项也会在工具箱下面的位置出现，附加选项的作用是改变相应工具对图形处理的效果。图 1.26 所示为 Flash CC 中的工具箱。

图 1.26　工具箱

工具箱分为工具区、查看区、颜色区、选项区和信息区 5 个区域。工具箱中各工具的名称和功能如下。

- 选择工具 ：选择图形，拖曳、改变图形形状。
- 部分选取工具 ：选择图形，拖曳和分段选取。
- 任意变形工具 ：变换图形形状。
- 渐变变形工具 ：用于变化一些特殊图形的外观，如渐变图形的变化。
- 套索工具 ：选择部分图像。
- 钢笔工具 ：制作直线和曲线。
- 文本工具 ：制作和修改字体。
- 线条工具 ：制作直线条。
- 椭圆工具 ：制作椭圆形。
- 矩形工具 ：制作矩形和圆角矩形。
- 铅笔工具 ：制作线条和曲线。

- 刷子工具 ：制作闭合区域图形或线条。
- 墨水瓶工具 ：改变线条的颜色、大小和类型。
- 颜料桶工具 ：填充和改变封闭图形的颜色。
- 滴管工具 ：选取颜色。
- 橡皮擦工具 ：去除选定区域的图形。

1.6.5　舞台和工作区

　　舞台是用户在创作时观看自己作品的场所，也是用户进行编辑、修改动画中对象的场所。对于没有特殊效果的动画，在舞台上也可以直接播放，而且最后生成的 swf 格式的文件中播放的内容也只限于在舞台上出现的对象，其他区域的对象不会在播放时出现。

　　工作区是舞台周围的所有灰色区域，通常用作动画的开始和结束点的设置，即动画过程中对象进入舞台和退出舞台时的位置设置。工作区中的对象除非在某个时刻进入舞台，否则不会在影片的播放中看到。

　　舞台是 Flash CC 中最主要的可编辑区域，在舞台中可以直接绘图或者导入外部图形文件进行编辑，再把各个独立的帧合成在一起，以生成最终的电影作品。与电影胶片一样，Flash 影片也按时间长度划分为帧。舞台是创作影片中各个帧内容的区域，可以在其中直接勾画插图，也可以在舞台中安排导入的插图。

　　舞台和工作区的分布如图 1.27 所示，中间白色部分为舞台，周围灰色部分为工作区。

1.6.6　【属性】面板

　　【属性】面板中的内容不是固定的，它会随着选择对象的不同而显示不同的设置项，如图 1.28 所示。

图 1.27　舞台和工作区

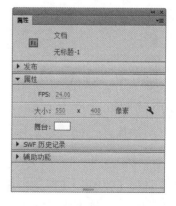

图 1.28　【属性】面板

　　例如，选择绘图工具时的【属性】面板和选择工作区中的对象或选择某一帧时的【属性】面板都提供与其相应的选项。因此用户可以在不打开面板的状态下，方便地设置或修改各属性值。灵活应用【属性】面板既可以节约时间，还可以减少面板个数，提供足够大的操作空间。

1.7 【首选参数】对话框

【首选参数】对话框如今经过充分改进，在可用性上有了极大的改善。个别很少使用的选项已经删除。这些选项不仅影响可用性，而且也影响性能。这些改动还有助于改进在向 Creative Cloud 同步首选参数时的工作流程。

应用【首选参数】对话框可以自定义一些常规操作的参数。

选择【编辑】|【首选参数】，可以调出【首选参数】对话框，其中包括【常规】选项卡、【同步设置】选项卡、【代码编辑器】选项卡、【文本】选项卡等，如图 1.29 所示。

1.7.1 【常规】选项卡

1. 撤消级别

若要设置撤消或重做的级别数，请输入一个介于 2～300 之间的值。撤消级别需要消耗内存；使用的撤消级别越多，占用的系统内存就越多，默认值为 100，如图 1.30 所示。

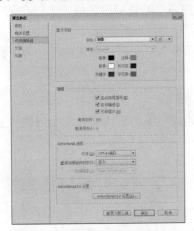

图 1.29 【首选参数】对话框   图 1.30 【常规】选项卡

2. 用户界面

用户可以按自己的需要选择界面的颜色。

3. 工作区

要在选择【控制】|【测试影片】|【测试】时打开应用程序窗口中的【新建文档】选项卡，请选中【在选项卡中打开测试影片】。默认情况是在其自己的窗口中打开测试影片。若要在单击处于图标模式中的面板的外部时使这些面板自动折叠，请选中【自动折叠图标面板】复选框。

4. 加亮颜色

若要使用当前图层的轮廓颜色，请从面板中选择一种颜色，或者选中【使用图层颜色】单选按钮。

1.7.2　【代码编辑器】选项卡

设置代码编辑器首选参数，如图 1.31 所示，可以选择任意选项。若要查看每个选择的效果，请查看【预览】窗格。

1.7.3　【文本】选项卡

默认映射字体：该下拉列表框用于选择在 Flash Professional 中打开文档时用于替换缺少的字体，如图 1.32 所示。

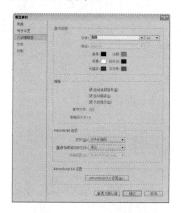

图 1.31　代码编辑器

图 1.32　文本选项卡

1.7.4　【绘制】选项卡

1. 钢笔工具

用于设置钢笔工具的选项。选中【显示钢笔预览】复选框可显示从上一次单击的点到指针的当前位置之间的预览线条，如图 1.33 所示。

2. 连接线条

决定正在绘制的线条的终点必须距现有线段多近，才能贴紧到另一条线上最近的点。该设置也可以控制水平或垂直线条识别，即在 Flash Professional 使该线条达到精确的水平或垂直之前，该线条必须要绘制到怎样的水平或者垂直程度。如果打开了"贴紧至对象"，该设置控制对象必须要接近到何种程度才可以彼此对齐。

图 1.33　【绘制】选项卡

3. 平滑曲线

指定当绘画模式设置为【伸直】或【平滑】时，应用到以铅笔工具绘制的曲线的平滑量。曲线越平滑就越容易改变形状，而越粗略的曲线就越接近符合原始的线条笔触。

提示：　若要进一步平滑现有曲线段，请使用【修改】|【形状】|【平滑和修改】|【形状】|【优化】命令。

4. 确认线条

定义用【铅笔】工具绘制的线段必须有多直，Flash Professional 才会确认它为直线并使它完全变直。如果在绘画时关闭了【确认线条】，可在稍后选择一条或多条线段，然后选择【修改】|【形状】|【伸直】命令来伸直线条。

5. 确认形状

控制绘制的圆形、椭圆、正方形、矩形、90°和 180° 弧要达到何种精度，才会被确认为几何形状并精确重绘。选项包括【关】、【严谨】、【正常】和【宽松】。【严谨】要求绘制的形状要非常接近于精确；【宽松】指定形状可以稍微粗略，Flash 将重绘该形状。如果在绘画时关闭了【确认形状】，可在稍后选择一个或多个形状(如连接的线段)，然后选择【修改】|【形状】|【伸直】命令来伸直线条。

6. 单击精确度

指定指针必须距离某个项目多近时 Flash Professional 才能确认该项目。

1.8 文件的基本操作

创建 Flash 动画文件有两种方法，可以新建空白的动画文件，也可以在开始界面中新建模板文件。在创建好文件后，可以设置文件的属性。文件建立完成后，可以保存场景并预览动画。

1.8.1 新建文件

在制作动画之前，首先要创建一个新文件。在菜单栏中选择【文件】|【新建】命令，执行完该操作后即可打开【新建文档】对话框，如图 1.34 所示。或者在 Flash CS6 的初始界面上选择【新建】区域的 Flash 文件选项，也可以创建新的动画文件。

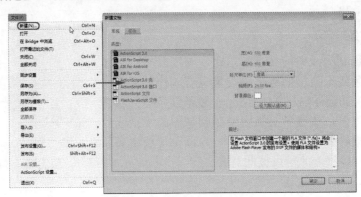

图 1.34 【新建文档】对话框

【新建文档】对话框中的【类型】列表框中共有 ActionScript 3.0、AIR for Desktop、AIR for Android、AIR for iOS、【ActionScript 3.0 类】、【ActionScript 3.0 接口】、【ActionScript 文件】和【FlashJavaScript 文件】8 个开始选项。选择任一项目，在对话框

右边的【描述】列表框中将显示对当前选择对象的描述。

1. ActionScript 3.0

在 Flash 文档窗口中创建一个新的 FLA 文件 (*.fla)，将会设置 ActionScript 3.0 的发布设置。使用 FLA 文件设置为 Adobe Flash Player 发布的 SWF 文件的媒体和结构。

2. AIR for Desktop

在 Flash 文档窗口中创建新的 Flash 文档(*.fla)，将会设置 AIR 的发布设置。使用 Flash AIR 文档开发在 AIR 跨平台桌面运行时上部署的应用程序。

3. AIR for Android

在 Flash 文档窗口中创建一个新的 Flash 文档(*.fla)，将会设置 AIR for Android 的发布设置。使用 AIR for Android 文档为 Android 设备创建应用程序。

4. AIR for iOS

在 Flash 文档窗口中创建新的 Flash 文档(*.fla)，将会设置 AIR for iOS 的发布设置。使用 AIR for iOS 文档为 Apple iOS 设备创建应用程序。

5. ActionScript 3.0 类

创建新的 AS 文件(*.as)来定义 ActionScript 3.0 类。

6. ActionScript3.0 接口

创建新的 AS 文件(*.as)来定义 ActionScript 3.0 接口。

7. ActionScript 文件

创建一个新的外部 ActionScript 文件(*.as)并在【脚本】窗口中进行编辑。ActionScript 是 Flash 脚本语言，用于控制影片和应用程序中的动作、运算符、对象、类以及其他元素。您可以使用代码提示和其他脚本编辑工具来帮助创建脚本。也可以在多个应用程序中重复使用外部脚本。

8. FlashJavaScript 文件

创建一个新的外部 JavaScript 文件(*.jsfl)并在【脚本】窗口中进行编辑。Flash JavaScript 应用程序编程接口(API)是内置于 Flash 之中的自定义 JavaScript 功能。FlashJavaScript API 通过 Flash 中的【历史记录】面板和【命令】菜单来使用。您可以使用其他脚本编辑工具来帮助创建脚本。您还可以在多个应用程序中重复使用外部脚本。

1.8.2　设定文件大小

(1) 打开【属性】面板，展开【属性】选项组，如图 1.35 所示。

(2) 在【大小】后的数值处单击，即可激活文本框，如图 1.36 所示。

(3) 在文本框中输入新的数值，按 Enter 键即可确认该操作，改变舞台的大小。如图 1.37 所示。

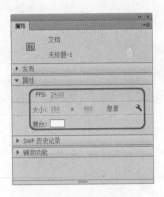

图 1.35 【属性】面板

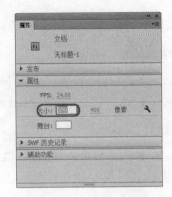

图 1.36 【属性】面板

1.8.3 设定文件背景颜色

若需要调整文件的背景颜色，其操作步骤如下。

(1) 单击【属性】面板中【舞台】后面的颜色框，如图 1.38 所示。

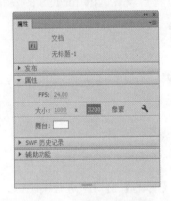

图 1.37 【属性】面板

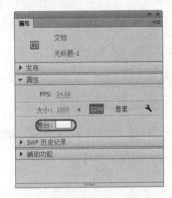

图 1.38 设置颜色

(2) 将弹出一个拾色器，将光标移到喜欢的色块上并单击即可，如图 1.39 所示。

1.8.4 设定动画播放速率

要设置动画播放速率，可在【时间轴】面板中设置，如图 1.40 所示。

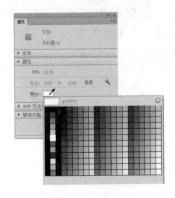

图 1.39 拾色器

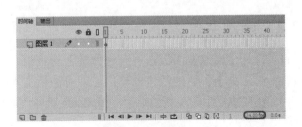

图 1.40 时间轴

在菜单栏中选择【修改】|【文档】命令，打开【文档设置】对话框，设置动画播放速率，如图 1.41 所示。

利用它可以调整动画的播放速度，也就是每秒内能播放的帧数。帧频率太小，会使动画看起来不连续；帧频率太快，又会使动画的细节变得模糊。一般在网页上，12 帧/秒(fps)通常都能得到很好的效果。

由于整个 Flash 文档只有一个帧频率，因此在创建动画之前就应当设定好帧频率。

1.8.5　打开文件

(1) 启动 Flash 后，可以打开以前保存下来的文件。选择菜单【文件】|【打开】命令即可。

(2) 在弹出的对话框中选择需要打开的素材文件，如图 1.42 所示，然后单击【打开】按钮即可。

图 1.41　【文档设置】对话框　　　　　　　　图 1.42　打开文件

1.8.6　测试文件

打开一个 Flash 影片文件后，按 Enter 键，或者在菜单栏中选择【控制】|【播放】命令，如图 1.43 所示，可以播放该影片。在播放影片的过程中，会发现在【时间轴】面板上有一个红色的播放头从左向右移动。

若需要测试整个影片，则选择【控制】|【测试影片】菜单命令，如图 1.44 所示。或者按 Ctrl+Enter 组合键，Flash CS6 会调用播放器来测试整个影片，临时关闭工作区和【时间轴】面板，测试完成后，若要返回源文件，单击播放器的【关闭】按钮即可。

图 1.43　选择【播放】命令　　　　　　　　图 1.44　选择【测试影片】命令

如果用户希望保存动画文件，在菜单栏中选择【文件】|【保存】命令，或者按 Ctrl+S 组合键，即可以保存一个 Flash 动画文件。

提示： 若是第一次保存文件，需要在弹出的对话框中输入文件名并设置文件保存的位置。若需要以另一个文件名保存当前文件，则选择【文件】|【另存为】菜单命令。

1.8.7 保存文件

动画完成后需要将动画文件保存起来，其具体操作步骤如下。

(1) 在菜单栏中选择【文件】|【另存为】命令，如图 1.45 所示。

(2) 在弹出的对话框中为其指定一个正确的存储路径，并在文本框中输入文件名。

(3) 单击【保存】按钮即可将文件保存起来。保存文件的扩展名为 fla，如图 1.46 所示。

图 1.45 选择【另存为】命令

图 1.46 【另存为】对话框

保存后的文件是不能被再次修改的。动画的源文件，保存好这样的文件方便以后做修改，输出后的动画文件是不能被再次修改的。

1.8.8 关闭文件

如果工作已经完成，可以将文件关闭。选择【文件】|【关闭】菜单命令，如图 1.47 所示，执行该命令就能将文件关闭。最简单的方法是直接单击文件左上方中的关闭按钮，如图 1.48 所示。

图 1.47 选择【关闭】命令

图 1.48 关闭按钮

1.9　习　　题

1. Flash 动画有哪些特点？
2. 计算机对图像的处理方式有哪两种？
3. 如何测试文件？

第 2 章　绘制基本图形

本章主要讲了 Flash CC 软件中文件的新建、保存、关闭、打开等各项基本操作，包括在【属性】面板中设置舞台的大小和颜色，设置动画的播放频率；并通过绘制简单的图形详细介绍了线条工具、铅笔工具、钢笔工具、刷子工具的设置和使用方式；还介绍了怎样使用椭圆工具、矩形工具和多角星形工具绘制几何图形。

2.1　认识 Flash CC 工具箱

工具箱包括一套完整的 Flash 图形创作工具，与 Photoshop 等其他图像处理软件的绘图工具非常类似，其中放置了编辑图形和文本的各种工具。利用这些工具可以进行绘图、选取、喷涂、修改及编排文字等操作，有些工具还可以改变查看工作区的方式。选择某一工具时，其对应的附加选项也会在工具箱下面的位置出现，附加选项的作用是改变相应工具对图形处理的效果。如图 2.1 所示为 Flash CC 中的工具箱。

图 2.1　Flash CC 工具箱

2.2　绘制生动的线条

线条工具的主要功能是绘制直线。要想绘制自由的线条或图形，就利用铅笔工具；要想绘制精致的直线或曲线，就利用钢笔工具；要想表现绘图效果，就利用刷子工具。

2.2.1　线条工具

使用线条工具可以轻松绘制出平滑的直线。使用线条工具的操作步骤为：单击工具箱中的 【线条工具】按钮，然后将鼠标移动到工作区，若发现光标变为十字状态，即可绘制直线。

在绘制直线前可以在【属性】面板中设置直线的属性，如直线的颜色、粗细和类型等，如图 2.2 所示。

线条工具的【属性】面板中各选项说明如下。

- 笔触颜色：单击色块即可打开如图 2.3 所示的调色板。调色板中有一些预先设置好的颜色，用户可以直接选取某种颜色作为所绘线条的颜色，也可以通过上面的文本框输入线条颜色的十六进制 RGB 值，如#00FF00。如果预设颜色不能满足用户需要，还可以通过单击右上角的【颜色】按钮，打开如图 2.4 所示的【颜色选择器】对话框，在对话框中详细设置颜色值。

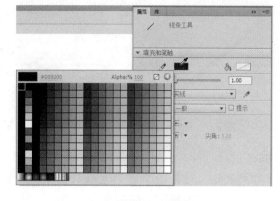

图 2.2 【属性】面板　　　　　　　　　　　图 2.3 调色板

- 笔触：用来设置所绘线条的粗细，可以直接在文本框中输入参数设置笔触大小，范围从 0.10～200，也可以通过调节滑块来改变笔触的大小。Flash 中的线条粗细是以像素为单位的。

- 样式：用来选择所绘的线条类型，Flash CC 中预置了一些常用的线条类型，如实线、虚线、点状线、锯齿状线和阴影线等。可以单击右侧的【编辑笔触样式】按钮，打开【笔触样式】对话框，在该对话框中设置笔触样式，如图 2.5 所示。

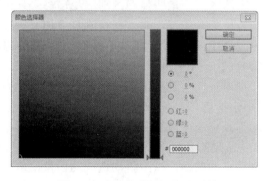
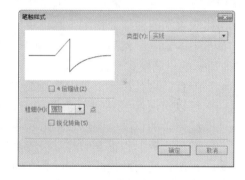

图 2.4 【颜色选择器】对话框　　　　　　　图 2.5 【笔触样式】对话框

- 缩放：在播放器中保持笔触缩放，可以选择【一般】、【水平】、【垂直】或【无】选项。

- 端点：用于设置直线端点的三种状态——无、圆角或方形。

- 接合：用于设置两个线段的相接方式——尖角、圆角或斜角。要改变开放或闭合线段中的转角，请选择一个线段，然后选择另一个接合选项，如果选择【尖角】选项，可以在左侧的【尖角】文本框中输入尖角的大小。

　　根据需要设置好【属性】面板中的参数，便可以开始绘制直线了。将鼠标移至工作区中，单击左键并按住不放，然后沿着要绘制直线的方向拖曳鼠标，在需要作为直线终点的位置释放左键，这样就会在工作区中绘制出一条直线。如图 2.6 所示为绘制直线的效果；如图 2.7 所示为直线绘制接合的效果。

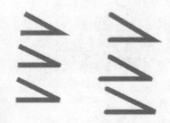

图 2.6　直线的效果　　　　　　　图 2.7　直线绘制接合的效果

提示：　在绘制的过程中如果按 Shift 键，可以绘制出垂直或水平的直线，或者 45°
斜线，这给绘制特殊直线提供了方便。按住 Ctrl 键可以暂时切换到选择工
具，对工作区中的对象进行选取，当松开 Ctrl 键时，又会自动返回到线条工
具。Shift 键和 Ctrl 键在绘图工具中经常会用到，它们被用作许多工具的
辅助键。

2.2.2　铅笔工具

要绘制线条和形状，可以使用铅笔工具，其使用方法和真实铅笔的使用方法大致相
同。要在绘画时平滑或伸直线条，可以给铅笔工具选择一种绘画模式。铅笔工具和线条工
具在使用方法上有许多相同点，但是也存在一定的区别，最明显的区别就是铅笔工具可以
绘制出比较柔和的曲线。铅笔工具也可以绘制各种矢量线条，并且在绘制时更加灵活。选
中工具箱中的铅笔工具后，单击工具箱选项设置区中的【铅笔模式】按钮 ，将弹出如
图 2.8 所示的铅笔模式设置菜单，其中包括【伸直】、【平滑】和【墨水】3 个选项。

- 伸直：这是铅笔工具中功能最强的一种模式，它具有很强的线条形状识别能力，
可以对所绘线条进行自动校正，将画出的近似直线取直，平滑曲线，简化波浪
线，自动识别椭圆形、矩形和半圆形等。它还可以绘制直线并将接近三角形、椭
圆形、矩形和正方形的形状转换为这些常见的几何形状。
- 平滑：使用此模式绘制线条，可以自动平滑曲线，减少抖动造成的误差，从而明
显地减少线条中的"碎片"，达到一种平滑的线条效果。
- 墨水：使用此模式绘制的线条就是绘制过程中鼠标所经过的实际轨迹，此模式可
以最大限度地保持实际绘出的线条形状，而只作轻微的平滑处理。

伸直模式、平滑模式和墨水模式的效果如图 2.9 所示。

图 2.8　铅笔模式　　　　　　　图 2.9　各种模式的效果

铅笔工具的使用步骤如下。

(1) 单击工具箱中的【铅笔工具】按钮 ，将鼠标指针移至工作区中，当指针变为

小铅笔形状时，即可在工作区中绘制线条了。

（2）如果不想使用默认的绘制属性进行绘制，可以在【属性】面板中设置铅笔工具的属性，如铅笔所绘出线条的颜色、粗细和类型，如图 2.10 所示。

（3）设置好铅笔工具的属性后，将鼠标指针移到工作区中，在所绘线条的起点按住左键不放，然后沿着要绘制曲线的轨迹拖动鼠标，在需要作为曲线终点的位置释放鼠标左键，就会绘制出一条曲线。如图 2.11 所示为绘制线条的过程；如图 2.12 所示为绘制线条完成后的效果。

提示： 绘制线条的时候按下 Shift 键，可以绘制出水平或垂直的直线；按下 Ctrl 键可以暂时切换到选择工具，对工作区中的对象进行选取。

图 2.10　【属性】面板

图 2.11　绘制线条的过程

图 2.12　完成后的效果

2.2.3　钢笔工具

钢笔工具又叫作贝塞尔曲线工具，它是许多绘图软件广泛使用的一种重要工具。Flash 引入了这种工具之后，充分增强了 Flash 的绘图功能。

要绘制精确的路径，如直线或者平滑、流动的曲线，可以使用钢笔工具。用户可以创建直线或曲线段，然后调整直线段的角度、长度及曲线段的斜率。

钢笔工具可以像线条工具一样绘制出所需的直线，甚至还可以对绘制好的直线进行曲率调整，使之变为相应的曲线。但钢笔工具并不能完全取代线条工具和铅笔工具，毕竟它在画直线和各种曲线时没有线条工具和铅笔工具方便。在画一些要求很高的曲线时，最好使用钢笔工具。

使用钢笔工具的具体操作步骤如下。

(1) 在工具箱中选择钢笔工具，鼠标指针在工作区中会变为钢笔状态。

(2) 用户可以在【属性】面板中设置钢笔的绘制参数，包括所绘制曲线的颜色、粗细、样式等，如图 2.13 所示。

(3) 设置好钢笔工具的属性参数后就可以绘制曲线了。将鼠标指针移动到工作区中，在所绘曲线的起点按住左键不放，然后沿着要绘制曲线的轨迹拖曳鼠标，在需要作为曲线终点的位置释放左键，这样即可在工作区中绘制出一条曲线。如图 2.14 所示为使用钢笔工具绘制线条的过程；如图 2.15 所示为绘制完曲线后的效果。

提示： 在使用铅笔工具绘制曲线时，会出现许多控制点和曲率调节杆，通过它们可以方便地进行曲率调整，画出各种形状的曲线。也可以将鼠标放到某个控制点上，当出现一个"-"号时，单击可以删除不必要的控制点，当所有控制点被删除后，曲线将变为一条直线。将鼠标放在曲线上没有控制点的地方会出现一个"+"号，单击可以增加新的控制点。

当使用钢笔工具绘画时，单击和拖曳可以在曲线段上创建点。通过这些点可以调整直线段和曲线段。可以将曲线转换为直线，反之亦然。也可以使用其他 Flash 绘画工具，如铅笔、刷子、线条、椭圆或矩形工具在线条上创建点，以调整这些线条。

使用钢笔工具还可以对存在的图形轮廓进行修改。当用钢笔工具单击某个矢量图形的轮廓线时，轮廓的所有节点会自动出现，然后就可以进行调整了。可以调整直线段以更改线段的角度或长度，或者调整曲线段以更改曲线的斜率和方向。移动曲线点上的切线手柄可以调整该点两边的曲线。移动转角点上的切线手柄只能调整该点的切线手柄所在的那一边的曲线。

图 2.13 【属性】面板

图 2.14 绘制线条

图 2.15 完成后的效果

2.2.4 刷子工具

刷子工具是模拟软笔的绘画方式，但使用起来感觉更像是在用刷漆用的刷子。它可以比较随意地绘制填充区域，而且会带点书写体的效果。用户可以在刷子工具选项设置区选择刷子的大小和形状。在大多数压敏绘图板上，可以通过改变笔上的压力来改变刷子笔触的宽度。

刷子工具是在影片中进行大面积上色时使用的。虽然利用颜料桶工具也可以给图形设置填充色，但是它只能给封闭的图形上色，而使用刷子工具可以给任意区域和图形填充颜色，它多用于对填充目标的填充精度要求不高的场合，使用起来非常灵活。

刷子工具的特点是其大小甚至在更改舞台的缩放比率级别时也能保持不变，所以当舞台缩放比率降低时，同一个刷子大小就会显得过大。例如，用户将舞台缩放比率设置为100%，并使用刷子工具以最小的刷子大小涂色，然后将缩放比率更改为50%，并用最小的刷子大小再画一次，此时绘制的新笔触就比以前的笔触显得粗50%(更改舞台的缩放比率并不更改现有刷子笔触的粗细)。

使用刷子工具的具体操作步骤如下。

（1）选择工具箱中的刷子工具，鼠标指针将变成一个黑色的圆形或方形的刷子，这时即可在工作区中使用刷子工具绘制图像了。

（2）在使用刷子工具进行绘图之前，可以在【属性】面板中设置刷子工具的属性，如图 2.16 所示。

（3）设置好属性后，即可像使用铅笔工具一样使用刷子工具进行绘画。如图 2.17 所示为使用刷子工具绘制的图形。

刷子工具还有一些附加的功能选项。当选中刷子工具时，工具箱的选项设置区中将出现刷子工具的附加功能选项，如图 2.18 所示。选项设置区中的工具说明如下。

图 2.16　【属性】面板

图 2.17　绘制的图形

图 2.18　附加功能选项

- 刷子模式：在选项设置区中单击【刷子模式】按钮，将打开下拉菜单，如图 2.19 所示。
  - ◆ 标准绘画：为笔刷的默认设置，使用刷子工具进行标准绘画，可以涂改工作区的任意区域，它会在同一图层的线条和图像上涂色。
  - ◆ 颜料填充：刷子的笔触可以互相覆盖，但不会覆盖图形轮廓的笔迹，即涂改对象时不会对线条产生影响。
  - ◆ 后面绘画：涂改时不会涂改对象本身，只涂改对象的背景，即在同层舞台的空白区域涂色，不影响线条和填充。
  - ◆ 颜料选择：刷子的笔触只能在被预先选择的区域内保留，涂改时只涂改选定的对象。
  - ◆ 内部绘画：涂改时只涂改起始点所在封闭曲线的内部区域。如果起始点在空白区域，那只能在这块空白区域内涂改；如果起始点在图形内部，则只能在图形内部进行涂改。
- 刷子大小：一共有 8 种不同的刷子大小尺寸可供选择，如图 2.20 所示。
- 刷子形状：有 9 种笔头形状可供选择，如图 2.21 所示。

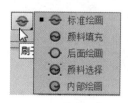
图 2.19　【刷子模式】按钮

图 2.20　刷子大小尺寸

图 2.21　笔头形状

- 锁定填充：该选项是一个开关按钮。当使用渐变色作为填充色时，选中【锁定填充】按钮，可将上一笔触的颜色变化规律锁定，作为这一笔触对该区域的色彩变化规范。也可以锁定渐变色或位图填充，使填充看起来好像扩展到整个舞台，并且用该填充涂色的对象就好像是显示下面的渐变或位图的遮罩。

提示： 如果在刷子上色的过程中按 Shift 键，则可在工作区中给一个水平或者垂直的区域上色，如果按 Ctrl 键，则可以暂时切换到选择工具，对工作区中的对象进行选取

2.3　绘制几何图形

使用椭圆工具、矩形工具或多角星形工具可以绘制基本的形状，使用 Flash 的基本椭圆工具、基本矩形工具可以针对矩形或椭圆形的一个角调整圆角的弧度，以及轻易地做出镂空的图形。

2.3.1　椭圆工具和基本椭圆工具

用椭圆工具绘制的图形是椭圆形或圆形图案。虽然钢笔工具和铅笔工具有时也能绘制出椭圆形，但在具体使用过程中，如要绘制椭圆形，直接利用椭圆工具则可大大提高绘图的效率。另外，用户不仅可以任意选择轮廓线的颜色、线宽和线型，还可以任意选择圆形的填充色。

选择工具箱中的椭圆工具，将鼠标指针移至工作区，当指针变成一个十字状态时，即可在工作区中绘制椭圆形，如果不想使用默认的绘制属性进行绘制，可以在如图 2.22 所示的【属性】面板中进行设置。

除了与绘制线条时使用相同的属性外，利用如下更多的设置可以绘制出扇形图案。

- 起始角度：设置扇形的起始角度。
- 结束角度：设置扇形的结束角度。
- 内径：设置扇形内角的半径。
- 闭合路径：使绘制出的扇形为闭合扇形。
- 重置：恢复角度、半径的初始值。

设置好所绘椭圆形的属性后，将鼠标指针移动到工作区中，按住左键不放，然后沿着要绘制的椭圆形方向拖曳鼠标，在适当位置释放左键，即可在工作区中绘制出一个有填充色和轮廓的椭圆形。如图 2.23 所示为椭圆形绘制完成后的效果。

提示： 如果在绘制椭圆形的同时按下 Shift 键，则在工作区中将绘制出一个正圆，按下 Ctrl 键可以暂时切换到选择工具，对工作区中的对象进行选取。

相对于椭圆工具来讲，基本椭圆工具绘制的是更加易于控制的扇形对象。

用户可以在【属性】面板中更改基本椭圆工具的绘制属性，如图 2.24 所示。

使用基本椭圆工具绘制图形的方法与使用椭圆工具是相同的，但绘制出的图形有区

别。使用基本椭圆工具绘制出的图形具有节点，通过使用选择工具拖曳图形上的节点，可以调整出多种形状，如图 2.25 所示。

图 2.22 【属性】面板

图 2.23 椭圆形绘制完成后的效果

图 2.24 【属性】面板

图 2.25 绘制的各种图形

2.3.2 矩形工具和基本矩形工具

顾名思义，矩形工具就是用来绘制矩形图形的。矩形工具有一个很明显的特点，它是从椭圆工具扩展出来的一种绘图工具，其用法与椭圆工具基本相同。利用它也可以绘制出带有一定圆角的矩形，而要使用其他工具绘制圆角矩形则会非常麻烦。

在工具箱中单击【矩形】按钮 ▣，当鼠标指针在工作区中将变成一个十字状态时，即可在工作区中绘制矩形了。用户可以在【属性】面板中设置矩形工具的绘制参数，包括所绘制矩形的轮廓色、填充色、矩形轮廓线的粗细和矩形的轮廓类型。如图 2.26 所示为矩形工具的【属性】面板。

除了与绘制线条时使用相同的属性外，利用如下更多的设置可以绘制出圆角矩形。

- 角度：可以分别设置圆角矩形四个角的角度值，范围为-100～100，数字越小，绘制的矩形的 4 个角上的圆角弧度就越小，默认值为 0，即没有弧度，表示 4 个角为直角。也可以拖曳下方的滑块，来调整角度的大小。单击【将边角半径控件锁定为一个控件】按钮 ⛓，将其变为 【将边角控件锁定为一个控件】状态 ⛓，这样用户可将 4 个角设置为不同的值。
- 重置：单击【重置】按钮，即可恢复矩形角度的初始值。

设置好所绘矩形的属性后，就可以开始绘制矩形了。将鼠标指针移动到工作区中，按住左键不放，然后沿着要绘制的矩形方向拖曳鼠标，在适当位置释放左键，即可在工作区中绘制出一个矩形。如图 2.27 所示为矩形绘制完成后的效果。

图 2.26 【属性】面板　　　　　　　图 2.27 矩形绘制完成后的效果

提示： 如果在绘制矩形的过程中按下 Shift 键，则可以在工作区中绘制一个正方形，按下 Ctrl 键可以暂时切换到选择工具，对工作区中的对象进行选取。

单击工具箱中的【基本矩形工具】按钮 ，当工作区中的鼠标指针将变成十字状态时，即可在工作区中绘制矩形了。用户可以在【属性】面板中修改默认的绘制属性，如图 2.28 所示。

设置好所绘矩形的属性后，就可以开始绘制矩形了。将鼠标指针移动到工作区中，在所绘矩形的大概位置按住左键不放，然后沿着要绘制的矩形方向拖曳鼠标，在适当位置释放左键，完成上述操作后，工作区中就会自动绘制出一个有填充色和轮廓的矩形对象。使用选择工具可以拖曳矩形对象上的节点，从而改变矩形对角外观使其形成不同形状的圆角矩形，如图 2.29 所示。

 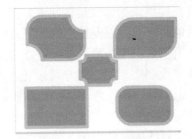

图 2.28 【属性】面板　　　　　　图 2.29 不同形状的圆角矩形

使用基本矩形工具绘制图形的方法与使用矩形工具相同，但绘制出的图形有区别。使用基本矩形工具绘制的图形上面具有节点，通过使用选择工具拖动图形上的节点，可以改变矩形圆角的大小。

2.3.3　多角星形工具

多角星形工具用来绘制多边形或星形，根据选项设置中样式的不同，可以选择要绘制的是多边形还是星形。

单击工具箱中的【多角星形工具】按钮 ⬡，当工作区中的鼠标指针将变成十字状态时，即可在工作区中绘制多角星形。用户可以在【属性】面板中设置多角星形工具的绘制参数，包括多角星形的轮廓色、填充色以及轮廓线的粗细、类型等，如图 2.30 所示。

单击【属性】面板中的【选项】按钮，可以打开【工具设置】对话框，如图 2.31 所示。

图 2.30　【属性】面板

图 2.31　【工具设置】对话框

● 样式：可选择【多边形】或【星形】两个选项。
● 边数：用于设置多边形或星形的边数。
● 星形顶点大小：用于设置星形顶点的大小。

设置好所绘多角星形的属性后，就可以开始绘制多角星形了。将鼠标指针移动到工作区中，按住左键不放，然后沿着要绘制的多角星形方向拖曳鼠标，在适当位置释放左键，即可在工作区中绘制出多角星形。如图 2.32 所示为绘制多角星形的过程；如图 2.33 所示为多角星形绘制完成后的效果。

图 2.32　绘制多角星形的过程

图 2.33　绘制完成后的效果

2.4　设置文档属性

新建一个 Flash 影片文件后，需要设置该影片的相关信息，即文档属性，如影片的尺寸、播放速率、背景色等。

【属性】面板是专门用于查看文件属性的一个面板，如图 2.34 所示。在【属性】面板中，单击【属性】下的【编辑】按钮可以打开【文档设置】对话框，如图 2.35 所示。

图 2.34　【属性】面板

图 2.35　【文档设置】对话框

【文档设置】对话框中的部分选项功能介绍如下。

- 单位：选择标尺的单位。可用的单位有像素、英寸、英寸(十进制)、点、厘米和毫米。
- 舞台颜色：文档的背景颜色。单击色块即可打开拾色器，在其中选择一种颜色作为背景颜色。
- 帧频：影片播放速率，即每秒要显示帧的数目。对于网上播放的动画，设置为 8～12 帧/秒就足够了。
- 设为默认值：单击此按钮可以将当前设置保存为默认值。

设置完文档属性后，单击【确定】按钮，即可应用该设置。

💡 **注意：** Flash CC 自带的内置快捷方式的标准配置——默认组(只读)，是不能直接修改的。用户可以创建一个"Adobe 标准"的副本，然后修改副本即可。

如果想要删除不需要的热键设置，只需选定要删除的组合键使其高亮显示，然后单击【删除】按钮即可。

如果要删除不再需要的个性化快捷方式配置，单击【删除当前的键盘快捷键组】按钮🗑，然后在弹出的对话框中单击【是】按钮即可。

2.5　标尺的使用

画画时经常需要用铅笔或直尺比画一下图像的位置，看看构图是不是合理。Flash 中的标尺就类似直尺，它可以用来精确测量图像的位置和大小。标尺被打开后，如果用户在工作区内移动一个元素，那么元素的尺寸位置就会反映到标尺上。

2.5.1　打开/隐藏标尺

在默认情况下，标尺是没有打开的。在菜单栏中选择【视图】|【标尺】命令，就可以打开标尺，打开后标尺出现在文档窗口的左侧和顶部，如图 2.36 所示。

如果要隐藏标尺，则再次在菜单栏中选择【视图】|【标尺】命令即可。

2.5.2　修改标尺单位

在默认情况下，标尺的单位是像素。如果要修改单位，可以在菜单栏中选择【修改】|【文档】命令，打开【文档设置】对话框，在【单位】下拉列表框中选择其他单位，如图 2.37 所示。选择一种单位后，单击【确定】按钮即可。

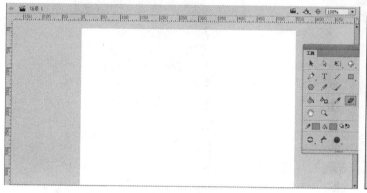

图 2.36　打开标尺后的效果

图 2.37　【文档设置】对话框

2.6　辅助线的使用

辅助线也可用于实例的定位。从标尺处开始向舞台中拖曳鼠标，会拖出一条绿色(默认)的直线，这条直线就是辅助线，如图 2.38 所示。不同的实例之间可以这条线作为对齐的标准。用户可以移动、锁定、隐藏和删除辅助线，也可以将对象与辅助线对齐，或者更改辅助线颜色和对齐容差。

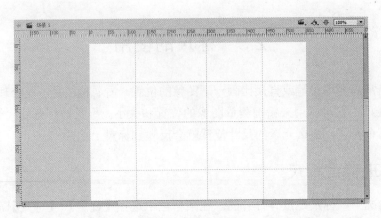

图 2.38　拖出辅助线

2.6.1　添加/删除辅助线

下面来介绍辅助线的添加方法。

(1) 打开标尺后，将鼠标指针放在文档顶部的横向标尺上，按住左键，这时光标变为如图 2.39 所示的状态。

(2) 这时拖曳鼠标到舞台后松开，将在舞台上出现一条纵向的辅助线，如图 2.40 所示。

图 2.39　光标状态

图 2.40　纵向的辅助线

(3) 按照这种方法，可以在左侧的标尺上拖曳出横向的辅助线，如图 2.41 所示。

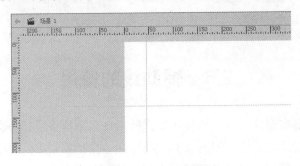

图 2.41　拖曳出横向的辅助线

如果要删除辅助线，在菜单栏中选择【视图】|【辅助线】|【清除辅助线】命令，即可将辅助线删除。

2.6.2　移动/对齐辅助线

如果辅助线的位置需要变动，可以使用 【选择工具】 ![pointer]，将鼠标指针移到辅助线上，按住左键拖曳辅助线到合适的位置即可。在图 2.42 中，移动辅助线时辅助线会变为黑色的线。

用户可以使用标尺和辅助线来精确定位或对齐文档中的对象。可以在菜单栏中选择【视图】|【贴紧】|【贴紧至辅助线】命令，如图 2.43 所示。

图 2.42　移动辅助线　　　　　　图 2.43　选择【贴紧至辅助线】命令

💡 **注意：**　绘制截面图形时要注意调整截面图形的相对位置，这样放样之后得到的放样物体就会直接准确定位了。

2.6.3　锁定/解锁辅助线

为了防止因不小心而移动辅助线，可以将辅助线锁定在某个位置。在菜单栏中选择【视图】|【辅助线】|【锁定辅助线】命令，这样辅助线就不能再移动了，如图 2.44 所示。

图 2.44　选择【锁定辅助线】命令

如果要再次移动辅助线，可以将其解锁。方法很简单，即再次在菜单栏中选择【视图】|【辅助线】|【锁定辅助线】命令即可。

2.6.4　显示/隐藏辅助线

如果文档中已经添加了辅助线，则在菜单栏中选择【视图】|【辅助线】|【显示辅助线】命令，即可将辅助线隐藏，再次选择该命令就可重新显示辅助线，如图 2.45 所示。

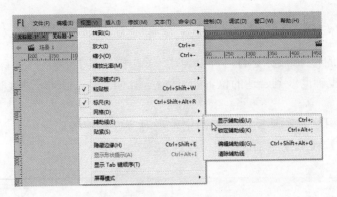

图 2.45　选择【显示辅助线】命令

2.6.5　设置辅助线参数

在菜单栏中选择【视图】|【辅助线】|【编辑辅助线】命令，打开【辅助线】对话框，如图 2.46 所示。其中各项介绍如下。

- 颜色：单击色块，可以在打开的拾色器中选择一种颜色，作为辅助线的颜色，如图 2.47 所示。
- 显示辅助线：选择该项，则显示辅助线。
- 贴紧至辅助线：选择该项，则图形吸附到辅助线。
- 锁定辅助线：选择该项，则将辅助线锁定。
- 贴紧精确度：用于设置图形贴紧辅助线时的精确度，有【必须接近】、【一般】和【可以远离】3 个选项。

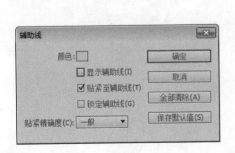

图 2.46　【辅助线】对话框

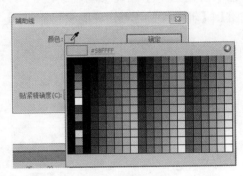

图 2.47　拾色器

2.7　网格工具的使用

网格是显示或隐藏在所有场景中的绘图栅格，网格的存在可以方便用户绘图，如图 2.48 所示。

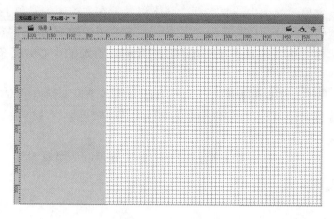

图 2.48　显示网格

2.7.1　显示/隐藏网格

在默认情况下网格是不显示的。若在菜单栏中选择【视图】|【网格】|【显示网格】命令，如图 2.49 所示，则舞台上将出现灰色的小方格，默认大小为 18 像素×18 像素。

图 2.49　选择【显示网格】命令

图 2.50　选择【贴紧至网格】命令

2.7.2　对齐网格

要对齐网格线，可以在菜单栏中选择【视图】|【贴紧】|【贴紧至网格】命令，如图 2.50 所示。再次执行该命令，则可以取消对齐网格。

技巧： 也可以使用快捷键 Ctrl+' 来执行【贴紧至网格】命令。

2.8　修改网格参数

网格的作用是辅助用户绘制，通过设置网格的参数，可以使网格更能符合用户的绘画需要。在菜单栏中选择【视图】|【网格】|【编辑网格】命令，打开【网格】对话框，如图 2.51 所示。

【网格】对话框中的部分选项功能介绍如下。

- 颜色：单击色块可以打开拾色器，在其中选择一种颜色作为网格线的颜色。
- 显示网格：选中该复选框，在文档中显示网格。

- 在对象上方显示：选中该复选框，网格将显示在文档中的对象上方。如图 2.52 所示，左侧的图为选中该复选框的效果，右侧的图为取消选中该复选框的效果。
- 贴紧至网格：选中该复选框，在移动对象时，对象的中心或某条边会贴紧至附近的网格。
- 【宽度】↔、【高度】↕：这两个参数分别用于设置网格的宽度和高度。
- 贴紧精确度：用于设置对齐精确度，有【必须接近】、【一般】、【可以远离】和【总是贴紧】4 个选项。
- 保存默认值：单击该按钮，可以将当前的设置保存为默认设置。

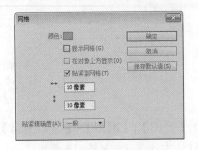

图 2.51　【网格】对话框

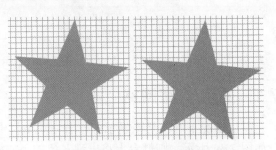

图 2.52　在对象上方显示的效果

2.9　上机练习——绘制万圣节南瓜头

本例介绍使用 Flash 的绘图工具绘制万圣节南瓜头的过程，其中主要用到【钢笔工具】✎、【选择工具】▶、【部分选取工具】▷、【转换锚点工具】▷、【颜料桶工具】🖌等，完成的效果如图 2.53 所示。

图 2.53　最终效果

(1) 运行 Flash CC 软件后，在如图 2.54 所示的界面中选择【新建】| ActionScript 3.0 选项，新建文档。

(2) 新建文档后，在【属性】面板中单击【属性】项下的【编辑】按钮，在弹出的【文档设置】对话框中设置【尺寸】为 800×500，单击【确定】按钮，如图 2.55 所示。

图 2.54　欢迎界面

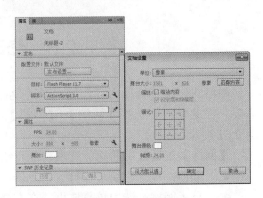

图 2.55　设置文本参数

(3) 在菜单栏中选择【文件】|【导入】|【导入到舞台】命令，即可打开【导入】对话框，如图 2.56 所示。

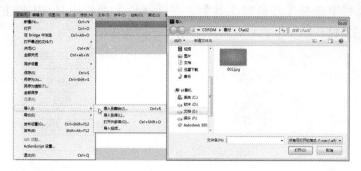

图 2.56　打开【导入】对话框

(4) 在打开的对话框中选择随书附带光盘中的"CDROM/素材/Cha02/001.jpg"素材文件，即可导入到舞台中，如图 2.57 所示。

(5) 打开【对齐】面板，选中【与舞台对齐】复选框，单击【水平中齐】按钮 和【垂直中齐】按钮 ，如图 2.58 所示。

图 2.57　导入的素材文件

图 2.58　【对齐】面板

(6) 在【时间轴】面板中单击【新建图层】按钮 ，在工具栏中选择【钢笔工具】，然后在舞台中绘制路径，如图 2.59 所示。

(7) 在工具栏中选择【颜料桶工具】，在【属性】面板中将 RGB 值设置为 168、160、0，为绘制的路径填充颜色，并将笔触删除，如图 2.60 所示。

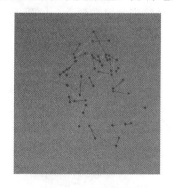

图 2.59　绘制路径

图 2.60　填充路径

(8) 填充颜色后，在【时间轴】面板中新建图层，并将导入的背景图层隐藏显示，然后使用相同的方法绘制南瓜柄，如图 2.61 所示。

(9) 在工具栏中选择【颜料桶工具】，在【属性】面板中将 RGB 值设置为 183、108、6，为绘制的路径填充颜色，并将笔触删除，如图 2.62 所示。

图 2.61　绘制南瓜柄路径　　　　　　　　　图 2.62　填充颜色

(10) 填充颜色后，新建图层，使用相同的方法绘制南瓜头，如图 2.63 所示。

(11) 在工具栏中选择【颜料桶工具】，在【属性】面板中将 RGB 值设置为 238、148、0，为绘制的面部路径填充颜色，然后将 RGB 值设置为 250、245、100，为绘制的眼、鼻、口填充颜色，并将笔触删除，如图 2.64 所示。

图 2.63　绘制南瓜头　　　　　　　　　图 2.64　填充颜色

(12) 通过在【时间轴】面板中调整图层的排序改变显示效果，如图 2.65 所示。

(13) 新建图层，为南瓜头绘制高光与阴影的路径轮廓并填充颜色，如图 2.66 所示。

图 2.65　改变显示效果　　　　　　　　　图 2.66　添加高光与阴影

(14) 至此,万圣节南瓜头制作完成。在【时间轴】面板中新建两个图层,使用【选择工具】在舞台中框选图像,按 Ctrl+C 组合键进行复制,然后切换至新建图层中,按 Ctrl+V 组合键分别进行粘贴,并调整位置,效果如图 2.67 所示。

图 2.67　完成后的效果

2.10　习　　题

1. 在使用【线条工具】绘制图形时,如何利用 Ctrl 键和 Shift 键进行操作?
2. 如何利用【多角星形工具】绘制五角星?
3. 如何设置辅助线的参数?

第3章 素材文件的导入

Flash CC 软件的各项功能都很完善，但是本身无法产生一些素材文件。本章首先介绍了怎样导入图像文件，并对导入的位图进行压缩和转换，然后介绍了 AI 文件、PSD 文件和 FreeHand 文件等各种格式文件的导入方法；最后介绍了导入视频文件和音频文件的方式，并对音频文件的编辑和压缩方法进行讲解。

3.1 导入图像文件

制作一个复杂的动画仅使用 Flash 软件自带的绘图工具是远远不够的，还需要从外部导入创作时所需要的素材。Flash 提供了强大的导入功能，几乎可以导入各种文件类型，特别是对 Photoshop 图像格式的支持，极大地拓宽了 Flash 素材的来源。

Flash 可以识别各种矢量图格式和位图格式，并且从外部导入的图像素材都会自动加入当前编辑文件的库中。Flash 可以将图片导入到当前 Flash 文件的舞台上或该文件的库中。

3.1.1 导入位图

在 Flash 中可以导入位图图像，其操作步骤如下。

(1) 在菜单栏中选择【文件】|【导入】|【导入到舞台】命令，打开【导入】对话框，如图 3.1 所示。

(2) 在【导入】对话框中，选择需要导入的文件，然后单击【打开】按钮，即可将图像导入到场景中。

如果导入的是图像序列中的某一个文件，则 Flash 会自动将其识别为图像序列，并弹出提示对话框，如图 3.2 所示。

图 3.1 【导入】对话框   图 3.2 提示对话框

如果将一个图像序列导入 Flash 中，那么在场景中显示的只是选中的图像，其他图像则不会显示。如果要使用序列中的其他图像，可以在菜单栏中选择【窗口】|【库】命令，打开【库】面板，在其中选择需要的图像，如图 3.3 所示。

图 3.3 【库】面板

3.1.2 压缩位图

Flash 虽然可以很方便地导入图像素材，但是有一个重要的问题经常会被使用者忽略，那就是导入图像的容量大小。往往大多数人认为导入的图像容量会随着图片在舞台中缩小尺寸而减少，其实这是错误的想法，导入图像的容量和缩放的比例毫无关系。如果要减少导入图像的容量就必须对图像进行压缩，其操作步骤如下。

(1) 在【库】面板中找到导入的图像素材，在该图像上右击，在弹出的快捷菜单中选择【属性】命令，打开【位图属性】对话框，如图 3.4 所示。

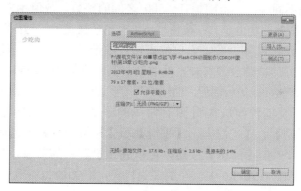

图 3.4 【位图属性】对话框

(2) 选中【允许平滑】复选框，可以消除图像的锯齿，从而平滑位图的边缘。

(3) 在【压缩】下拉列表框中选择【照片(JPEG)】选项，然后在【品质】选项组中选中【使用发布设置：80】单选按钮，为图像指定默认压缩品质。

提示： 用户可以在【品质】选项组中选中【自定义】单选按钮，然后在文本框中输入品质数值，最大可设置为 100。设置的数值越大，得到的图形的显示效果就越好，而文件占用的空间也会相应增大。

(4) 单击【测试】按钮，可查看当前设置的 JPEG 品质，原始文件及压缩后文件的大小，以及图像的压缩比率。

提示: 对于具有复杂颜色或色调变化的图像，如具有渐变填充的照片或图像，建议使用【照片(JPEG)】压缩方式。对于具有简单形状和颜色较少的图像，建议使用【无损(PNG/GIF)】压缩方式。

3.1.3 转换位图

在 Flash 中可以将位图转换为矢量图。Flash 矢量化位图的方法是首先预审组成位图的像素，将近似的颜色划在一个区域，然后在这些颜色区域的基础上建立矢量图，但是用户只能对没有分离的位图进行转换。尤其对色彩少、没有色彩层次感的位图，即非照片的图像运用转换功能，会收到最好的效果。如果对照片进行转换，不但会增加计算机的负担，而且得到的矢量图比原图还大，结果会得不偿失。

将位图转换为矢量图的具体操作步骤如下。

(1) 在菜单栏中选择【文件】|【导入】|【导入到舞台】命令，打开【导入】对话框，选择一幅位图图像，将其导入场景中。

(2) 在菜单栏中选择【修改】|【位图】|【转换位图为矢量图】命令，打开【转换位图为矢量图】对话框，如图 3.5 所示。

【转换位图为矢量图】对话框中的各项参数功能介绍如下。

- 颜色阈值：设置位图中每个像素的颜色与其他像素的颜色在多大程度上的不同可以被当作是不同颜色。范围是 1～500 之间的整数，数值越大，创建的矢量图就越小，但与原图的差别也越大；数值越小，颜色转换越多，与原图的差别越小。
- 最小区域：设定以多少像素为单位来转换成一种色彩。数值越低，转换后的色彩与原图越接近，但是会浪费较多的时间，其范围为 1～1000。
- 角阈值：设定转换成矢量图后，曲线的弯度要达到多大的范围才能转化为拐点。
- 曲线拟合：设定转换成矢量图后曲线的平滑程度，包括【像素】、【非常紧密】、【紧密】、【一般】、【平滑】和【非常平滑】等选项。

(3) 设置完成后，单击【预览】按钮，可以先预览转换的效果，单击【确定】按钮即可将位图转换为矢量图。在图 3.6 中，左侧图为位图，右侧图为转换后的矢量图。

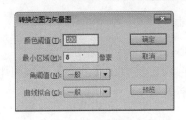

图 3.5 【转换位图为矢量图】对话框　　　图 3.6 转换后的矢量图效果

注意: 并不是所有的位图转换成矢量图后都能减小文件的大小。将图像转换成矢量图后，有时会发现转换后的文件比原文件还要大，这是由于在转换过程中，要产生较多的矢量图来匹配它。

3.2　导入更多图形格式

Flash 可以按如下方式导入更多的矢量图形和图像序列。

- 当从 Illustrator 中将矢量图导入 Flash 时，可以选择保留 Illustrator 层。
- 在保留图层和结构的同时，导入和集成 Photoshop(PSD)文件，然后在 Flash 中编辑它们。使用高级选项在导入过程中优化和自定义文件。
- 当从 Fireworks 中导入 PNG 图像时，可以将文件作为能够在 Flash 中修改的可编辑对象来导入，或作为可以在 Fireworks 中编辑和更新的平面化文件来导入。可以选择保留图像、文本和辅助线。如果通过剪切和粘贴从 Fireworks 中导入 PNG 文件，该文件会被转换为位图。
- 将矢量图形从 FreeHand 中导入 Flash 时，可以选择保留 FreeHand 层、页面和文本块。

3.2.1　导入 AI 文件

Flash 可以导入和导出 Illustrator 软件生成的 AI 格式文件。当 AI 格式的文件导入 Flash 中后，可以像其他 Flash 对象一样进行处理。

导入 AI 格式文件的操作方法如下。

(1) 打开【导入】对话框后，在其中选择要导入的 AI 格式文件。

(2) 单击【打开】按钮，打开【导入到舞台】对话框，如图 3.7 所示。

【导入到舞台】对话框中的部分选项功能介绍如下。

- 图层转换：可以选中【保持可编辑路径和效果】单选按钮，也可以选中【单个平面化位图】单选按钮导入为单一的位图图像。
- 文本转换：可以选中【可编辑文本】、【矢量轮廓】、【平面化位图图像】单选按钮。
- 将图层转换为：选中【Flash 图层】单选按钮会将 Illustrator 文件中的每个层都转换为 Flash 文件中的一个层。选中【关键帧】单选按钮会将 Illustrator 文件中的每个层都转换为 Flash 文件中的一个关键帧。选中【单一 Flash 图层】单选按钮会将 Illustrator 文件中的所有层都转换为 Flash 文件中的单个平面化的层。

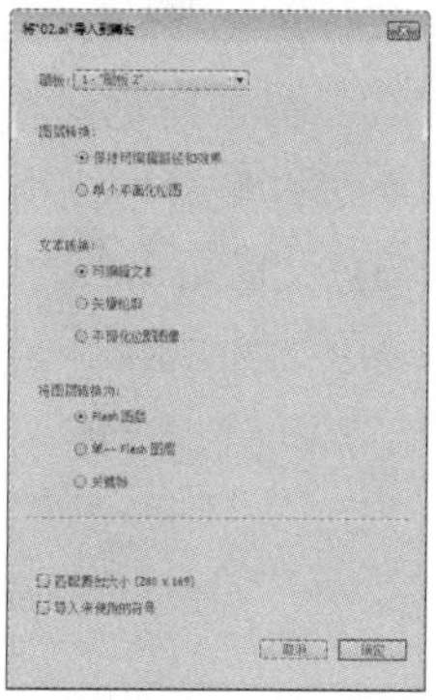

图 3.7　【导入到舞台】对话框

- 匹配舞台大小：导入后，将舞台尺寸和 Illustrator 的画板设置成相同的大小。
- 导入未使用的符号：导入时，将未使用的元件一并导入。

(3) 设置完后，单击【确定】按钮，即可将 AI 格式文件导入 Flash 中，如图 3.8 所示。

图 3.8　导入的图片

3.2.2　导入 PSD 文件

Photoshop 产生的 PSD 文件，也可以导入 Flash 中，并可以像其他 Flash 对象一样进行处理。

导入 PSD 格式文件的操作方法如下。

(1) 打开【导入】对话框后，在其中选择要导入的 PSD 格式文件。

(2) 单击【打开】按钮，打开【导入到舞台】对话框，如图 3.9 所示。

该对话框中的一些参数选项，与导入 AI 格式文件时打开的对话框是相同的。下面介绍其中不同的参数选项。

- 单选按钮将 Photoshop 图层平面化到单个位图其中：可将所有图层显示在一个位图上。
- 图层转换：选中【保持可编辑路径和效果】单选按钮可将图层中的路径和效果保留下来以供编辑，选中【单个平面化位图】单选按钮可将所有图层导入为单一的位图图像。
- 文本转换：选中【可编辑文本】单选按钮可以对图层中的文本保留编辑效果，选中【矢量轮廓】单选按钮可以将图层中的文本转换为矢量轮廓，选中【平面化位图图像】单选按钮可将所有图层导入为单一的位图图像。
- 将图层转换为：选中【Flash 图层】单选按钮会将 Photoshop 文件中的每个层都转换为 Flash 文件中的一个层，选中【关键帧】单选按钮会将 Photoshop 文件中的每个层都转换为 Flash 文件中的一个关键帧。
- 匹配舞台大小：导入后，将舞台尺寸和 Photoshop 的画布设置成相同的大小。

(3) 设置完成后，单击【确定】按钮，即可将 PSD 文件导入 Flash 中，如图 3.10 所示。

图 3.9　【导入到舞台】对话框

图 3.10　将 PSD 文件导入 Flash

3.2.3　导入 PNG 文件

Fireworks 软件生成的 PNG 格式文件可以作为平面化图像或可编辑对象导入 Flash 中。将 PNG 文件作为平面化图像导入时，整个文件(包括所有矢量图)会进行栅格化，或转换为位图图像。将 PNG 文件作为可编辑对象导入时，该文件中的矢量图会保留为矢量格式。将 PNG 文件作为可编辑对象导入时，可以选择保留 PNG 文件中存在的位图、文本和辅助线。

如果将 PNG 文件作为平面化图像导入，则可以从 Flash 中启动 Fireworks，并编辑原始的 PNG 文件(具有矢量数据)。当成批导入多个 PNG 文件时，只需选择一次导入设置，Flash 对于一批中的所有文件使用同样的设置。可以在 Flash 中编辑位图图像，方法是将位图图像转换为矢量图或将位图图像分离。

导入 Fireworks PNG 文件的操作步骤如下。

(1) 打开【导入】对话框后，在其中选择要导入的 PNG 格式的文件。

(2) 单击【打开】按钮，即可将 Fireworks PNG 文件导入 Flash 中，如图 3.11 所示。

图 3.11　打开的 Fireworks PNG 文件

3.2.4　导入 FreeHand 文件

用户可以将 FreeHand 文件(版本 10 或更低版本)直接导入 Flash 中。FreeHand 是导入到 Flash 中的矢量图形的最佳选择，因为这样可以保留 FreeHand 层、文本块、库元件和页面，并且可以选择要导入的页面范围。如果导入的 FreeHand 文件为 CMYK 颜色模式，则 Flash 会将该文件转换为 RGB 模式。

向 Flash 中导入 FreeHand 文件时，需要遵循以下几项原则。

- 当要导入的文件有两个重叠的对象，而用户又想将这两个对象保留为单独的对象时，可以将这两个对象放置在 FreeHand 的不同层中，然后在【FreeHand 导入】对话框中选择【图层】(如果将一个层上的多个重叠对象导入到 Flash 中，重叠的形状将在交集点处分割，就像在 Flash 中创建的重叠对象一样)。

- 当导入具有渐变填充的文件时，Flash 最多支持一个渐变填充中有 8 种颜色。如果 FreeHand 文件包含具有多于 8 种颜色的渐变填充时，Flash 会创建剪辑路径来模拟渐变填充，剪辑路径会增大文件的大小。要想减小文件的大小，应在 FreeHand 中使用具有 8 种或更少颜色的渐变填充。

- 当导入具有混合对象的文件时，Flash 会将混合中的每个步骤导入为一个单独的路径。因此，FreeHand 文件的混合中包含的步骤越多，Flash 中的导入文件将变得越大。

- 如果导入文件中包含具有方头的笔触，Flash 会将其转换为圆头。

- 如果导入文件中具有灰度图像，则 Flash 会将该灰度图像转换为 RGB 图像。这种转换会增大导入文件的大小。

导入 FreeHand 文件的操作步骤如下。

(1) 打开【导入】对话框后，选择要导入的 FreeHand 文件。

(2) 单击【打开】按钮，打开【FreeHand 导入】对话框。

【FreeHand 导入】对话框中的各项参数说明如下。

● 【映射】选项组：选中【场景】单选按钮会将 FreeHand 文件中的每个页面都转换为 Flash 文件中的一个场景；选中【关键帧】单选按钮会将 FreeHand 文件中的每个页面转换为 Flash 文件中的一个关键帧。

● 图层：选中【图层】单选按钮会将 FreeHand 文件中的每个层都转换为 Flash 文件中的一层；选中【关键帧】单选按钮会将 FreeHand 文件中的每个层都转换为 Flash 文件中的一个关键帧；选中【平面化】单选按钮会将 FreeHand 文件中的所有层都转换为 Flash 文件中的单个平面化的层。

● 页面：选中【全部】单选按钮将导入 FreeHand 文件中的所有页面；在【自】和【至】中输入页码，将导入页码范围内的 FreeHand 文件。

● 选项：选中【包括不可见图层】复选框将导入 FreeHand 文件中的所有层(包括可见层和隐藏层)；选中【包括背景图层】复选框会随 FreeHand 文件一同导入背景层；选中【维持文本块】复选框会将 FreeHand 文件中的文本保持为可编辑文本。

(3) 设置完成后，单击【确定】按钮，即可将 FreeHand 文件导入 Flash 中。

3.3 导入视频文件

Flash 支持动态影像的导入功能，根据导入视频文件的格式和方法的不同，可以将含有视频的影片发布为 Flash 影片格式(.SWF 文件)或者 QuickTime 影片格式(.MOV 文件)。

Flash 可以导入多种格式的视频文件，举例如下。

● QuickTime 影片文件：扩展名为*.mov。

● Windows 视频文件：扩展名为*.avi。

● MPEG 影片文件：扩展名为*.mpg、*.mpeg。

● 数字视频文件：扩展名为*.dv，*.dvi。

● Windows Media 文件：扩展名为*.asf、*.wmv。

● Flash 视频文件：扩展名为*.flv。

向 Flash 中导入视频格式文件的方法如下。

(1) 在菜单栏中选择【文件】|【导入】|【导入视频】命令，打开【导入视频】对话框，如图 3.12 所示。选择要导入的视频文件，可以选择存储在本地计算机上的视频文件，也可以选择已上传到 Web 服务器的视频。

(2) 单击【浏览】按钮，打开【打开】对话框，选择要导入的视频文件，单击【打开】按钮，如图 3.13 所示。

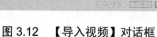

图 3.12　【导入视频】对话框　　　　　　图 3.13　【打开】对话框

(3) 选中【使用播放组件加载外部视频】单选按钮，并单击【下一步】按钮，如图 3.14 所示。

(4) 在如图 3.15 所示的对话框中，设置播放控件的外观和颜色，在【外观】下拉列表框中选择一种外观。如果选择【无】，则删除所有播放控件，而只导入视频；选择【自定义外观 URL】，则可以在下方的 URL 文本框中输入文本外观 SWF 的相对路径。

图 3.14　单击【下一步】按钮　　　　　　图 3.15　选择一种外观

(5) 单击【下一步】按钮，将完成视频导入，对话框中显示了导入视频的相关信息，如图 3.16 所示。单击【完成】按钮，即可导入视频，如图 3.17 所示。

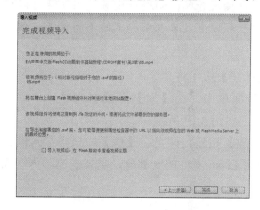

图 3.16　单击【完成】按钮　　　　　　　图 3.17　导入的视频

3.4　导入音频文件

除了可以导入视频文件外，还可以单独为 Flash 影片导入各种声音效果，使 Flash 动画效果更加丰富。Flash 提供了多种声音文件的使用方法。例如，让声音文件独立于时间轴单独播放或者声音与动画同步播放；让声音播放的时候产生渐出渐入的效果；让声音配合按钮的交互性操作播放等。

Flash 中的声音类型分为两种，分别是事件声音和音频流。它们之间的不同之处在于：事件声音必须完全下载后才能播放，事件声音在播放时除非强制其静止，否则会一直连续播放；而音频流的播放则与 Flash 动画息息相关，它是随动画的播放而播放，随动画的停止而停止，即只要下载足够的数据就可以播放，而不必等待数据全部读取完毕，可以做到实时播放。

由于有时导入的声音文件容量很大，会对最后 Flash 影片的播放有很大的影响，因此 Flash 还专门提供了音频压缩功能，有效地控制了最后导出的 SWF 文件中的声音品质和容量大小。

3.4.1　导入音频文件的方法

如果要在 Flash 中导入声音，其操作步骤如下。

(1) 在菜单栏中选择【插入】|【时间轴】|【图层】命令，为音频文件创建一个独立的图层。如果要同时播放多个音频文件，也可以创建多个图层。

🌐 **技巧：** 直接在【时间轴】面板中单击【新建图层】按钮🔲，即可新建图层。

(2) 选择【文件】|【导入】|【导入到舞台】命令，打开【导入】对话框，如图 3.18 所示。

💡 **注意：** 用户也可以在菜单栏中选择【文件】|【导入】|【导入到库】命令，直接将音频文件导入到影片的库中。音频被加到用户的【库】面板后，最初并不会显示在【时间轴】面板上，还需要对插入音频的帧进行设置。用户既可以使用全部音频文件，也可以将其中的一部分重复放入电影中的不同位置，这并不会显著地影响文件的大小。

(3) 选择一个要导入的音频文件，单击【打开】按钮将其导入。

(4) 导入的音频文件会自动添加到【库】面板中，在【库】面板中选择一个音频文件，在【预览】窗口中即可观察到音频的波形，如图 3.19 所示。

单击【库】面板的【预览】窗口中的【播放】按钮，即可在【库】中试听导入的音频效果。音频文件被导入到 Flash 中之后，就成为 Flash 文件的一部分，也就是说，声音或音轨文件会使 Flash 文件的体积变大。

图 3.18　【导入】对话框

图 3.19　【库】面板

3.4.2　编辑音频

用户可以在【属性】面板中对导入的音频文件的属性进行编辑，如图 3.20 所示。

1. 设置音频效果

在音频层中任意选择一帧(含有声音数据的)，并打开【属性】面板，用户可以在【效果】下拉列表框中选择一种效果。

- 左声道：只用左声道播放声音。
- 右声道：只用右声道播放声音。
- 从左到右淡出：声音从左声道转换到右声道。
- 从右到左淡出：声音从右声道转换到左声道。
- 淡入：音量从无逐渐增加到正常。
- 淡出：音量从正常逐渐减少到无。
- 自定义：选择该选项后，可以打开【编辑封套】对话框，通过使用编辑封套自定义声音效果，如图 3.21 所示。

图 3.20　【属性】面板

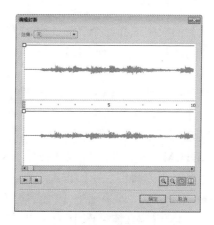

图 3.21　【编辑封套】对话框

53

提示： 单击【效果】右侧的 【编辑声音封套】按钮 ✎ ，也可以打开【编辑封套】
对话框。

2. 音频同步设置

在【属性】面板的【同步】下拉列表框中可以选择音频的同步类型。

- 事件：该选项可以将声音和一个事件的发生过程同步。事件声音在它的起始关键
帧开始显示时播放，并独立于时间轴播放完整声音，即使 SWF 文件停止也继续
播放。当播放发布的 SWF 文件时，事件和声音也同步进行播放。事件声音的一
个实例就是当用户单击一个按钮时播放的声音。如果事件声音正在播放，而声音
再次被实例化(例如，用户再次单击按钮)，则第一个声音实例继续播放，而另一
个声音实例也开始播放。
- 开始：与【事件】选项的功能相近，但是如果原有的声音正在播放，使用【开
始】选项后则不会播放新的声音实例。
- 停止：使指定的声音静音。
- 数据流：用于同步声音，以便在 Web 站点上播放。选择该项后，Flash 将强制动
画和音频流同步。如果 Flash 不能流畅地运行动画帧，就跳过该帧。与事件声音
不同，音频流会随着 SWF 文件的停止而停止。而且，音频流的播放时间绝对不
会比帧的播放时间长。当发布 SWF 文件时，音频流会混合在一起播放。

3. 音频循环设置

一般情况下音频文件的字节数较多，如果在一个较长的动画中引用很多音频文件，就
会造成文件过大的情况。为了避免这种情况发生，可以使用音频重复播放的方法，在动画
中重复播放一个音频文件。

在【属性】面板的【声音】下拉列表框中可设置【重复】音频重复播放的次数，如果
要连续播放音频，可以选择【循环】选项，以便在一段持续时间内一直播放音频。

3.4.3 压缩音频

在【库】面板中选择一个音频文件并右击，在弹出的快捷菜单中选择【属性】命令，
打开【声音属性】对话框，如图 3.22 所示，单击【压缩】右侧的下拉列表框，可以弹出压
缩选项，其各选项介绍如下。

- 默认：这是 Flash CC 提供的一个通用的压缩方式，可以对整个文件中的声音用同
一个压缩比进行压缩，而不用分别对文件中不同的声音进行单独的属性设置，从
而避免了不必要的麻烦。
- ADPCM：常用于压缩诸如按钮音效、事件声音等比较简短的声音，选择该选项
后，其下方将出现新的设置选项，如图 3.23 所示。
    - 预处理：如果选中【将立体声转换为单声道】复选框，就可以自动将混合立
    体声(非立体声)转化为单声道的声音，文件大小相应减小。

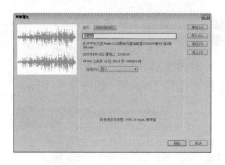

图 3.22　【声音属性】对话框　　　　　　图 3.23　设置选项

◆ 采样率：可在此选择一个选项以控制声音的保真度和文件大小。较低的采样率可以减小文件大小，但同时也会降低声音的品质。5kHz 的采样率只能达到人们说话声音的质量，11kHz 的采样率是播放一小段音乐所要求的最低标准，同时 11kHz 的采样率所能达到的声音质量为 1/4 的 CD(Compact Disc)音质；22kHz 的采样率的声音质量可达到一般的 CD 音质，也是目前众多网站所选择的播放声音的采样率，鉴于目前的网络速度，建议读者采用该采样率作为 Flash 动画中的声音标准；44kHz 的采样率是标准的 CD 音质，可以达到很好的听觉效果。

◆ ADPCM 位：设置编码时的比特率。数值越大，生成的声音的音质越好，而声音文件的容量也就越大。

● MP3：使用该方式压缩声音文件可使文件体积变成原来的 1/10，而且基本不损害音质。这是一种高效的压缩方式，常用于压缩较长且不用循环播放的声音，这种方式在网络传输中很常用。选择这种压缩方式后，其下方会出现如图 3.24 所示的选项。

图 3.24　设置选项

◆ 比特率：MP3 压缩方式的比特率可以决定导出声音文件中每秒播放的位数。设定的数值越大，得到的音质就越好，而文件的容量就会相应增大。Flash 支持 8～160kb/s CBR(恒定比特率)的速率。但导出音乐时，需将比特率设置为 16kb/s 或更高，以获得最佳效果。

◆ 品质：用于设置导出声音的压缩速度和质量。它有 3 个选项，分别是【快速】、【中】、【最佳】。【快速】选项可以使压缩速度加快而降低声音质量；【中】选项可以获得稍慢的压缩速度和较高的声音质量；【最佳】选项可以获得最慢的压缩速度和最佳的声音质量。

● 原始：此选项在导出声音时不进行压缩。

● 语音：选择该项，则会选择一个适合于语音的压缩方式导出声音。

3.5　素材的导出

3.5.1　导出图像文件

下面介绍如何在 Flash CC 中导出图像文件。

Flash 文件可以导出为其他图像格式的文件，其具体操作步骤如下。

(1) 选择工具箱中的【多角星形工具】按钮 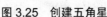，将【笔触颜色】定义为无，将【填充颜色】设置为橘黄色，然后在舞台中绘制星形，如图 3.25 所示。

(2) 选择菜单栏中的【文件】|【导出】|【导出图像】命令，如图 3.26 所示。

图 3.25　创建五角星

图 3.26　选择【导出图像】命令

(3) 弹出【导出图像】对话框，在【文件名】下拉列表框中输入要保存的文件名，在【保存类型】下拉列表框中选择要保存的格式，设置完成后单击【保存】按钮，如图 3.27 所示。

(4) 若选择【GIF 图像(*.gif)】格式，则弹出【导出 GIF】对话框，使用默认参数，单击【确定】按钮即可，如图 3.28 所示。

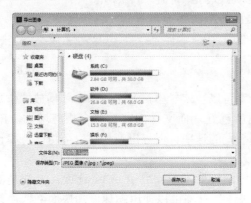

图 3.27　输入文件名

图 3.28　【导出 GIF】对话框

3.5.2　导出图像序列文件

下面介绍如何在 Flash CC 中导出图像序列文件。

Flash 文件可以导出为其他图像序列文件，其具体操作步骤如下。

(1) 选择工具箱中的【多角星形工具】按钮 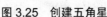，将【笔触颜色】定义为无，将【填充颜色】设置为橘黄色，然后在舞台中绘制星形，软件会自动在时间轴的第 1 帧处插入关键帧，如图 3.29 所示。

(2) 选择时间轴上的第 2 帧，按 F6 键插入关键帧，然后按 Delete 键删除舞台中的星形，再重新绘制星形，如图 3.30 所示。

图 3.29　绘制星形

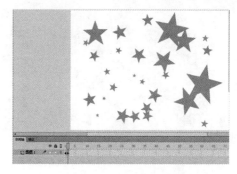

图 3.30　插入关键帧并绘制星形

(3) 选择菜单栏中的【文件】|【导出】|【导出影片】命令，如图 3.31 所示。

(4) 即可打开【导出影片】对话框，选择保存位置，输入文件名称，在【保存类型】下拉列表框中设置需要的格式序列文件，然后单击【保存】按钮，如图 3.32 所示。

图 3.31　选择【导出影片】命令

图 3.32　【导出影片】对话框

(5) 在弹出的【导出 JPEG】对话框中使用默认设置，单击【确定】按钮，如图 3.33 所示，即可保存文件，可在保存文件的位置查看效果。

3.5.3　导出 SWF 影片

下面介绍如何在 Flash CC 中导出 SWF 影片文件。

Flash 文件可以导出 SWF 影片格式的文件，其具体操作步骤如下。

图 3.33　【导出 JPEG】对话框

(1) 在 Flash 中创建两个不同画面的关键帧，如图 3.34 所示。

(2) 选择菜单栏中的【文件】|【导出】|【导出影片】命令，如图 3.35 所示。

(3) 即可打开【导出影片】对话框，选择保存位置，输入文件名称，将【保存类型】设置为【SWF 影片(*.swf)】格式，然后单击【保存】按钮即可完成，如图 3.36 所示。

保存完成后可在保存文件的位置查看效果。

图 3.34　创建的文件　　　　　　　　　　图 3.35　选择【导出影片】命令

图 3.36　【导出影片】对话框

3.5.4　导出视频

下面介绍如何在 Flash CC 中导出视频文件。

Flash 文件可以导出视频格式的文件，其具体操作步骤如下。

(1) 在工具栏中选择多角星形工具，在舞台中创建星形，然后在时间轴中选择第 20 帧，按 F6 键插入关键帧，在舞台中绘制一个星形，如图 3.37 所示。

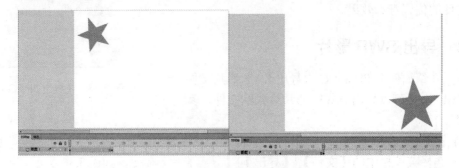

图 3.37　绘制星形并插入关键帧

(2) 在第 1 帧与第 20 帧之间右击，在弹出的快捷菜单中选择【创建传统补间】命令，如图 3.38 所示。

(3) 在菜单栏中选择【文件】|【导出】|【导出视频】命令，如图 3.39 所示。

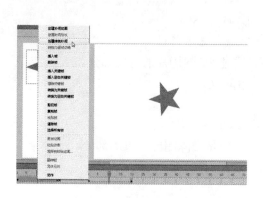
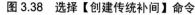

图 3.38　选择【创建传统补间】命令

图 3.39　【导出视频】命令

(4) 即可打开【导出视频】对话框，使用默认设置，然后单击【导出】按钮，如图 3.40 所示。

(5) 将弹出 Flash 提示对话框，单击【确定】按钮即可，如图 3.41 所示。

(6) 软件将会启动 Adobe Media Encoder 辅助软件，完成后查看保存的文件即可。

图 3.40　【导出视频】对话框

图 3.41　提示对话框

3.6　影片的发布及输出

3.6.1　发布为 SWF 文件及 HTML 文件

在【发布设置】对话框的【发布】选项中，单击 Flash(.swf)格式标签后，即可将界面转换为 Flash(.swf)格式图像的发布文件的设置界面；单击 HTML 标签，将界面转换为 HTML 的发布文件设置界面，其中的选项及参数说明如下。

- 模板：生成 HTML 文件所需的模板，单击【信息】按钮可以查看模板的信息。
- 检测 Flash 版本：自动检测 Flash 的版本。选中该复选框后，可以单击【设置】按钮，进行版本检测的设置。
- 尺寸：设置 Flash 影片在 HTML 文件中的尺寸。
- 开始时暂停：影片在第 1 帧暂停。
- 显示菜单：在生成的影片页面中右击，会弹出控制影片播放的菜单。
- 循环：循环播放影片。
- 设备字体：使用默认字体替换系统中没有的字体。

- 品质：选择影片的图像质量。
- 窗口模式：选择影片的窗口模式。
  - 窗口：Flash 影片在网页中的矩形窗口内播放。
  - 不透明无窗口：使 Flash 影片的区域不露出背景元素。
  - 透明无窗口：使网页的背景可以透过 Flash 影片的透明部分。
- HTML 对齐：设置 Flash 影片在网页中的位置。
- 缩放：设置动画的缩放方式。
  - 默认(显示全部)：等比例大小显示 Flash 影片。
  - 无边框：使用原有比例显示影片，但是去除超出网页的部分。
  - 精确匹配：使影片大小按照网页的大小进行显示。
  - 无缩放：不按比例缩放影片。
- Flash 对齐：影片在网页上的排列位置。
- 显示警告消息：选中该复选框后，如果影片出现错误，则会弹出警告信息。

3.6.2 发布 GIF 文件

在【发布设置】对话框的【其他】选项中，单击【GIF 图像】格式标签后，即可将界面转换为 GIF 格式图像的发布文件的设置界面，如图 3.42 所示。其中的选项及参数说明如下。

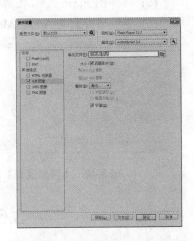

- 输出文件：设置文件保存发布的路径位置。
- 大小：设置 GIF 动画的宽和高，若选中【匹配影片】复选框，则不需设置宽和高。
- 匹配影片：选中后可以使发布的 GIF 动画大小和原 Flash 影片大小相同。
- 静态：发布的 GIF 为静态图像。
- 动画：发布的 GIF 为动态图像，选择该项后可以设置动画的循环播放次数。

图 3.42 GIF 的发布文件设置界面

- 平滑：消除位图的锯齿。

3.6.3 发布 JPEG 文件

在【发布设置】对话框的【其他】选项中，选中【JPEG 图像】格式的标签后，即可将界面转换为 JPEG 格式图像文件的发布设置界面，如图 3.43 所示。其中的部分选项及参数说明如下。

- 输出文件：设置文件保存发布的路径位置。
- 大小：设置要发布的位图的尺寸。
- 品质：左右拖动或双击，可以设置发布位图的图像品质。

图 3.43 JPEG 的发布设置界面

● 渐进：在低速网络环境中，逐渐显示位图。

3.6.4　发布 PNG 文件

在【发布设置】对话框的【其他】选项中，选中【PNG 图像】格式的标签后，即可将界面转换为 PNG 格式图像文件的发布设置界面，如图 3.44 所示。其中的部分选项及参数说明如下。

● 输出文件：设置文件保存发布的路径位置。
● 大小：设置要发布的位图的尺寸。
● 匹配影片：选中后可以使发布的 GIF 动画大小和原 Flash 影片大小相同。
● 位深度：可选择【8 位】、【24 位】、【24 位 Alpha】3 个选项。
● 平滑：消除位图的锯齿。

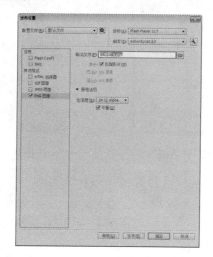

图 3.44　PNG 的发布设置界面

3.7　上机练习——添加背景音乐

通过前面对导入音频文件和设置音频属性的学习，用户对声音有了简单的认识，下面我们通过为一个简单的动画添加背景音乐，来掌握声音文件的导入、添加等操作。动画效果如图 3.45 所示。

(1) 启动软件后，建立新文件，在【属性】面板中将舞台大小设置为 800×600 像素，如图 3.46 所示。

(2) 在菜单栏中选择【文件】|【导入】|【导入到舞台】命令，即可打开【导入】对话框，选择随书附带光盘中的 "CDROM/素材/Cha03/07.jp" 文件；单击【打开】按钮，如图 3.47 所示。

(3) 打开素材后，在舞台中选中导入的素材，并打开【属性】面板，将【宽】、【高】分别设置为 800、600，如图 3.48 所示。

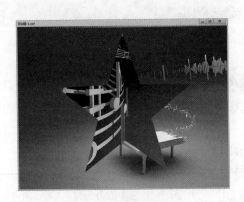

图 3.45　最终效果

图 3.46　设置舞台大小

图 3.47　【导入】对话框

图 3.48　设置图片大小

(4) 打开【对齐】面板，选中【与舞台对齐】复选框，然后单击【水平中齐】按钮 和【垂直中齐】按钮 ，如图 3.49 所示。

(5) 在【时间轴】面板中单击【新建图层】按钮 ，再次打开【导入】对话框，打开 "素材 08.jpg" 文件，如图 3.50 所示。

图 3.49　【对齐】面板

图 3.50　再次打开素材

(6) 打开【对齐】面板，选中【与舞台对齐】复选框，然后单击【水平中齐】按钮 和【垂直中齐】按钮 ，如图 3.51 所示。

(7) 在工具箱中选择【多角星形工具】，打开【属性】面板，然后单击【选项】按钮，在打开的【工具设置】对话框中将【样式】设置为星形，将【边数】设置为 5，将

【星形顶点大小】设置为 0.5，然后单击【确定】按钮，如图 3.52 所示。

图 3.51　【对齐】面板　　　　　　　　　图 3.52　【工具设置】对话框

(8) 在【时间轴】面板中单击【新建图层】按钮 ，再次新建图层，然后在该图层中绘制星形，并分别为每个图层选中第 168 帧并按 F6 键插入关键帧，如图 3.53 所示。

图 3.53　插入关键帧

(9) 在【时间轴】面板中选择图层 3 的第 168 帧，然后在工具箱中选择【任意变形工具】 ，在舞台中选中星形，调整星形的大小，使其遮盖整个舞台，如图 3.54 所示。

(10) 在该图层的任意帧位置右击，在弹出的快捷菜单中选择【创建补间形状】命令，如图 3.55 所示。

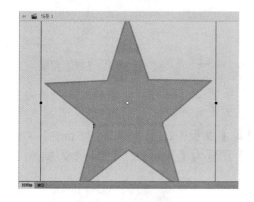

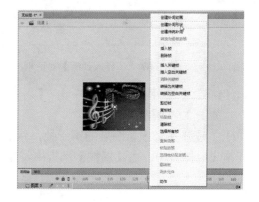

图 3.54　调整星形的大小　　　　　　　图 3.55　为图层 3 创建补间形状

(11) 在【时间轴】面板的左侧图层名称显示区右击图层 3，在弹出的快捷菜单中选择【遮罩层】命令，如图 3.56 所示。

(12) 在菜单栏中选择【文件】|【导入】|【导入到库】命令，打开【导入到库】对话框。选择随书附带光盘中的 "CDROM/素材/Cha03/音乐素材.mp3" 文件，如图 3.57 所示。

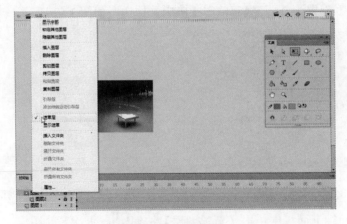

图 3.56　创建遮罩层

(13) 单击【打开】按钮，将文件导入【库】面板中，如图 3.58 所示。

图 3.57　【导入到库】对话框

图 3.58　【库】面板

(14) 在【时间轴】面板中单击 【新建图层】按钮，新建一个图层，并命名为"音乐"，如图 3.59 所示。

(15) 选择【音乐】图层的第一帧，然后在【库】面板中选择"音乐素材.mp3"文件，将其拖曳至舞台中。在【属性】面板中将【同步】设置为【开始】、【循环】，如图 3.60 所示。

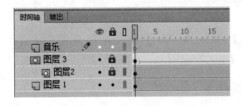

图 3.59　创建【音乐】图层

图 3.60　【属性】面板

(16) 背景音乐添加完成，按 Ctrl+Enter 组合键测试影片，即可在打开的文件中听到背景音乐。最后存储场景文件并输出影片，效果如图 3.61 所示。

图 3.61　完成后的效果

3.8　习　　题

1. 如何导入位图？
2. 如何设置导入音频的效果？
3. 如何将音频设为循环播放？

第 4 章　图形的编辑与操作

本章介绍了编辑图形的常用方法，包括选择工具的使用，任意变形工具的使用，图形的组合和分离，图形对象的对齐与修饰等操作，以及缩放工具和手形工具等辅助工具的使用。

4.1　选择工具的使用

要对图形进行修改时，首先就需要选中对象。一般可以使用【选择工具】 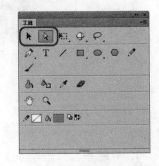 和【部分选择工具】 来选中对象，如图 4.1 所示。

4.1.1　使用选择工具

在绘图操作过程中，选择对象的过程通常就是使用选择工具的过程。使用选择工具的操作方法如下。

1. 选择对象

图 4.1　选择工具和部分选择工具

在工作区中使用【选择工具】选择对象的方法如下。

(1) 单击图形对象的边缘部位，即可选中该对象的一条边，双击图形对象的边缘部位，即可选中该对象的所有边，如图 4.2 所示。

(2) 单击图形对象的面，则会选中对象的面；双击图形对象的面，则会同时选中该对象的面和边，如图 4.3 所示。

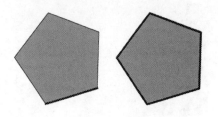

图 4.2　选择边

图 4.3　选择面

(3) 在舞台中通过拖曳鼠标可以选取整个对象，如图 4.4 所示。

(4) 按住 Shift 键依次单击要选取的对象，可以同时选择多个对象；如果再次单击已被选中的对象，则可以取消对该对象的选取，如图 4.5 所示。

2. 移动对象

使用 【选择工具】也可以对图形对象进行移动操作，但是根据对象的不同属性，会有下面几种不同的情况。

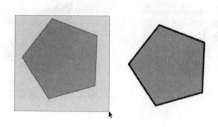 

图 4.4　选取整个对象　　　　图 4.5　取消选择对象

(1) 双击选取图形对象的边后，拖曳鼠标使对象的边和面分离，如图 4.6 所示。

(2) 单击边线外的面，拖曳选取的面可以获得边线分割面的效果，如图 4.7 所示。

图 4.6　进行移动　　　　　　图 4.7　分割效果

(3) 选择【选择工具】双击椭圆图像，将其拖曳至矩形的上方，双击矩形进行移动会发现覆盖的区域已经被删除，如图 4.8 所示。

(4) 两个组合后的图形对象叠加放置，移走覆盖的对象后，会发现下面对象被覆盖的部分不会被删除，如图 4.9 所示。

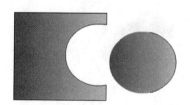 

图 4.8　覆盖区域被删除　　　图 4.9　没有变化

3. 变形对象

使用【选择工具】除了可以选取对象外，还可以对图形对象进行变形操作。当鼠标处于选择工具的状态时，指针放在对象的不同位置，会有不同的变形操作方式。

(1) 当鼠标指针放在对象的边角上时，指针会变成 形状，这时单击并拖曳鼠标，可以实现对象的边角变形操作，如图 4.10 所示。

(2) 当鼠标指针放在对象的边线上时，指针会变成 形状，这时单击并拖曳鼠标，可以实现对象的边线变形操作，如图 4.11 所示。

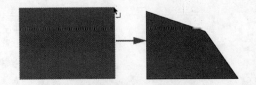

图 4.10　边角变形操作　　　　　　　　图 4.11　边线变形操作

4.1.2　使用部分选择工具

【部分选择工具】不仅具有像【选择工具】那样的选择功能，而且还可以对图形进行变形处理，被【部分选择工具】选择的对象轮廓线上会出现很多控制点，表示该对象已被选中。

(1) 使用【部分选择工具】单击矢量图的边缘部分，形状的路径和所有的锚点便会自动显示出来，如图 4.12 所示。

(2) 使用【部分选择工具】选择对象任意锚点后，拖曳鼠标到任意位置即可完成对锚点的移动操作，如图 4.13 所示。

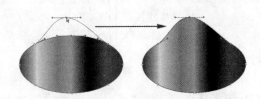

图 4.12　显示锚点　　　　　　　　　　图 4.13　变形操作

(3) 使用【部分选择工具】单击要编辑的锚点，这时该锚点的两侧会出现调节手柄，拖曳手柄的一端可以实现对曲线的形状编辑操作，如图 4.14 所示。

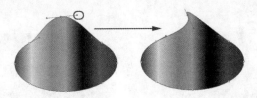

图 4.14　编辑曲线

提示：　按住 Alt 键拖曳手柄，可以只移动一边的手柄，而另一边手柄则保持不动。

4.2　任意变形工具的使用

使用【任意变形工具】可以对图形对象进行旋转、封套、扭曲、缩放等操作。

4.2.1　旋转和倾斜对象

下面介绍如何使用【任意变形工具】对对象进行旋转和倾斜。

(1) 在舞台中绘制矩形，并使用【任意变形工具】将其选中，此时图形进入端点模式，如图 4.15 所示。

(2) 将鼠标放在边角的部位，此时鼠标会发生变化，如图 4.16 所示。

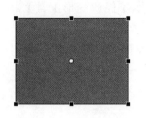　　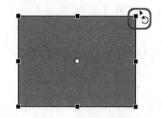

图 4.15　选择矩形　　　　　　　　　图 4.16　出现旋转符号

(3) 按住左键，进行拖曳，此时图形就会旋转，完成后的效果如图 4.17 所示。

(4) 将鼠标指向对象的边线部位，当鼠标指针的形态发生变化时，按住左键并拖动，进行水平或垂直移动，便可实现对象的倾斜操作，如图 4.18 所示。

　　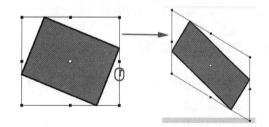

图 4.17　旋转后的效果　　　　　　　图 4.18　发生倾斜

4.2.2　缩放对象

下面介绍如何使用【任意变形工具】缩放对象。

(1) 首先使用【多角星形工具】绘制五角星，并使用【任意变形工具】将其选中，如图 4.19 所示。

(2) 将鼠标移动到任意端点处，此时鼠标会变为双向箭头模式，按住左键进行拖曳，此时图形就发生了变化，如图 4.20 所示。

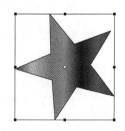　　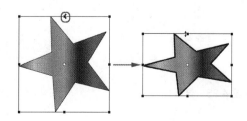

图 4.19　选择五角星　　　　　　　　图 4.20　进行缩放

☞ 提示： 按住 Shift 键进行拖曳，可以对图形进行等比缩放。

4.2.3 扭曲对象

通过扭曲变形功能可以用鼠标直接编辑图形对象的锚点，从而实现多种特别的图像变形效果。

(1) 首先使用【多角星形工具】绘制五角星，并使用【任意变形工具】将其选中，在工具箱中单击【扭曲】按钮，如图 4.21 所示。

(2) 将鼠标移动到顶点处，按住左键进行拖曳，此时图形就呈现扭曲变形，如图 4.22 所示。

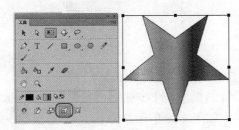

图 4.21　选择图形

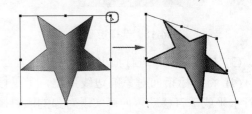

图 4.22　扭曲图形

4.2.4 封套变形对象

使用封套变形功能可以编辑对象边框周围的切线手柄，通过对切线手柄的调节实现更复杂的对象变形效果。

(1) 首先使用【多角星形工具】绘制五边形，并使用【任意变形工具】将其选中，在工具箱中单击【封套】按钮，如图 4.23 所示。

(2) 按住左键并拖曳对象边角锚点的切线手柄，则只在单一方向上进行变形调整，如图 4.24 所示。

(3) 按住 Alt 键时，按住左键并拖曳中间锚点的切线手柄，则可以只对该锚点的一个方向进行变形调整，如图 4.25 所示。

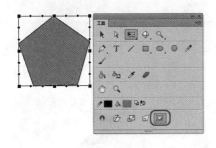

图 4.23　选择图形

图 4.24　封套对象

图 4.25　封套对象

4.3　图形的其他操作

除了可以对图形进行选择和变形外，图形的其他操作还包括组合对象、对齐对象、修饰图形等。

4.3.1　组合对象和分离对象

当绘制出多个对象后，为了防止它们之间的相对位置发生改变，可以将它们"绑"在一起，这时就需要用到组合。下面介绍如何组合对象和分离对象。

(1) 在舞台中绘制出多个图形，此时所有图形处于分离状态，如图 4.26 所示。

(2) 选择所有图形，在菜单栏中选择【修改】|【组合】命令，此时图形处于组合状态，如图 4.27 所示。

图 4.26　绘制多个图形

图 4.27　组合对象

提示：　组合对象还可以使用快捷键 Ctrl+G 来实现。

(3) 如果需要将组合的对象分解，可以在菜单栏中选择【修改】|【取消组合】命令或按 Ctrl+Shift+G 组合键，如图 4.28 所示。

(4) 此时图形就被分解，可以单独移动，如图 4.29 所示。

图 4.28　选择【取消组合】命令

图 4.29　分离图形

4.3.2　对象的对齐

在制作动画时，有时需要对舞台中的对象进行对齐，可以使用【对齐】面板，使图形对齐。下面介绍如何使对象对齐。

(1) 使用【椭圆工具】在舞台中绘制 3 个正圆，如图 4.30 所示。

(2) 在菜单栏中选择【窗口】|【对齐】命令，弹出【对齐】面板，如图 4.31 所示。

(3) 选中【对齐】面板中的【水平中齐】按钮，此时图形就发生了变化，如图 4.32 所示。

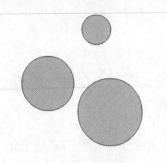

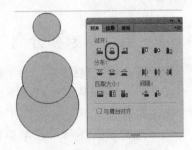

图 4.30　绘制图形　　　　　图 4.31　【对齐】面板　　　　图 4.32　完成后的效果

提示：　有时需要将图形放到整个舞台的边缘或中央，可以选中【与舞台对齐】复选框。

4.3.3　修饰图形

Flash 提供了几种修饰图形的方法，包括将线条转换成填充、扩展填充优化曲线及柔化填充边缘等。

1. 将线条转化为填充

(1) 在工具箱中选择【线条工具】，打开【属性】面板，将【笔触】大小设为 5，如图 4.33 所示。

(2) 设置完成后，在舞台中绘制图形，如图 4.34 所示。

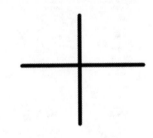

图 4.33　【属性】面板　　　　　　　图 4.34　绘制图形

(3) 选择所有的图形，在菜单栏中选择【修改】|【形状】|【将线条转换为填充】命令，如图 4.35 所示。

(4) 在工具箱中将【填充颜色】设为红色，此时上一步绘制的线条颜色变为红色，如图 4.36 所示。

 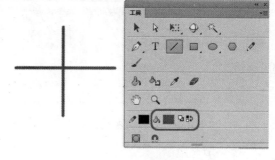

图 4.35　选择【将线条转换为填充】命令　　　图 4.36　完成后的效果

2. 扩展填充

通过扩展填充，可以扩展填充形状。使用【选择工具】
选择一个图形，在菜单栏中选择【修改】|【形状】|【扩展填
充】命令，即可弹出【扩展填充】对话框，如图 4.37 所示。

- 距离：用于指定扩充、插入的尺寸。
- 方向：如果希望扩充一个形状，请选中【扩展】单
  选按钮；如果希望缩小形状，请选中【插入】单选
  按钮。

图 4.37　【扩展填充】对话框

3. 优化曲线

优化曲线通过减少用于定义这些元素的曲线数量来改进曲线和填充轮廓，这样能够减
小 Flash 文件的大小。使用优化曲线的具体操作步骤如下。

(1) 打开随书附带光盘中的"CDROM\素材\Cha04\01.fla"文件，单击【打开】按
钮，如图 4.38 所示。

(2) 打开素材后，选择所有对象，在菜单栏中选择【修改】|【形状】|【优化】命令，
如图 4.39 所示。

图 4.38　【打开】对话框　　　　　图 4.39　选择【优化】命令

(3) 随即弹出【优化曲线】对话框，将【优化强度】设为 10，如图 4.40 所示。

(4) 随即弹出提示对话框，单击【确定】按钮即可，如图 4.41 所示。

图 4.40　【优化曲线】对话框

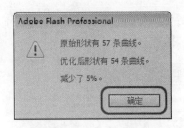

图 4.41　提示对话框

4. 柔化填充边缘

在绘图时，有时会遇到颜色对比非常强烈的时候，这时绘出的实体边界太过分明，影响整个电影的效果。如果柔化一下实体的边界，那么看起来效果就好多了。Flash 提供了柔化填充边缘的功能。

其具体的操作步骤为：使用选择工具选择一个形状，然后选择【修改】|【形状】|【柔化填充边缘】菜单命令，打开如图 4.42 所示的【柔化填充边缘】对话框。

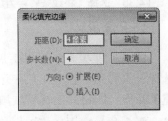

图 4.42　【柔化填充边缘】对话框

- 距离：用于指定扩充、插入的尺寸。
- 步长数：步长数越大，形状边界的过渡越平滑，柔化效果越好。但是，这样会导致文件过大及减慢绘图速度。
- 方向：如果希望向外柔化形状，选中【扩展】单选按钮；如果希望向内柔化形状，选中【插入】单选按钮。

4.4　查看图形的辅助工具

在制作动画的过程中除了利用一些常用的工具外，图形辅助工具也是常用的，包括【缩放工具】🔍和【手形工具】✋。

4.4.1　缩放工具

【缩放工具】🔍在 Flash 绘图过程中与手形工具的相同之处是：该工具并不改变工作区中的任何实际图形。缩放工具的主要任务是在绘图过程中放大或缩小视图，以便于编辑。下面介绍【缩放工具】的具体操作方法。

(1) 打开随书附带光盘中的"CDROM\素材\Cha04\02.fla"文件，单击【打开】按钮，如图 4.43 所示。

(2) 在工具箱中选择【缩放工具】，此时工具箱下侧多出两个按钮【放大】🔍和【缩放】🔍，如图 4.44 所示。

(3) 在工具箱中选择【放大】按钮，在舞台中单击，此时图形就被放大，如图 4.45 所示。

(4) 在工具箱中选择【缩小】工具，在舞台中单击左键，此时图形就被缩小，如图 4.46 所示。

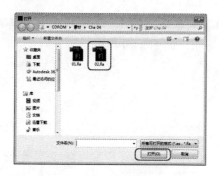

图 4.43　选择素材

图 4.44　工具箱

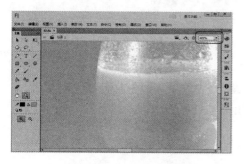

图 4.45　图形被放大

图 4.46　图形被缩小

4.4.2　手形工具

【手形工具】是在工作区移动对象的工具。使用手形工具移动对象时，表面上看到的是对象的位置发生了改变，但实际移动的却是工作区的显示空间，而工作区上所有对象的实际坐标相对于其他对象的坐标并没有改变，即手形移动工具移动的实际上是整个工作区。手形工具的主要任务是在一些比较大的舞台内快速移动到目标区域，显然，使用此工具比拖曳滚动条要方便许多。

使用手形工具的具体操作步骤如下。

(1) 单击工具箱中的【手形工具】，一旦它被选中，光标将变为一只手的形状。

(2) 在工作区的任意位置按住鼠标左键并往任意方向拖曳，即可看到整个工作区的内容跟随鼠标的动作而移动，其实不管目前正在使用的是什么工具，只要按住空格键，都可以方便地实现手形工具和当前工具的切换。

4.5　上机练习

4.5.1　绘制卡通人物标志

下面介绍如何绘制卡通人物标志，其效果如图 4.47 所示。

(1) 启动软件后按 Ctrl+N 组合键，弹出【新建文档】对话框，选择 ActionScript 3.0 选项，将【宽】设为 550 像素，将【高】设为 400 像素，【背景颜色】设为白色，单击【确定】按钮，如图 4.48 所示。

图 4.47　卡通人物

(2) 按 Ctrl+F8 组合键，弹出【创建新元件】对话框，将【名称】设为"卡通人物"，将【类型】设为【图形】，然后单击【确定】按钮，如图 4.49 所示。

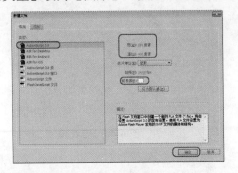

图 4.48　新建文档

图 4.49　【创建新元件】对话框

(3) 新建一图层，并将其命名为"底图"，在工具箱中选择【椭圆工具】，打开【属性】面板，将【笔触】设为无，将【填充颜色】设为 FF00FF，如图 4.50 所示。

(4) 设置完属性之后在舞台中绘制正圆形，如图 4.51 所示。

图 4.50　设置属性

图 4.51　绘制圆形

(5) 继续选择【椭圆工具】，将【笔触】设为无，将【填充颜色】设为白色，绘制正圆，如图 4.52 所示。

(6) 选择绘制的正圆，打开【对齐】面板，单击【水平中齐】按钮和【垂直中齐】按钮，完成后的效果如图 4.53 所示。

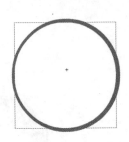

图 4.52　绘制正圆

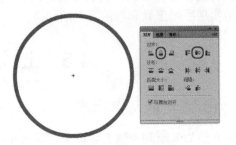

图 4.53　调整图形

(7) 选择【椭圆工具】，将【笔触】设为无，将【填充颜色】设为 FF00FF，绘制正圆，并在舞台中调整位置，如图 4.54 所示。

(8) 将【底图】图层锁定，新建【头发】图层，如图 4.55 所示。

图 4.54　绘制正圆

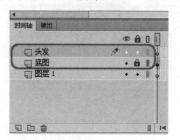

图 4.55　新建图层

(9) 选择【椭圆工具】，在【属性】面板中将【笔触】设为无，将【填充颜色】设为黑色，在舞台中绘制图形，如图 4.56 所示。

(10) 继续选择【椭圆工具】绘制头发的轮廓，如图 4.57 所示。

图 4.56　绘制椭圆

图 4.57　绘制头发轮廓

(11) 继续选择【椭圆工具】，打开【属性】面板，将【笔触】设为白色，将【填充颜色】设为黑色，将【笔触】大小设为 2，绘制椭圆，如图 4.58 所示。

(12) 新建【脸】图层，选择【椭圆工具】，打开【属性】面板，将【笔触】设为无，将【填充颜色】设为 FFDDC5，在舞台中绘制椭圆，如图 4.59 所示。

图 4.58　绘制椭圆

图 4.59　绘制脸部轮廓

(13) 新建【耳朵】图层，打开【属性】面板，将【笔触颜色】设为白色，将【填充颜色】设为 FFDDC5，在舞台中绘制卡通人物的耳朵，如图 4.60 所示。

(14) 新建【眼睛】图层，在工具箱中选择【椭圆工具】，打开【属性】面板，将【笔触】设为无，将【填充颜色】设为 333333，在舞台中绘制眼睛部位，如图 4.61 所示。

(15) 继续选择【椭圆工具】，打开【属性】面板，将【笔触】设为无，将【填充颜色】设为黑色，继续绘制眼珠，如图 4.62 所示。

图 4.60　绘制耳朵

图 4.61　绘制眼睛轮廓

(16) 继续选择【椭圆工具】，打开【属性】面板，将【笔触】设为无，将【填充颜色】设为白色，继续绘制眼珠，如图 4.63 所示。

图 4.62　绘制眼珠

图 4.63　绘制眼珠

(17) 使用同样的方法，绘制右侧的眼睛，如图 4.64 所示。

(18) 新建【腮红】图层，在工具箱中选择【椭圆工具】，打开【属性】面板，将【笔触】设为无，将【填充颜色】设为#FFCCCC，绘制腮红，完成后的效果如图 4.65 所示。

图 4.64　完成的眼睛

图 4.65　绘制腮红

(19) 新建【刘海】图层，在工具箱中选择【矩形工具】，打开【属性】面板，将【笔触】设为无，将【填充颜色】设为 FFDDC5，绘制刘海，完成后的效果如图 4.66 所示。

(20) 新建【嘴】图层，在工具箱中选择【椭圆工具】，打开【属性】面板，将【笔触】设为无，将【填充颜色】设为 FF0000，在舞台中绘制嘴型，完成后的效果如图 4.67 所示。

(21) 新建【头花】图层，在工具箱中选择【矩形工具】，打开【属性】面板，将【笔触】设为无，将【填充颜色】设为白色，绘制头花，并使用【选择工具】对头花进行修改，完成后的效果如图 4.68 所示。

图 4.66　绘制刘海

图 4.67　绘制嘴

（22）新建【文字】图层，按 Ctrl+R 组合键，导入"CDROM\素材\Cha04\02.png"文件，并对导入的素材进行调整，完成后的效果如图 4.69 所示。

图 4.68　绘制头花

图 4.69　添加文字

4.5.2　绘制卡通小蜜蜂

下面绘制卡通小蜜蜂，其具体操作步骤如下。其效果如图 4.70 所示。

（1）启动软件后按 Ctrl+N 组合键，弹出【新建文档】对话框，选择 ActionScript 3.0 选项，将【宽】设为 550 像素，将【高】设为 400 像素，将【背景颜色】设为白色，单击【确定】按钮，如图 4.71 所示。

图 4.70　卡通小蜜蜂

（2）新建【头部轮廓】图层，在工具箱中选择【椭圆工具】，打开【属性】面板，将【笔触颜色】设为无，将【笔触大小】设为默认，【填充颜色】设为无，在舞台中进行绘制，如图 4.72 所示。

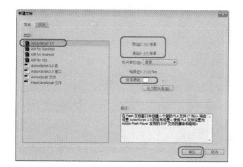

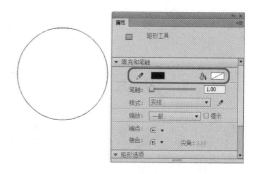

图 4.71　新建文档

图 4.72　绘制头部轮廓

(3) 在工具箱中选择【颜料桶工具】，打开【颜色】面板，选择【线性渐变】选项，将第一个色标颜色设为#F7DB46，将第二个色标设为#F7EC9A，设置完成后，对头部轮廓进行填充，如图 4.73 所示。

(4) 双击头部轮廓图形，进入绘图对象，选择黑色边并将其删除，完成后的效果如图 4.74 所示。

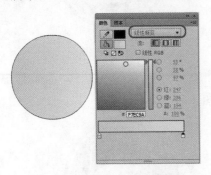

图 4.73　填充渐变颜色

图 4.74　删除轮廓

(5) 返回到【场景.1】中，在工具箱中选择【渐变变形工具】，对渐变色进行旋转，如图 4.75 所示。

(6) 新建【眼睛】图层，在工具箱中选择【椭圆工具】，在【属性】面板中将【笔触颜色】设为黑色，将【填充颜色】设为无，绘制眼睛的轮廓，如图 4.76 所示。

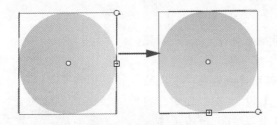

图 4.75　旋转渐变色

图 4.76　绘制眼睛轮廓

(7) 在工具箱中选择【颜料桶工具】，打开【颜色】面板，选择【线性渐变】选项，将第一个色标颜色设为#E3FAF3，将第二个色标设为#E3EEEC，设置完成后，对眼睛轮廓进行填充，如图 4.77 所示。

(8) 双击眼睛轮廓，进入绘图对象，将外部黑色轮廓删除，完成后的效果如图 4.78 所示。

图 4.77　填充颜色

图 4.78　删除轮廓

(9) 在工具箱中选择【椭圆工具】，打开【属性】面板，将【笔触】设为无，将【填充颜色】设为 666666，在舞台中进行绘制，如图 4.79 所示。

(10) 继续选择【椭圆工具】，打开【属性】面板，将【笔触】设为无，将【填充颜色】设为黑色，在舞台中进行绘制，如图 4.80 所示。

图 4.79　完成后的效果　　　　　　　　图 4.80　绘制眼珠

(11) 继续选择【椭圆工具】，打开【属性】面板，将【笔触】设为无，将【填充颜色】设为白色，在舞台中进行绘制，如图 4.81 所示。

(12) 使用同样的方法，绘制右侧的眼睛，完成后的效果如图 4.82 所示。

图 4.81　绘制眼珠　　　　　　　　图 4.82　完成后的效果

(13) 新建【嘴】图层，在工具箱中选择【钢笔工具】，绘制嘴的轮廓，并对其填充红色，并将黑色嘴型轮廓删除，完成后的效果如图 4.83 所示。

(14) 新建【触角】图层，在工具箱中选择【刷子工具】，将【笔触颜色】设为黄色，并设置合适的大小和形状，如图 4.84 所示。

图 4.83　绘制嘴　　　　　　　　图 4.84　选择刷子工具

(15) 设置完成后，在舞台中绘制触角，完成后的效果如图 4.85 所示。

(16) 新建【身体】图层，选择【椭圆工具】，将【笔触颜色】设为无，将【填充颜色】设为【径向渐变】，并设置为#E3E717～#E3AD10 的渐变，如图 4.86 所示。

图 4.85　绘制触角　　　　　　　　　图 4.86　绘制身体

(17) 新建【花纹】图层，在工具箱中选择【钢笔工具】，绘制花纹的轮廓，如图 4.87 所示。

(18) 在工具箱中选择【颜料桶工具】，将填充颜色设为#272020，对花纹轮廓进行填充，完成后的效果如图 4.88 所示。

图 4.87　绘制花纹轮廓　　　　　　　图 4.88　绘制花纹

(19) 使用前面的方法对黑色轮廓进行删除，完成后的效果如图 4.89 所示。

(20) 使用同样的方法，绘制出其他身体的花纹，完成后的效果如图 4.90 所示。

图 4.89　删除花纹轮廓　　　　　　　图 4.90　完成后的效果

(21) 新建【颈】图层，在工具箱中选择【钢笔工具】，在舞台中绘制颈的轮廓，并对其填充橘黄色(##FFCC00)，完成后的效果如图 4.91 所示。

(22) 新建图层【翅膀】，在工具箱中选择【椭圆工具】，将【笔触颜色】设为无，将【填充颜色】设为黄色，绘制两个椭圆，并使用【任意变形工具】进行选择，完成后的效果如图 4.92 所示。

(23) 使用同样的方法绘制左侧的翅膀，完成后的效果如图 4.93 所示。

(24) 选择【翅膀】图层，将其移动到图层的最下方，完成后的效果如图 4.94 所示。

图 4.91　绘制颈

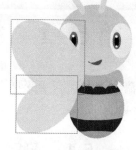

图 4.92　绘制右侧翅膀

图 4.93　绘制左侧翅膀

图 4.94　完成翅膀绘制的效果

4.6 习　　题

1. 选择工具和任意变形工具的相同点和不同点？
2. 如何使用任意变形工具对图形进行等比缩放？
3. 优化曲线的作用？

第 5 章　色彩工具的使用

本章介绍了滴管工具、渐变变形工具和擦除工具的使用，以及【颜色】面板和【样本】面板的设置和使用方法。

5.1　笔触和填充工具的使用

图形绘制完成后，有时需要使用一些工具对图形和笔触进行填充，常用的工具包括墨水瓶工具、颜料桶工具、滴管工具和渐变变形工具等。

5.1.1　墨水瓶工具的使用

使用【墨水瓶工具】可以在绘图中更改线条和轮廓线的颜色和样式。它不仅能够在选定图形的轮廓线上加上规定的线条，还可以改变一条线段的粗细、颜色、线型等，并且可以为打散后的文字和图形加上轮廓线。【墨水瓶工具】本身不能在工作区中绘制线条，只能对已有线条进行修改。

下面介绍如何使用【墨水瓶工具】为文字添加彩色边框。

(1) 新建 ActionScript 3.0 空白文档，在工具箱中选择【文本工具】。打开【属性】面板，将【系列】设为【文鼎霹雳体】，将【大小】设为 100 磅，将【颜色】设为红色，如图 5.1 所示。

(2) 设置完属性后，在舞台中输入文字"疯狂降价"，如图 5.2 所示。

图 5.1　设置字体属性　　　　　　　　图 5.2　输入文字

(3) 使用【选择工具】选择输入的文字，然后按两次 Ctrl+B 组合键，将文字进行分离，如图 5.3 所示。

(4) 在工具箱中选择【墨水瓶工具】，打开【属性】面板，将【笔触颜色】设为黄色，将【笔触大小】设为 3，如图 5.4 所示。

(5) 设置完属性后，在舞台中对文字进行填充，完成后的效果如图 5.5 所示。

图 5.3　将字体分离　　　　　　图 5.4　设置【墨水瓶工具】属性

图 5.5　描边后的效果

5.1.2　颜料桶工具的使用

使用【颜料桶工具】可以为工作区内有封闭区域的图形填色。【颜料桶工具】还可以为一些没有完全封闭但接近于封闭的图形区域填充颜色，【颜料桶工具】有 3 种填充模式：单色填充、渐变填充和位图填充。通过在【颜色】面板中选择不同的填充模式，可以制作出不同的视觉效果。其具体操作步骤如下。

(1) 在舞台中绘制五角星，将【笔触颜色】设为青色，将【填充颜色】设为无，如图 5.6 所示。

(2) 在工具箱中选择【颜料桶工具】，打开【属性】面板，将【填充颜色】设为红色，如图 5.7 所示。

图 5.6　绘制五角星

图 5.7　设置【颜料桶工具】属性

(3) 设置完成后，在舞台中单击五角星内的区域，进行填充，如图 5.8 所示。

有时填充的图形属于不完全封闭状态，如图 5.9 所示。如果需要对其进行填充，在【工具】面板上单击空隙大小按钮，这时将弹出一个下拉菜单，包括【不封闭空隙】、【封闭小空隙】、【封闭中等空隙】和【封闭大空隙】4 个选项，如图 5.10 所示。

图 5.8　填充颜色　　　　　　　　　　图 5.9　不完全封闭状态

- 不封闭空隙：在用【颜料桶工具】填充颜色前，Flash 将不会自行封闭所选区域的任何空隙。也就是说，所选区域的所有未封闭的曲线内将不会被填色。

- 封闭小空隙：在用【颜料桶工具】填充颜色前，会自行封闭所选区域的小空隙。也就是说，如果所填充区域不是完全封闭的，但是空隙很小，则 Flash 会近似地将其判断为完全封闭而进行填充。

- 封闭中等空隙：在用【颜料桶工具】填充颜色前，会自行封闭所选区域的中等空隙。也就是说，如果所填充区域不是完全封闭的，但是空隙大小中等，则 Flash 会近似地将其判断为完全封闭而进行填充。

- 封闭大空隙：在用【颜料桶工具】填充颜色前，自行封闭所选区域的大空隙。也就是说，如果所填充区域不是完全封闭的，而且空隙尺寸比较大，则 Flash 会近似地将其判断为完全封闭而进行填充。

- 锁定填充：单击开关按钮，可锁定填充区域。其作用和刷子工具的附加功能中的锁定填充功能相同。

选择【封闭大空隙】选项，选择完成后，在图中填充，如图 5.11 所示。

图 5.10　空隙选项　　　　　　　　　　图 5.11　填充完成后的效果

5.1.3　滴管工具的使用

【滴管工具】就是吸取某种对象颜色的管状工具。在 Flash 中，【滴管工具】的作用是采集某一对象的色彩特征，以便应用到其他对象上。使用【滴管工具】的具体步骤如下。

(1) 打开随书附带光盘中的 "CDROM\素材\Cha05\01.fla" 素材文件，单击【打开】按钮，如图 5.12 所示。

(2) 打开素材文件之后，新建【图层 2】，在工具箱中选择【椭圆工具】，将【笔触颜色】设为黑色，将【填充颜色】设为无，在舞台中绘制椭圆，如图 5.13 所示。

图 5.12　打开素材

图 5.13　绘制椭圆

(3) 在工具箱中选择【滴管工具】，在舞台中吸取兔子身体绿色部分，单击左键吸取颜色，如图 5.14 所示。

(4) 此时鼠标变为【颜料桶工具】，对椭圆部分进行填充颜色，完成后的效果如图 5.15 所示。

图 5.14　吸取颜色

图 5.15　完成后的效果

5.1.4　渐变变形工具的使用

【渐变变形工具】 ![]用于对对象进行各种方式的填充颜色变形处理，如选择过渡色、旋转颜色和拉伸颜色等。下面介绍【渐变变形工具】的使用方法。

(1) 在舞台中绘制一个八边形，如图 5.16 所示。

(2) 在工具箱中选择【渐变变形工具】，一旦【渐变变形工具】被选中，鼠标指针的右下角将出现一个具有梯形渐变填充的矩形，如图 5.17 所示。

图 5.16　绘制八边形

图 5.17　线性渐变

(3) 将鼠标移动到右上侧的旋转按钮上，按住左键进行旋转，此时渐变就发生了变化，如图 5.18 所示。

(4) 将鼠标移动到图标处，拖曳鼠标进行转动，完成后的效果如图 5.19 所示。

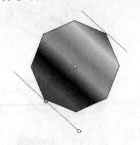 

图 5.18　旋转后的效果　　　　　　　图 5.19　完成后的效果

5.1.5　任意变形工具参照

在工具箱中选择【任意变形工具】，或者按快捷键 Q 可以调用【任意变形工具】。【任意变形工具】用来对图像进行选择、移动、调整变形中心、缩放、旋转和各种变形操作。

1. 选择操作

在对对象进行移动、旋转和各种变形操作前，需要先选择该对象。可以用【选择工具】选择，也可以直接用【任意变形工具】进行选择。

使用【任意变形工具】对舞台上的对象进行选择同【选择工具】的使用是相同的。先在工具箱中选择【任意变形工具】，然后将鼠标移动到想要选择的对象上，单击左侧即可选中对象。与使用【选择工具】不同的是：对象被选中的同时，周围多出一个变形框，如图 5.20 所示。

- 变形控制点：通过对变形控制点的控制，可以完成对对象进行的一系列变形操作。
- 变形框：框住要进行的一系列变形操作的对象。
- 变形中心：缩放、旋转、变形等操作的中心。

如果只需要选择对象的一部分内容，可以框选这个对象。在舞台上按住鼠标并拖曳，拉出一个选择区域，则在选择区域内的对象内容将被选中。

2. 移动操作

选中对象后，单击该对象，并按住鼠标拖曳，将对象移动到合适的位置后释放鼠标，即可完成移动操作。

3. 旋转操作

选中对象后，把光标移近四角控制点位置，当光标变为时，即可旋转对象。按住鼠标拖曳，当旋转到合适的位置时释放鼠标，并在舞台空白处单击，可以看到图像旋转后的最终效果，如图 5.21 所示。

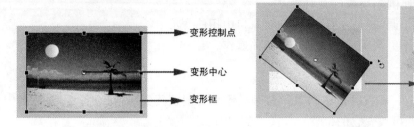

| 图 5.20　使用【任意变形工具】 | 图 5.21　旋转对象 |

4. 倾斜操作

选中对象后，把光标移至变形框附近，当光标变为 时，按住鼠标向下拖曳，对象将沿箭头方向进行水平或垂直倾斜，如图 5.22 所示。

5. 缩放操作

选中对象后，把光标移近控制点，当光标变为 、 、 时，按住鼠标向周围拖曳，对象将沿箭头方向以变形框上另一列的对应控制点为基准进行缩放。按住鼠标向周围拖曳，对象将沿箭头方向以变形框上另一列的对应控制点为基准进行缩放；按住 Shift 键，可以等比缩放图形；同时按住 Alt+Shift 组合键，可以图形的中心点作为基准等比缩放图形，如图 5.23 所示。

图 5.22　进行倾斜　　　　　　　　　　　图 5.23　进行缩放

6. 任意变形操作

当选中【任意变形工具】之后，单击舞台上的对象，在工具选项栏中可以看到如下选项，如图 5.24 所示。

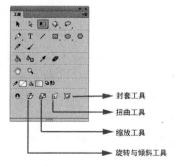

图 5.24　各个选项

【旋转与倾斜】 ：使得对象旋转或倾斜。

【缩放】⊡：等比例缩小或放大对象。

【扭曲】⊡：用于调整对象的形状，使对象自由扭曲变形。

【封套】⊡：用于更精确地对图形进行扭曲操作。

7. 调整中心点

在进行变形操作前，不仅要选中对象，有时候还需要调整其变形中心点。用鼠标选中变形中心点并拖曳，即可改变它的位置，如图 5.25 所示。

图 5.25　移动中心点

改变中心点后，对图形的变形操作将会围绕新的变形中心点进行，例如以基准新的中心点位置旋转，如图 5.26 所示。

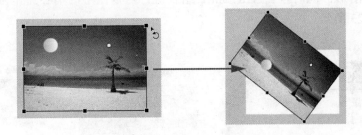

图 5.26　围绕中线点旋转

5.2　橡皮擦工具的使用

【橡皮擦工具】▨可以用来擦除图形的外轮廓和内部颜色。使用【橡皮擦工具】的操作步骤如下。

(1) 在工具箱中选择【橡皮擦工具】，此时鼠标变为橡皮擦的形状，需要注意的是，【橡皮擦工具】只能对当前图层中的对象进行擦除，其他图层中的对象不会被擦除。

(2) 在工作区中，用户可以在需要擦除的区域内按住左键不放，并拖曳鼠标指针对目标区域进行擦除，效果如图 5.27 所示。

在使用橡皮擦工具时，在工具箱的选项设置区中，有一些相应的附加选项，如图 5.28 所示。

● 橡皮擦模式：Flash 提供了 5 种擦除方式可供选择，单击此按钮将弹出如图 5.29 所示的橡皮擦模式下拉菜单。

　◆ 标准擦除：擦除橡皮擦经过的所有区域，可以擦除同一层上的笔触和填充。此模式是 Flash 的默认工作模式，其擦除效果如图 5.30 所示。

图 5.27　擦除后的效果

图 5.28　橡皮擦选项

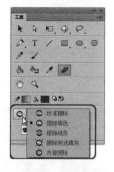

图 5.29　橡皮擦模式

图 5.30　标准擦除

◆　擦除填色：只擦除图形的内部填充颜色，而对图形的外轮廓线不起作用，此模式的擦除效果如图 5.31 所示。

◆　擦除线条：只擦除图形的外轮廓线，而对图形的内部填充颜色不起作用，此模式的擦除效果如图 5.32 所示。

图 5.31　擦除填色

图 5.32　擦除线条

◆　擦除所选填充：只擦除图形中事先被选中的内部区域，其他没有被选中的区域不会被擦除，不影响笔触(不管笔触是否被选中)，此模式的擦除效果如图 5.33 所示。

◆　内部擦除：只有从填充色内部作为擦除的起点才有效，如果擦除的起点是图形外部，则不会起任何作用，如图 5.34 所示。

●　水龙头：水龙头的功能可以被看作是颜料桶和墨水瓶功能的反作用，也就是要将图形的填充色整体去掉，或者将图形的轮廓线全部擦除，只需在要擦除的填充色或者轮廓线上单击一下即可，如图 5.35 所示。

● 橡皮擦形状：在这里可以选择橡皮擦的形状与尺寸，如图 5.36 所示。

图 5.33　擦除所选填充

图 5.34　内部擦除

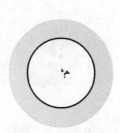

图 5.35　去除颜色

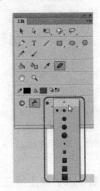

图 5.36　橡皮擦形状

5.3　【颜色】和【样本】面板的使用

在 Flash 中有专门负责管理颜色的面板——【颜色】面板和【样本】面板，通过它们可以方便地设置需要的颜色。

5.3.1　【颜色】面板的使用

在菜单栏中选择【窗口】|【颜色】命令即可打开【颜色】面板，如图 5.37 所示。【颜色】面板主要设置图形的颜色。

如果已经在舞台中选定了对象，则在【颜色】面板中所做的颜色更改会被应用到该对象上。用户可以在 RGB、HSB 模式下选择颜色，或者使用十六进制模式直接输入颜色代码，还可以指定 Alpha 值定义颜色的透明度。另外，用户还可以从现有调色板中选择颜色。也可对图形应用渐变色，使用【亮度】调节控件可修改所有颜色模式下的颜色亮度。

将【颜色】面板的填充样式设置为线性或者放射状时，【颜色】面板会变为渐变色设置模式。这时需要先定义好当前颜色，然后再拖曳渐变定义栏下面的调节指针来调整颜色的渐变效果。单击渐变定义栏还可以添加更多的色标，从而创建更复杂的渐变效果，如图 5.38 所示。

图 5.37　【颜色】面板

图 5.38　添加色标

5.3.2　【样本】面板的使用

为了便于管理图像中的颜色，每个 Flash 文件都包括一个颜色样本。选择菜单栏中的【窗口】|【样本】命令，即可打开【样本】面板，如图 5.39 所示。

图 5.39　【样本】面板

【样本】面板用来保存软件自带的或者用户自定义的一些颜色，包括纯色和渐变色，以方便重复使用，可以作为笔触或填充的颜色。另外，还可以单击标题栏右侧的面板菜单按钮，打开面板菜单，其中提供了对颜色库中各元素的各种相关操作。

【样本】面板分为上下两个部分：上部是纯色样表，下部是渐变色样表。默认纯色样表中的颜色称为"Web 安全色"。

5.4　上 机 练 习

5.4.1　绘制花纹图案

下面绘制花纹图案，其完成后的效果如图 5.40 所示。其具体操作步骤如下。

(1) 启动软件后，按 Ctrl+N 组合键，选择 ActionScript 3.0 选项，弹出【新建文档】对话框，将【宽】和【高】都设为 1000 像素，然后单击【确定】按钮，如图 5.41 所示。

(2) 在工具箱中选择【椭圆工具】，打开【属性】面板，将【笔触颜色】设为无，将【填充颜色】设为#F1F1C7，在舞台中绘制一个正圆，如图 5.42 所示。

图 5.40　花纹图案

(3) 选择绘制的正圆，打开【对齐】面板，单击【水平中齐】和【垂直中齐】，并选中【与舞台对齐】复选框，如图 5.43 所示。

(4) 新建【花纹 1】图层，在工具箱中选择【椭圆工具】，打开【属性】面板，将【笔触颜色】设为无，将【填充颜色】设为白色，在舞台中绘制一个椭圆，如图 5.44 所示。

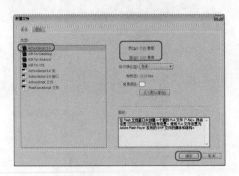

图 5.41　新建文档

图 5.42　绘制正圆

图 5.43　【对齐】面板

图 5.44　绘制椭圆

(5) 选择上一步绘制的椭圆，打开【变形】面板，将【旋转角度】设为 60，并多次单击【重复选区和变形】按钮，完成后的效果如图 5.45 所示。

(6) 选择【花纹 1】图层中的所有图案，并将其组合，使用【对齐】面板，将其使舞台对齐，完成后的效果如图 5.46 所示。

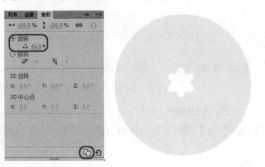

图 5.45　【变形】面板

图 5.46　对齐图形

(7) 新建【花纹 2】图层，在工具箱中选择【钢笔工具】，绘制花纹 2 的图案，完成后的效果如图 5.47 所示。

(8) 选择【颜料桶工具】，将【填充颜色】设为#94C43C，对绘制的轮廓进行填充，完成后的效果如图 5.48 所示。

(9) 双击花纹 2 图案，进入绘制对象，然后将黑色边线删除，完成后的效果如图 5.49 所示。

(10) 选择花纹 2 图案，进行复制，并使用【任意变形工具】调整角度和位置，完成后的效果如图 5.50 所示。

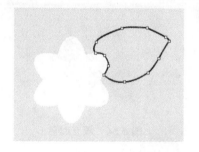

图 5.47　绘制花纹 2 图案轮廓

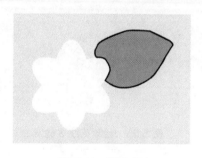

图 5.48　填充颜色

图 5.49　完成后的效果

图 5.50　花纹 2 效果

(11) 选择【花纹 2】图层的所有图案，按 Ctrl+G 组合键，将其组合，完成后的效果如图 5.51 所示。

(12) 选择花纹 2 图案，对其进行复制，使用【任意变形工具】调整大小，并修改其填充颜色为白色，并将其移动到绿色花纹 2 图案的下方，完成后的效果如图 5.52 所示。

图 5.51　组合对象

图 5.52　完成后的效果

(13) 新建【花纹 3】图案，绘制花纹轮廓，完成后的效果如图 5.53 所示。

(14) 选择【颜料桶工具】，将【填充颜色】设为#FBA01E，对轮廓进行填充，完成后的效果如图 5.54 所示。

(15) 使用前面的方法，将其黑色边线删除，完成后的效果如图 5.55 所示。

(16) 选择上一步绘制的图案，进行复制，使用【任意变形工具】对绘制的图案进行调整，完成后的效果如图 5.56 所示。

图 5.53　绘制花纹 3 轮廓

图 5.54　填充颜色

图 5.55　删除边线

图 5.56　完成后的效果

5.4.2　绘制卡通房子

下面介绍如何绘制卡通房子，其完成后的效果如图 5.57 所示。

(1) 启动软件后，按 Ctrl+N 组合键，选择 ActionScript 3.0 选项，弹出【新建文档】对话框，将【宽】和【高】都设为 600 像素，将【背景颜色】设为#00CCFF，然后单击【确定】按钮，如图 5.58 所示。

(2) 新建【主体】图层，在工具箱中选择【矩形工具】，打开【属性】面板，将【笔触颜色】设为无，将【填充颜色】设为#FF9900，在舞台中绘制一个矩形，如图 5.59 所示。

图 5.57　卡通房子

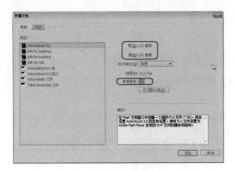

图 5.58　新建文档

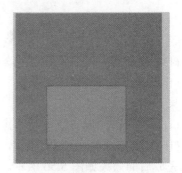

图 5.59　绘制矩形

(3) 在工具箱中选择【钢笔工具】绘制房子轮廓，如图 5.60 所示。

(4) 在工具箱中选择【颜料桶工具】，将【填充颜色】设为#FF9900，对上一步绘制的图形进行填充，完成后的效果如图 5.61 所示。

图 5.60 绘制轮廓

图 5.61 填充颜色

(5) 双击上一步绘制的图形，进入绘制对象，将图形的外侧边线删除，完成后的效果如图 5.62 所示。

(6) 新建【门】图层，在工具箱中选择【矩形工具】，打开【属性】面板，将【笔触颜色】设为黑色、【笔触大小】设为 3、【填充颜色】设为#89C997，绘制门的轮廓，完成后的效果如图 5.63 所示。

图 5.62 完成后的效果

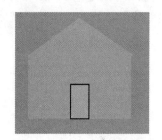

图 5.63 绘制门的轮廓

(7) 在工具箱中选择【椭圆工具】，打开【属性】面板，将【笔触颜色】设为黑色、【笔触大小】设为 3、【填充颜色】设为白色，绘制门把手，完成后的效果如图 5.64 所示。

(8) 在工具箱中选择【矩形工具】，打开【属性】面板，将【笔触颜色】设为黑色、【笔触大小】设为 3.5、【填充颜色】设为#E7F1F8，绘制门的玻璃，完成后的效果如图 5.65 所示。

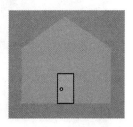

图 5.64 绘制门把手

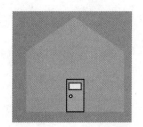

图 5.65 绘制门的玻璃

(9) 新建【窗】图层，在工具箱中选择【矩形工具】，打开【属性】面板，将【笔触颜色】设为黑色、【笔触大小】设为 4、【填充颜色】设为#E7F1F8，绘制窗的玻璃，完成后的效果如图 5.66 所示。

(10) 在工具箱中选择【矩形工具】，打开【属性】面板，将【笔触颜色】设为黑色、【笔触大小】设为 2、【填充颜色】设为#0A9049，绘制窗体的其他部分，完成后的效果如图 5.67 所示。

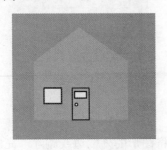

图 5.66　绘制窗玻璃

图 5.67　绘制窗体

(11) 使用同样的方法绘制其他窗，完成后的效果如图 5.68 所示。

(12) 新建【屋顶】图层，在工具箱中选择【矩形工具】，打开【属性】面板，将【笔触颜色】设为黑色、【笔触大小】设为 1、【填充颜色】设为红色，绘制屋顶，并使用【任意变形工具】对其进行调整，完成后的效果如图 5.69 所示。

图 5.68　绘制其他窗

图 5.69　绘制屋顶

(13) 使用同样的方法，绘制出屋顶的其他部分，如图 5.70 所示。

(14) 新建【烟囱】图层，在工具箱中选择【矩形工具】，打开【属性】面板，将【笔触颜色】设为黑色、【笔触大小】设为 1、【填充颜色】设为红色，绘制烟囱，完成后的效果如图 5.71 所示。

图 5.70　绘制屋顶的其他部分

图 5.71　绘制烟囱

(15) 打开【时间轴】面板，选择【烟囱】图层，并将其移动到图层最底端，此时完成后的效果如图 5.72 所示。

(16) 新建【篱笆】图层，按 Ctrl+R 组合键，选择随书附带光盘中的"CDROM\素材\Cha05\006.png"文件，并使用【任意变形工具】调整大小及位置，如图 5.73 所示。

图 5.72　完成后的效果

图 5.73　导入素材文件

(17) 选择篱笆图形，进行复制，并使用【任意变形工具】调整位置，完成后的效果如图 5.74 所示。

(18) 新建【月亮】图层，在工具箱中选择【椭圆工具】，打开【属性】面板，将【笔触颜色】设为无，将【填充颜色】设为#FFFFCC，如图 5.75 所示。

图 5.74　复制图形

图 5.75　绘制月亮

5.5　习　　题

1. 墨水瓶工具、颜料桶工具、滴管工具有哪些不同用处？
2. 使用任意变形工具调整中心点的位置有何用处？
3. 如何利用橡皮擦工具擦除外部线条？

第 6 章　文本的编辑与应用

本章主要介绍如何使用和设置文本工具，包括在舞台中输入文本，并在【属性】面板中对文本的类型、位置、大小、字体、段落进行设置；对文本进行编辑和分离等命令的操作；给文本增加不同的滤镜效果；字体元件的创建和使用。

6.1　文本工具简介

利用文本工具可以在 Flash 影片中添加各种文字。文字是影片中很重要的组成部分，因此熟练使用文本工具也是掌握 Flash 的一个重要内容。合理使用文本工具，可以使 Flash 动画显得更加丰富多彩。

6.1.1　文本工具的属性

使用工具箱中的文本工具的操作步骤如下。

单击工具箱中的【文本工具】T，　　且被选中，鼠标光标将变为字母 T，且左上方还有一个十字。此时在工作区中输入需要的文本内容即可。

在 Flash 中，文本工具是用来输入和编辑文本的。文本和文本输入框处于绘画层的顶层，这样处理的优点是既不会因文本而搞乱图像，也便于输入和编辑文本。

文本的属性包括文本的平滑处理、文本字体大小、文本颜色和文本框的类型等。文本工具的【属性】面板如图 6.1 所示。其中的选项及参数说明如下。

图 6.1　【属性】面板

- 文本类型：用来设置所绘文本框的类型，有 3 个选项，分别为【静态文本】、【动态文本】和【输入文本】。
- 位置和大小：X、Y 用于指定文本在舞台中的 X 坐标和 Y 坐标(在静态文本类型下调整 X、Y 坐标无效)，【宽度】设置文本块区域的宽度，【高度】设置文本块区域的高度(在静态文本时不可用)，🔗(将宽度值和高度值锁定在一起)按钮为断开长宽比的锁定，单击🔗(将宽度值和高度值锁定在一起)按钮后将变成🔗(将宽度值和高度值锁定在一起)按钮，即将长宽比锁定按钮，这时若调整宽度或高度，另一个参数相关联的高度或宽度也随之改变。
- 字符：设置字体属性。
- 系列：在系列中可以选择字体。
- 样式：从中可以选择 Regular(正常)、Italic(斜体)、Bold(粗体)、Bold Italic(粗体、斜体)选项，设置文本样式。

- 大小：设置文字的大小。
- 字母间距：可以使用它调整选定字符或整个文本块的间距。可以在其文本框中输入-60～+60之间的数字，单位为磅，也可以通过右边的滑块进行设置。
- 颜色：设置字体的颜色。
- 可选▊：选中此按钮能够在影片播放的时候选择动态文本或者静态文本，取消选中此按钮将阻止用户选择文本。选取文本后，单击右键可弹出一个快捷菜单，从中可以选择【剪切】、【复制】、【粘贴】、【删除】等命令。
- 切换到上标▊：将文字切换为上标显示。
- 切换到下标▊：将文字切换为下标显示。
- 自动调整字距：要使用字体的内置字距微调信息来调整字符间距，可以选中【自动调整字距】复选框。对于水平文本，【自动调整字距】设置了字符间的水平距离；对于垂直文本，【自动调整字距】设置了字符间的垂直距离。
- 消除锯齿：利用【属性】面板中的 5 种不同选项，来设置文本边缘的锯齿，以便更清楚地显示较小的文本。
  - 使用设备字体：此选项生成一个较小的 SWF 文件。此选项使用最终用户计算机上当前安装的字体来呈现文本。
    位图文本[无消除字体]：此选项生成明显的文本边缘，没有消除锯齿。因为此选项生成的 SWF 文件中包含字体轮廓，所以生成一个较大的 SWF 文件。
  - 动画消除锯齿：此选项生成可顺畅进行动画播放的消除锯齿文本。因为在文本动画播放时没有应用对齐和消除锯齿，所以在某些情况下，文本动画还可以更快地播放。在使用带有许多字母的大字体或缩放字体时，可能看不到性能上的提高。因为此选项生成的 SWF 文件中包含字体轮廓，所以生成一个较大的 SWF 文件。
  - 可读性消除锯齿：此选项使用高级消除锯齿引擎，提供了品质最高、最易读的文本。因为此选项生成的文件中包含字体轮廓，以及特定的消除锯齿信息，所以生成最大的 SWF 文件。
  - 自定义消除锯齿：此选项与【可读性消除锯齿】选项相同，但是可以直观地操作消除锯齿参数，以生成特定外观。此选项在为新字体或不常见的字体生成最佳的外观方面非常有用。
- 段落包括以下几种选项。
  - 间距：▊(缩进)按钮确定了段落边界和首行开头之间的距离。对于水平文本，可将首行文本向右移动指定的距离；▊(行距)按钮确定了段落中相邻行之间的距离。
  - 边距：边距确定了文本块的边框和文本段落之间的间隔量。
  - 格式：设置文字的对齐方式，包括左对齐、居中对齐、右对齐和两端对齐四种方式。
  - 方向▊：使用此工具可以改变当前文本的方向。

● 选项包括两个选项。

链接：将动态文本框和静态文本框中的文本设置为超链接，只需要在 URL 文本框中输入要链接到的 URL 地址即可，然后还可以在【目标】下拉列表框中对超链接属性进行设置，如图 6.2 所示。

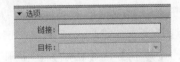

图 6.2 【选项】选项组

6.1.2 文本的类型

在 Flash 中可以创建 3 种不同类型的文本字段：静态文本字段、动态文本字段和输入文本字段，所有文本字段都支持 Unicode 编码。

1. 静态文本

在默认情况下，使用【文本工具】T 创建的文本框为静态文本框，静态文本框创建的文本在影片播放过程中是不会改变的。要创建静态文本框，首先要选取文本工具，然后在舞台上拉出一个固定大小的文本框，或者在舞台上单击鼠标进行文本的输入。绘制好的静态文本框没有边框。

不同类型文本框的【属性】面板不太相同，这些属性的异同也体现了不同类型文本框之间的区别。静态文本框的【属性】面板如图 6.3 所示。

2. 动态文本

使用动态文本框创建的文本是可以变化的。动态文本框中的内容可以在影片制作过程中输入，也可以在影片播放过程中设置动态变化，通常的做法是使用 ActionScript 对动态文本框中的文本进行控制，这样就大大增加了影片的灵活性。

要创建动态文本框，首先要在舞台上拉出一个固定大小的文本框，或者在舞台上单击鼠标进行文本的输入，接着从动态文本框的【属性】面板的【文本类型】下拉列表框中选择【动态文本】选项。绘制好的动态文本框会有一个黑色的边界。动态文本框的【属性】面板如图 6.4 所示。

3. 输入文本

输入文本也是应用比较广泛的一种文本类型，用户可以在影片播放过程中即时地输入文本，一些用 Flash 制作的留言簿和邮件收发程序都大量使用了输入文本。

要创建输入文本框，首先在舞台上拉出一个固定大小的文本框，或者在舞台上单击鼠标进行文本的输入，接着，从输入文本框的【属性】面板的【文本类型】下拉列表框中选择【输入文本】选项。输入文本框的【属性】面板如图 6.5 所示。

图 6.3 静态文本【属性】面板　图 6.4 动态文本【属性】面板　图 6.5 输入文本【属性】面板

6.2 编 辑 文 本

如果要编辑文本，可在编辑文本之前，用文本工具单击要进行处理的文本框(将其突出显示)，然后对它进行插入、删除、改变字体和颜色等操作。由于输入的文本都是以组为单位的，所以用户可以使用【选择工具】或【变形工具】对其进行移动、旋转、缩放和倾斜等简单的操作。

6.2.1 文本的编辑

将文本对象作为一个整体进行编辑的操作步骤如下。

(1) 在工具箱中单击【选择工具】 。

(2) 将鼠标指针移到场景中，然后单击舞台中的任意文本块，这时文本块四周会出现一个蓝色轮廓，表示此文本已被选中。

(3) 使用【选择工具】调整、移动、旋转或对齐文本对象，其方式与编辑其他元件相同，如图 6.6 所示。

图 6.6 选择工具

如果要编辑文本对象中的个别文字，其操作步骤如下。

(1) 在工具箱中单击【选择工具】或者【文本工具】。

(2) 将鼠标指针移动到舞台中，选择要修改的文本块，就可将其置于文本编辑模式下。如果用户选取的是【文本工具】，则只需要单击将要修改的文本块，就可将其置于文本编辑模式下。这样用户就可以通过对个别文字的选择，来编辑文本块中的单个字母、单词或段落了。

(3) 在文本编辑模式下，对文本进行修改即可。

6.2.2 修改文本

添加或删除内容的操作如下。

在绘制窗口中输入文字，并在工具箱中单击【选择工具】，在已创建的文本对象上双击，文本对象上将出现一个蓝色，代表文本被选取，并且可以进行内容修改或在文本框内做添加或删除内容的操作，如图 6.7 所示。

扩展文本输入框的操作如下。

可扩展文本输入框为圆形控制手柄，限制范围的文本输入框为方形控制手柄。

两种不同的文本输入框之间可以互相转换。

若将可扩展输入框转换为限制范围输入框，只需按住 Shift 键，然后用鼠标双击右角的方形控制手柄即可。

单击文本之外的部分，退出文本内容修改模式，文本外的黑色实线框将变成蓝色实线框，此时可通过【属性】面板对文本属性进行控制，如图 6.8 所示。

图 6.7　选择文字 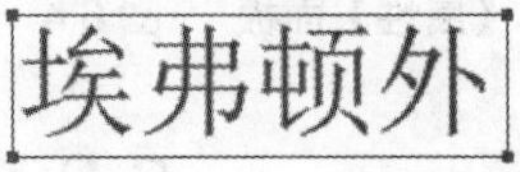　　　　　　图 6.8　文本属性控制

6.2.3 文字的分离

文本可以分离为单独的文本块，还可以将文本分散到各个图层中。

1. 分离文本

文本在 Flash 动画中是作为单独的对象使用的，但有时需要把文本当作图形来使用，以便使这些文本具有更多的变换效果，这时就需要将文本对象进行分解。

下面将文本分离为单独的文本块。

(1) 使用【选择工具】，选择文本块，如图 6.9 所示。

(2) 在菜单栏中选择【修改】|【分离】命令，这样文本中的每个字将分别位于一个单独的文本块中，如图 6.10 所示。

图 6.9　选择工具　　　　　　图 6.10　分离文本

2. 分散到图层

分离文本后可以迅速地将文本分散到各个层。

选择【修改】|【时间轴】|【分散到图层】命令，如图 6.11 所示。这时将把文本块分散到自动生成的图层中，如图 6.12 所示，然后就可以分别为每个文本块制作动画了。

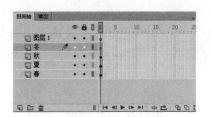

图 6.11　选择【分散到图层】命令　　　　图 6.12　查看图层

3．转换为图形

用户还可以将文本转换为组成它的线条和填充，以便对其进行改变形状、擦除和其他操作。选中文本，然后两次选择【修改】|【分离】命令，即可将舞台上的字符转换为图形，如图 6.13 所示。

图 6.13　转换为图形

6.3　对文字进行整体变形

用户可以使用对其他对象进行变形的方式来改变文本块，可以缩放、旋转、倾斜和翻转文本块，以产生有趣的效果。

对于文本的整体变形操作步骤如下。

(1) 单击工具箱中的文本工具，然后在舞台上单击，在输入框中输入文字"健康生活"。

(2) 单击工具箱中的【选择工具】，然后单击文本块，文本块的周围会出现蓝色边框，表示文本块已选中，如图 6.14 所示。

(3) 单击工具箱中的【任意变形工具】，文本的四周会出现调整手柄，并显示出文本的中心点，如图 6.15 所示。

(4) 对手柄进行拖曳，可以调整文本的大小、倾斜度和旋转角度等，如图 6.16 所示。

图 6.14　用选择工具选择文本块　　图 6.15　用任意变形工具选择文本块　　图 6.16　对文字进行整体调整

6.4　对文字进行局部变形

要对文字的局部进行变形，首先要分离文字，然后将其转换成元件，再对这些转换过的字符进行各种变形处理。

(1) 单击工具箱中的【选择工具】，选择需要变形的文字，然后选择【修改】|【分

离】命令，将文字分离，在工具箱中选择【任意变形工具】，在打散的文字外单击，取消对文字的选择；然后拖曳鼠标单独地改变某一个或一组文字的位置。同样也可以单独地改变其他字符属性，如图 6.17 所示。

(2) 单击工具箱中的【部分选择工具】，对分离后的文字再进行一次分离操作，就可以把文字变成矢量图进行图形编辑，如图 6.18 所示。

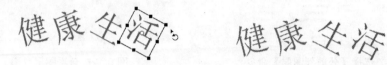

图 6.17　局部变形文字　　　　　　　　　图 6.18　修改图形

6.5　应用文本滤镜

应用滤镜后，可以随时改变其选项，或者重新调整滤镜顺序以实现组合效果。用滤镜可以实现斜角、投影、发光、模糊、渐变发光、渐变模糊和调整颜色等多种效果。可以直接从【滤镜】面板中对所选对象应用滤镜。

6.5.1　为文本添加滤镜效果

使用如图 6.19 所示的【滤镜】选项组，可以对选定的对象应用一个或多个滤镜。对象每添加一个新的滤镜，就会出现在该对象所应用的滤镜列表中。可以对一个对象组应用多个滤镜，也可以删除以前应用的滤镜。

在【滤镜】选项组中可以启用、禁用或者删除滤镜。删除滤镜时，对象恢复原来的外观。通过选择对象，可以查看应用于该对象的滤镜。该操作会自动更新【滤镜】选项组所选对象的滤镜列表。

图 6.19　添加滤镜

6.5.2　投影滤镜

使用投影滤镜可以模拟对象向一个表面投影的效果；或者在背景中剪出一个形似对象的洞，来模拟对象的外观。在【属性】面板的左下方处单击 按钮，在打开的【滤镜】列表中选择【投影】滤镜，如图 6.20 所示，滤镜参数如图 6.21 所示。

- 模糊 X、模糊 Y：设置投影的宽度和高度。
- 强度：设置阴影暗度。数值越大，阴影就越暗。
- 品质：选择投影的质量级别。把质量级别设置为【高】就近似于高斯模糊。建议把质量级别设置为【低】，以实现最佳的回放性能。
- 角度：输入一个值来设置阴影的角度。
- 距离：设置阴影与对象之间的距离。
- 挖空：挖空(即从视觉上隐藏)原对象，并在挖空图像上只显示投影。

- 内阴影：在对象边界内应用阴影。
- 隐藏对象：隐藏对象，并只显示其阴影。
- 颜色：打开【颜色】窗口，然后设置阴影颜色。

投影的效果如图 6.22 所示。

图 6.20　选择【投影】滤镜　图 6.21　【投影】滤镜参数　　　　图 6.22　投影效果

6.5.3　模糊滤镜

使用模糊滤镜可以柔化对象的边缘和细节。将模糊应用于对象，可以让它看起来好像位于其他对象的后面，或者使对象看起来好像是运动的。滤镜参数如图 6.23 所示。

- 模糊 X、模糊 Y：设置模糊的宽度和高度。
- 品质：选择模糊的质量级别。把质量级别设置为【高】就近似于高斯模糊。建议把质量级别设置为【低】，以实现最佳的回放性能。

模糊的效果如图 6.24 所示。

图 6.23　滤镜参数　　　　　　　　图 6.24　模糊效果

6.5.4　发光滤镜

使用发光滤镜可以为对象的整个边缘应用颜色。滤镜参数如图 6.25 所示。

- 模糊 X、模糊 Y：设置发光的宽度和高度。
- 颜色：打开【颜色】窗口，然后设置发光颜色。
- 强度：设置发光的清晰度。

- 挖空：挖空(即从视觉上隐藏)原对象，并在挖空图像上只显示发光。
- 内发光：在对象边界内应用发光。
- 品质：选择发光的质量级别。把质量级别设置为【高】就近似于高斯模糊。建议把质量级别设置为【低】，以实现最佳的回放性能。

发光的效果如图 6.26 所示。

图 6.25　滤镜参数

图 6.26　发光效果

6.5.5　斜角滤镜

应用斜角，就是向对象应用加亮效果，使其看起来凸出于背景表面。可以创建内斜角、外斜角或者完全斜角。滤镜参数如图 6.27 所示。

- 模糊 X、模糊 Y：设置斜角的宽度和高度。
- 强度：设置斜角的不透明度，而不影响其宽度。
- 品质：选择斜角的质量级别。把质量级别设置为【高】就近似于高斯模糊。建议把质量级别设置为【低】，以实现最佳的回放性能。
- 阴影、加亮显示：选择斜角的阴影和加亮颜色。
- 角度：拖动角度盘或输入值，更改斜边投下的阴影角度。
- 距离：输入值来定义斜角的宽度。
- 挖空：挖空(即从视觉上隐藏)原对象，并在挖空图像上只显示斜角。
- 类型：选择要应用到对象的斜角类型。可以选择内斜角、外斜角或者完全斜角。

斜角的效果如图 6.28 所示。

图 6.27　滤镜参数

图 6.28　斜角滤镜效果

6.5.6　渐变发光滤镜

应用渐变发光，可以在发光表面产生带渐变颜色的发光效果。渐变发光要求选择一种颜色作为渐变开始的颜色，该颜色的 Alpha 值为 0。用户无法移动此颜色的位置，但可以改变该颜色。滤镜参数如图 6.29 所示。

- 模糊 X、模糊 Y：设置发光的宽度和高度。
- 强度：设置发光的不透明度，而不影响其宽度。
- 品质：选择渐变发光的质量级别。把质量级别设置为【高】就近似于高斯模糊。建议把质量级别设置为【低】，以实现最佳的回放性能。
- 角度：拖动角度盘或输入值，更改发光投下的阴影角度。
- 距离：设置阴影与对象之间的距离。
- 挖空：挖空(即从视觉上隐藏)原对象，并在挖空图像上只显示渐变发光。
- 类型：从下拉列表框中选择要为对象应用的发光类型。可以选择【内侧】、【外侧】或者【整个】选项。
- 渐变：渐变包含两种或多种可相互淡入或混合的颜色。

渐变发光的效果如图 6.30 所示。

图 6.29　滤镜参数　　　　　　　　　　图 6.30　渐变发光效果

6.5.7　渐变斜角滤镜

应用渐变斜角滤镜，可以产生一种凸起效果，使得对象看起来好像从背景上凸起，且斜角表面有渐变颜色。渐变斜角要求渐变的中间有一个颜色，颜色的 Alpha 值为 0。滤镜参数如图 6.31 所示。

- 模糊 X、模糊 Y：设置斜角的宽度和高度。
- 强度：输入一个值以影响其平滑度，而不影响斜角宽度。
- 品质：选择渐变斜角的质量级别。把质量级别设置为【高】就近似于高斯模糊。建议把质量级别设置为【低】，以实现最佳的回放性能。
- 角度：输入一个值或者使用弹出的角度盘来设置光源的角度。
- 距离：设置斜角与对象之间的距离。
- 挖空：挖空(即从视觉上隐藏)原对象，并在挖空图像上只显示渐变斜角。

- 类型：在下拉列表框中选择要应用到对象的斜角类型。可以选择【内侧】、【外侧】或者【整个】选项。
- 渐变：渐变包含两种或多种可相互淡入或混合的颜色。

渐变斜角的效果如图 6.32 所示。

图 6.31　滤镜参数

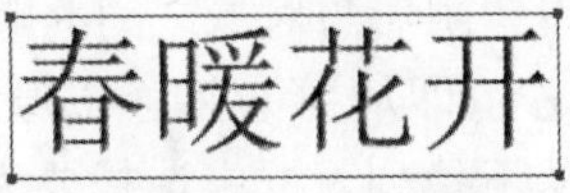

春暖花开

图 6.32　渐变斜角效果

6.5.8　调整颜色滤镜

使用调整颜色滤镜，可以调整对象的亮度、对比度、色相和饱和度。滤镜参数如图 6.33 所示。

- 亮度：调整对象的亮度。
- 对比度：调整对象的对比度。
- 饱和度：调整对象的饱和度。
- 色相：调整对象的色相。

调整颜色的效果如图 6.34 所示。

图 6.33　滤镜参数

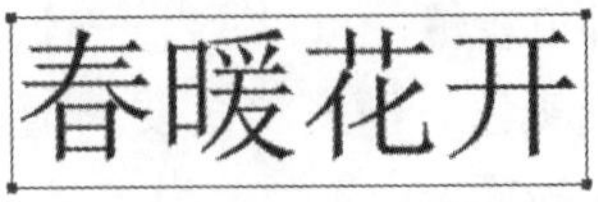

春暖花开

图 6.34　调整颜色效果

6.6　文本的其他应用

如果在 Flash 影片中使用系统中已安装的字体，Flash 会将该字体信息嵌入 Flash 影片播放文件中，从而确保该字体能够在 Flash Player 中正常显示。并非所有显示在 Flash 中的

可显示字体都能随影片导出。选择【视图】|【预览模式】|【消除文字锯齿】命令预览该文本，可以检查字体最终是否可以导出。如果出现锯齿，则表明 Flash 不能识别该字体轮廓，也就无法将该字体导出到播放文件中。

可以在 Flash 中使用一种被称作"设备字体"的特殊字体作为嵌入字体信息的一种替代方式(仅适用于横向文本)。设备字体并不嵌入 Flash 播放文件中，而是使用本地计算机上的与设备字体最相近的字体来替换设备字体。因为没有嵌入字体信息，所以使用设备字体生成的 Flash 影片文件会更小一些，此外，设备字体为小磅值时比嵌入字体更清晰且更易读，不过，因为设备字体不是嵌入的，所以如果用户的系统上没有安装与设备字体相对应的字体，那么文本在用户系统中的显示效果可能与预期的不同。

Flash 中包括 3 种设备字体：_sans(类似于 Helvetica 或 Arial 字体)、_serif(类似于 Times New Roman 字体)和 _typewriter(类似于 Courier 字体)，这 3 种字体位于文本的【属性】面板中的【字体】下拉列表框的最前面，如图 6.35 所示。

图 6.35　设备字体

要将影片中所用的字体指定为设备字体，可以在【属性】面板中选择上面任意一种 Flash 设备字体，在影片回放期间 Flash 会选择用户系统上的第 1 种设备字体。用户可以指定要选择的设备字体中的文本设置，以便复制和粘贴出现在影片中的文本即可。

6.6.1　字体元件的创建和使用

将字体作为共享库项，就可以在【库】面板中创建字体元件，然后给该元件分配一个标识符字符串和一个包含该字体元件影片的 URL 文件，而无须将字体嵌入到影片中，从而大大缩小了影片的大小。

创建字体元件的操作步骤如下。

(1) 选择【窗口】|【库】命令，打开用户想向其中添加字体元件的库，如图 6.36 所示。

(2) 从【库】面板右上角的面板菜单中选择【新建字型】命令，如图 6.37 所示。

(3) 接下来会弹出【字体嵌入】对话框。在这里可以设置字体元件的名称，例如设置为"字体 1"，如图 6.38 所示。

图 6.36　【库】面板

(4) 在【系列】下拉列表框中选择一种字体，或者直接输入字体名称。

(5) 在下面的【样式】选项区中选择字体的其他参数，如加粗、倾斜等。

(6) 设置完毕后，单击【确定】按钮，就创建好了一个字体元件。

如果要为创建好的字体元件指定标识符字符串，其具体操作步骤如下。

(1) 在【库】面板中双击字体元件前的字母 A，弹出【字体嵌入】对话框，切换到 ActionScript 选项卡，如图 6.39 所示。

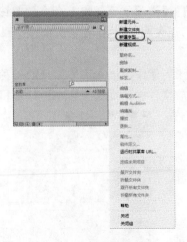

图 6.37　选择【新建字型】命令　　　　　　　图 6.38　【字体嵌入】对话框

(2) 在【字体嵌入】对话框的【共享】选项组中，选中【为运行时共享导出】复选框，如图 6.40 所示。

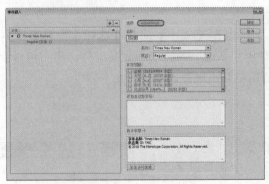

图 6.39　【字体嵌入】对话框　　　　　　　图 6.40　【字体嵌入】对话框

(3) 在【标识符】文本框中输入一个字符串，以标识该字体元件。

(4) 在 URL 文本框中，输入包含该字体元件的 SWF 影片文件将要发布到的 URL。

(5) 单击【确定】按钮完成操作。至此，完成为字体元件指定标识符字符串的操作。

6.6.2　缺失字体的替换

如果 Flash 文件中包含的某些字体在用户的系统中没有安装，Flash 会以用户系统中可用的字体来替换缺少的字体。用户可以在系统中选择要替换的字体，或者用 Flash 系统默认字体(在【常规】首选参数中指定的字体)替换缺少的字体。

用户可以将缺少字体应用到当前文件的新文本或现有文本中，该文本会使用替换字体在用户的系统上显示，但缺少字体信息会和文件一同保存起来，如果文件在包含缺少字体的系统上再次打开，文本会使用该字体显示。

当文本以缺少字体显示时，可能需要调整字体大小、行距、字距微调等文本属性，因为用户应用的格式要基于替换字体的文本外观。

替换指定字体的具体操作步骤如下。

(1) 从菜单栏中选择【编辑】|【字体映射】命令，打开【字体映射】对话框，此时可以从计算机中选择系统已经安装的字体进行替换，如图 6.41 所示。

(2) 在【字体映射】对话框中，选中【缺少字体】栏中的某种字体，在用户选择替换字体之前，默认替换字体会显示在【映射为】栏中。

图 6.41　【字体映射】对话框

(3) 从【替换字体】下拉列表框中选择一种字体。

(4) 设置完毕后，单击【确定】按钮。

用户可以使用【字体映射】对话框更改映射缺少字体的替换字体，查看 Flash 中映射的所有替换字体，以及删除从用户的系统映射的替换字体。

查看文件中所有缺少字体并重新选择替换字体的操作步骤如下。

(1) 当该文件在 Flash 中处于活动状态时，选择【编辑】|【字体映射】命令，打开【字体映射】对话框。

(2) 按照前面讲解过的步骤，选择一种替换字体。

查看系统中保存的所有字体映射的操作步骤如下。

(1) 关闭 Flash 中的所有文件。

(2) 选择【编辑】|【字体映射】命令，再次打开【字体映射】对话框。

(3) 查看完毕后，单击【确定】按钮，关闭对话框。

6.7　上 机 练 习

下面为大家介绍渐变文字和立体文字的制作。

6.7.1　渐变文字效果的制作

本例将介绍渐变文字效果的制作，即首先创建文本并将文本分离，然后为分离后的文本填充渐变颜色，完成的效果如图 6.42 所示。

图 6.42　最终效果

(1) 运行 Flash CC 软件后，在弹出的界面中选择【新建】选项组中的【Flash 文件(ActionScript 3.0)】选项，新建文档。在【属性】面板中单击【属性】项下的【编辑】按钮，在弹出的【文档设置】对话框中设置【尺寸】为 650 像素×300 像素，单击【确定】按钮，如图 6.43 所示。

(2) 在工具箱中选择【文本工具】**T**，在舞台中创建文字"幸福港湾"，如图 6.44 所示。

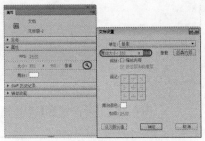
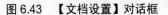
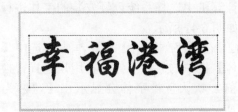

图 6.43 【文档设置】对话框　　　　　　　图 6.44 创建文本

(3) 选择文本，在【属性】面板中设置【字符】项下的【系列】为【华文行楷】，设置字体【大小】为 150 点，如图 6.45 所示。

(4) 在工具箱中选择【选择工具】，在舞台中选择文本，按两次 Ctrl+B 组合键，将文本分离为图形，如图 6.46 所示。

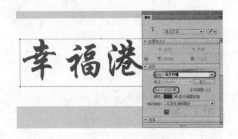
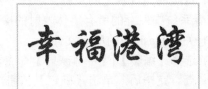

图 6.45 字体设置　　　　　　　　　　图 6.46 文本分离

(5) 在工具箱中选择填充颜色，如图 6.47 所示。

(6) 在工具箱中选择【墨水瓶工具】，并选择笔触颜色为黑色，在场景中单击图形，为文本图形描边，选择文本图形，按 Ctrl+G 组合键，对文本进行组合，如图 6.48 所示。

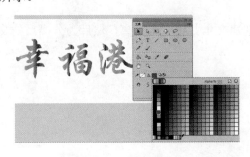

图 6.47 填充颜色　　　　　　　　　　图 6.48 笔触颜色

(7) 创建【图层 2】并放置在【图层 1】的下面，在菜单栏中选择【文件】|【导入】|【导入到舞台】命令，如图 6.49 所示。

(8) 在弹出的【导入】对话框中选择随书附带光盘中的"CDROM/素材/Cha06/渐变文字背景.jpg"文件，单击【打开】按钮，如图 6.50 所示。

图 6.49　选择【导入到舞台】命令

图 6.50　【导入】对话框

(9) 将导入到舞台中的素材放置到舞台的中间，并调整素材充满舞台，如图 6.51 所示。

(10) 在菜单栏中选择【文件】|【导出】|【导出图像】命令，在弹出的【导出图像】对话框中选择一个存储路径，并为文件命名，选择【保存类型】为 jpg，然后单击【保存】按钮，如图 6.52 所示。

图 6.51　调整素材

图 6.52　【导出图像】对话框

(11) 在弹出的【导出 TPEG】对话框中设置【分辨率】为 150dpi，然后单击【确定】按钮，如图 6.53 所示。

(12) 按 Ctrl+S 组合键，在弹出的【另存为】对话框中选择场景存储的路径，为文件命名，并使用默认的保存类型，单击【保存】按钮，如图 6.54 所示。

图 6.53　【导出 JPEG】对话框

图 6.54　【另存为】对话框

6.7.2 立体文字效果的制作

下面使用选择工具制作立体文字的效果，完成的效果如图 6.55 所示。

(1) 运行 Flash CC 软件后，选择【新建】选项组中的【Flash 文件(ActionScript 3.0)】选项，新建文档。在【属性】面板中单击【属性】项下的【编辑】按钮，在弹出的【文档设置】对话框中设置【尺寸】为 650×300像素，单击【确定】按钮，如图 6.56 所示。

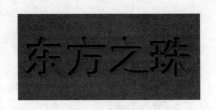

图 6.55　最终效果

(2) 在工具箱中选择【文本工具】 T ，在舞台中创建文本"东方之珠"，如图 6.57 所示。

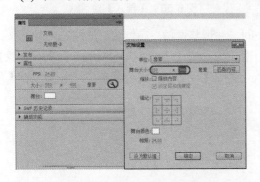

图 6.56　【文档设置】对话框

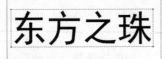

图 6.57　创建文本

(3) 选择文本，在【属性】面板中设置【字符】项下的【系列】为【黑体】，设置【大小】为 150，并设置为黑色，如图 6.58 所示。

(4) 在工具箱中选择【选择工具】 ，在场景中选择文本，按两次 Ctrl+B 组合键，将文本分离为图形，如图 6.59 所示。

图 6.58　字体设置

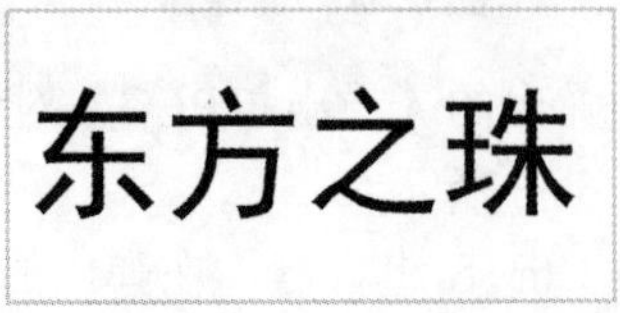

图 6.59　文本分离

(5) 确定分离后的形状处于选择状态，按 Ctrl+D 组合键复制形状，并调整形状的位置，如图 6.60 所示。

(6) 保持复制出的形状于选择状态，在【属性】面板中为其设置为红色，如图 6.61所示。

图 6.60　复制形状

图 6.61　设置颜色

(7) 在工具箱中选择【部分选取工具】，将场景中的文字放大，将鼠标放置在如图 6.62 所示的位置，将图形拖曳到前面的文本形状。

(8) 用同样的方法，将其余的地方进行拖曳，效果如图 6.63 所示。

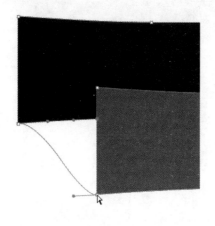

图 6.62　调整文字

<table><tr><td>东方之珠</td></tr></table>

图 6.63　调整文字

(9) 新建图层 2，为立体文字添加一张背景图片，打开随书附带光盘中的 "CDROM/素材/Cha6/图片 02.jpg" 文件素材，如图 6.64 所示，并将图层 2 放置在图层 1 的下面。

(10) 将素材的宽和高设置为 650×300，X、Y 值分别为 0，查看效果，如图 6.65 所示。

(11) 最后将场景进行保存，并导出效果文件即可。

图 6.64　【导入】对话框

图 6.65　最终效果

6.8　习　　题

一、填空题

1. 文本字段分为(　　)、(　　)、(　　)类型。

2. 分离命令不能用于(　　)文本，只是用于(　　)字体。

3. 为文本添加滤镜效果，有(　　)、(　　)、(　　)、(　　)、(　　)、(　　)、(　　)类型。

4. (　　　)滤镜可以调整对象的亮度、对比度、色相和饱和度。

5. (　　　)可以柔化对象的边缘和细节。

二、简答题

如何替换缺失的字体？

第 7 章　元件、库和实例

元件是制作 Flash 动画的重要元素，实例是指位于舞台上或嵌套在另一个元件内的元件副本，库则是元件和实例的载体，本章将重点介绍元件、库和实例的使用及编辑方法。

7.1　元　　件

使用 Flash 制作动画影片的一般流程是先制作动画中所需要的各种元件，然后在场景中引用元件实例，并对实例化的元件进行适当的组织和编排，最终完成影片的制作。合理地使用元件和库可以提高影片的制作效率。

元件是 Flash 中一个比较重要而且使用非常频繁的概念，是指用户在 Flash 中所创建的图形、按钮或影片剪辑这 3 种元件。一旦被创建，就会被自动添加到当前影片的库中，然后可以在当前影片或其他影片中重复使用。用户创建的所有元件都会自动变为当前文件的库的一部分。

7.1.1　元件概述

元件在 Flash 影片中是一种比较特殊的对象，它在 Flash 中只需创建一次，然后可以在整部电影中反复使用而不会显著增加文件的大小。元件可以是任何静态的图形，也可以是连续的动画，甚至还能将动作脚本添加到元件中，以便对元件进行更复杂的控制。当用户创建元件后，元件就会自动成为影片库中的一部分。通常应将元件当作主控对象存储于库中，将元件放入影片中时使用的是主控对象的实例，而不是主控对象本身，所以修改元件的实例并不会影响元件本身。

7.1.2　元件的类型

在 Flash 中可以制作的元件类型有三种：图形元件、按钮元件及影片剪辑元件，每种元件都有其在影片中所独有的作用和特性，如图 7.1 所示。

- 图形元件可以用来重复应用静态的图片，并且图形元件也可以用到其他类型的元件当中，是 3 种 Flash 元件类型中最基本的类型。
- 按钮元件一般用于响应对影片中的鼠标事件，如鼠标的单击、移开等。按钮元件是用来控制相应的鼠标事件的交互性特殊元件。与在网页中出现的普通按钮一样，可以通过对它的设置来触发某些特殊效果，如控制影片的播放、停止等。按钮元件是一种具有 4 个帧的影片剪辑。按钮元件的时间轴无法播放，它只是根据鼠标事件的不同而做出简单的响应，并转到所指向的帧，如图 7.2 所示。
  - ◆ 弹起帧：鼠标不在按钮上时的状态，即按钮的原始状态。
  - ◆ 指针经过帧：鼠标移动到按钮上时的按钮状态。
  - ◆ 按下帧：鼠标单击按钮时的按钮状态。

◆ 点击帧：用于设置对鼠标动作做出反应的区域，这个区域在 Flash 影片播放时是不会显示的。

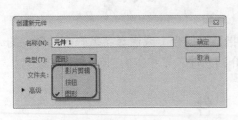

图 7.1　【创建新元件】对话框

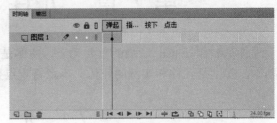

图 7.2　按钮元件

● 影片剪辑是 Flash 中最具有交互性、用途最多且功能最强的部分。它基本上是一个小的独立电影，可以包含交互式控件、声音，甚至其他影片剪辑实例。可以将影片剪辑实例放在按钮元件的时间轴内，以创建动画按钮。不过，由于影片剪辑具有独立的时间轴，所以它们在 Flash 中是相互独立的。如果场景中存在影片剪辑，即使影片的时间轴已经停止，影片剪辑的时间轴仍可以继续播放，这里可以将影片剪辑设想为主电影中嵌套的小电影，每个影片剪辑在时间轴的层次结构树中都有相应的位置。使用 loadMovie 动作加载到 Flash Player 中的影片也有独立的时间轴。使用动作脚本可以在影片剪辑之间发送消息，以使它们相互控制。例如，一段影片剪辑的时间轴中最后一帧上的动作可以指示开始播放另一段影片剪辑。使用电影剪辑对象的动作和方法可以对影片剪辑进行拖动、加载等控制。要控制影片剪辑，必须通过使用目标路径(该路径指示影片剪辑在显示列表中的唯一位置)来指明它的位置。

7.1.3　转换为元件

在舞台中选择要转换为元件的图形对象，然后在菜单栏中选择【修改】|【转换为元件】命令或按快捷键 F8，将打开【转换为元件】对话框，如图 7.3 所示。在该对话框中设置要转换的元件类型，然后单击【确定】按钮。

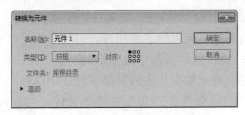

图 7.3　【转换为元件】对话框

提示：使用快捷键 F8，也可以打开【转换为元件】对话框。或者在选择的图形对象上单击鼠标右键，在弹出的快捷菜单中选择【转换为元件】命令。

7.1.4 编辑元件

在【库】面板中双击需要编辑的元件，当进入到元件编辑模式时，可以对元件进行编辑修改。或者在需要编辑的元件上单击鼠标右键，在弹出的快捷菜单中选择【编辑】命令，如图 7.4 所示。

也可以通过舞台上的实例来修改元件。在舞台中选择需要修改的实例，并单击鼠标右键，在弹出的快捷菜单中选择【编辑元件】、【在当前位置编辑】或【在新窗口中编辑】命令，如图 7.5 所示。

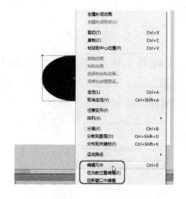

图 7.4 选择【编辑】命令   图 7.5 编辑元件

- 编辑元件：可将窗口从舞台视图更改为只显示该元件的单独视图。正在编辑的元件名称会显示在舞台上方的信息栏内。
- 在当前位置编辑：可以在该元件和其他对象同在的舞台上编辑它，其他对象将以灰显方式出现，从而将它与正在编辑的元件区别开。正在编辑的元件名称会显示在舞台上方的信息栏内。
- 在新窗口中编辑：可以在一个单独的窗口中编辑元件。在单独的窗口中编辑元件可以同时看到该元件和主时间轴，正在编辑的元件名称会显示在舞台上方的信息栏内。

7.1.5 元件的基本操作

元件的一些基本操作包括替换元件、复制元件、对齐元件以及删除元件等，下面来介绍这些基本操作。

1. 替换元件

在 Flash 中，场景中的实例可以被替换成为另一个元件的实例，并保存原实例的初始属性。替换元件的具体操作步骤如下。

(1) 在场景中选择需要替换的实例，如图 7.6 所示。

(2) 打开【属性】面板，在该面板中将【样式】设置为【亮度】，并将【亮度】颜色值设置为 84，如图 7.7 所示。

图 7.6　选择实例　　　　　　　　　　　　　图 7.7　【属性】面板

(3) 在【属性】面板中单击【交换】按钮，或者在菜单栏中选择【修改】|【元件】|【交换元件】命令，或者在实例上单击鼠标右键，在弹出的快捷菜单中选择【交换元件】命令即可，如图 7.8 所示。

(4) 弹出【交换元件】对话框，在该对话框中选择需要替换的元件，如图 7.9 所示。

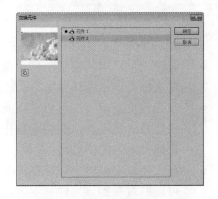

图 7.8　单击【交换】按钮　　　　　　　　　图 7.9　【交换元件】对话框

(5) 单击【确定】按钮，可以看到，舞台中的实例已经被替换，但还保留了被替换实例的色彩效果，如图 7.10 所示。

提示：　如果在【交换元件】对话框中单击【直接复制元件】按钮，那么在弹出的【直接复制元件】对话框中设置完成并单击【确定】按钮后，会再次返回到【交换元件】对话框中，并且新复制的元件会显示在【交换元件】对话框的列表中，单击【交换元件】对话框中的【确定】按钮，才会完成复制元件的操作。

2. 复制元件

用户往往花费大量的时间创建某个元件后，结果却发现这个新创建的元件与另一个已存在的元件只存在很小的差异，对于这种情况，用户可以使用现有的元件作为创建新元件的起点，即复制元件后再进行修改，从而提高工作效率。

下面来介绍一下直接复制元件的方法，具体操作步骤如下。

(1) 在舞台中选择需要复制的实例，如图 7.11 所示。

图 7.10　效果

图 7.11　选择实例

(2) 在菜单栏中选择【修改】|【元件】|【直接复制元件】命令，如图 7.12 所示。

提示： 或者在选择的实例上单击鼠标右键，在弹出的快捷菜单中选择【直接复制元件】命令，或者在【属性】面板中单击【交换】按钮，在弹出的【交换元件】对话框中选择需要复制的元件后，单击左侧的【直接复制元件】按钮。

(3) 弹出【直接复制元件】对话框，在【元件名称】文本框中输入复制的元件的新名称，如图 7.13 所示。

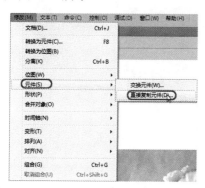

图 7.12　选择【直接复制元件】命令

图 7.13　【直接复制元件】对话框

(4) 单击【确定】按钮，即可完成直接复制元件的操作，从【库】面板中可以看到新复制的元件，如图 7.14 所示。

3. 删除元件

在 Flash 中，可以将不需要的元件删除。删除元件的方法如下。

- 在【库】面板中选择需要删除的元件，然后按键盘上的 Delete 键。
- 在【库】面板中选择需要删除的元件，然后单击面板底部的【删除】按钮 。
- 在【库】面板中选择需要删除的元件，单击鼠标右键，在弹出的快捷菜单中选择 【删除】命令，如图 7.15 所示。

图 7.14　复制元件

图 7.15　删除元件

7.1.6　元件的相互转换

一种元件被创建后，其类型并不是不可改变的，它可以在图形、按钮和影片剪辑这 3 种元件类型之间互相转换，同时保持原有特性不变。

要将一种元件转换为另一种元件，首先要在【库】面板中选择该元件，并在该元件上单击鼠标右键，在弹出的快捷菜单中选择【属性】命令，打开【元件属性】对话框，在其中选择要改变的元件类型，然后单击【确定】按钮即可，如图 7.16 所示。

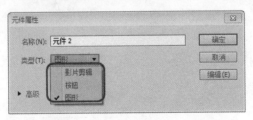

图 7.16　【元件属性】对话框

7.2　元　件　库

库是元件和实例的载体，是使用 Flash 制作动画时一种非常有力的工具，使用库可以省去很多的重复操作和其他一些不必要的麻烦。另外，使用库对最大限度上减小动画文件的体积也具有决定性的意义，充分利用库中包含的元素可以有效地控制文件的大小，便于文件的传输和下载。Flash 的库包括两种，一种是当前编辑文件的专用库，另一种是 Flash 中自带的公用库，这两种库有着相似的使用方法和特点，但也有很多的不同点，所以要掌握 Flash 中库的使用，首先要对这两种不同类型的库有足够的认识。

　　Flash 的【库】面板中包括当前文件的标题栏、预览窗口、库文件列表及一些相关的库文件管理工具等。

　　● 按钮 ：单击该按钮，可以弹出命令菜单，如图 7.17 所示，在该菜单中可以执行【新建元件】、【新建文件夹】或【属性】等命令。

　　● 文档标题栏：通过该下拉列表，可以直接在一个文档中，浏览当前 Flash 中打开的其他文档的库内容，方便将多个不同文档的库资源共享到一个文档中。

　　● 【固定当前库】 ：不同文档对应不同的库，当同时在 Flash 中打开两个或两个以上的文档时，切换当前显示的文档，【库】面板也对应地跟着文档切换。当单击该按钮后，【库】面板则始终显示其中一个文档对象的内容，不跟随文档的切换而切

图 7.17　 按钮菜单

换，这样做可以方便地将一个文档库内的资源共享到多个不同的文档中。

　　● 【新建库面板】 ：单击该按钮后，会在界面上新打开一个【库】面板，两个【库】面板的内容是一致的，相当于利用两个窗口同时访问一个目标资源。

　　● 预览窗口：当在【库】面板的资源列表中单击鼠标选择一个对象时，可以在该窗口中显示出该对象的预览效果。

　　● 【新建元件】 ：新建元件，单击该按钮，会弹出【创建新元件】对话框，可以设置新建元件的名称及新建元件的类型。

　　● 【新建文件夹】 ：新建文件夹，在一些复杂的 Flash 文件中，库文件通常很多，管理起来非常不方便。因此需要使用创建新文件夹的功能，在【库】面板中创建一些文件夹，将同类的文件放到相应的文件夹中，使今后元件的调用更灵活方便。

　　● 【属性】 ：用于查看和修改库元件的属性，在弹出的对话框中显示了元件的名称、类型等一系列的信息。

　　● 【删除】 ：用来删除库中多余的文件和文件夹。

提示：　在 Flash 中打开两个或两个以上的文档时，若需要在不同的文档库中共享资源，可以方便地利用这个功能，直接使用鼠标拖曳的方式将源库中的对象直接拖曳拷贝到目标库中。

7.3　实　　例

　　实例是指位于舞台上或嵌套在另一个元件中的元件副本。实例可以与元件在颜色、大小和功能上存在很大的差别。

7.3.1　实例的编辑

在库中存在元件的情况下，选中元件并将其拖动到舞台中即可完成实例的创建。由于实例的创建源于元件，因此只要元件被修改编辑，那么所关联的实例也将会被更新。应用各实例时需要注意，影片剪辑实例的创建和包含动画的图形实例的创建是不同的，电影片段只需要一个帧就可以播放动画，而且编辑环境中不能演示动画效果；而包含动画的图形实例，则必须在与其元件同样长的帧中放置，才能显示完整的动画。

创建元件的新实例的具体操作步骤如下。

(1) 在【时间轴】面板中选择要放置此实例的图层。Flash 只能把实例放在【时间轴】面板的关键帧中，并且总是放置于当前图层上。如果没有选择关键帧，该实例将被添加到当前帧左侧的第 1 个关键帧上。

(2) 在菜单栏中选择【窗口】|【库】命令，打开影片的库。

(3) 将要创建实例的元件从库中拖到舞台上。

(4) 释放鼠标后，就会在舞台上创建元件的一个实例，然后就可以在影片中使用此实例或者对其进行编辑操作。

7.3.2　实例的属性

在属性面板中可以对实例进行指定名称、改变属性等操作。

1. 指定实例名称

如果要给实例指定名称，其具体操作步骤如下。

(1) 在舞台上选择要定义名称的实例。

(2) 在【属性】面板左侧的【实例名称】文本框内输入该实例的名称，只有按钮元件和影片剪辑元件可以设置实例名称，分别如图 7.18 和图 7.19 所示。

图 7.18　按钮元件　　　　　　　　　　图 7.19　影片剪辑元件

创建元件的实例后，使用【属性】面板还可以指定此实例的颜色效果和动作、设置图形显示模式或更改实例的行为。除非用户另外指定，否则实例的行为与元件行为相同。对实例所做的任何更改都只影响该实例，并不影响元件。

2. 更改实例属性

每个元件实例都可以有自己的色彩效果，要设置实例的颜色和透明度选项，可使用【属性】面板，【属性】面板中的设置也会影响放置在元件内的位图。

要改变实例的颜色和透明度，可以从【属性】面板的【色彩效果】下的【样式】下拉列表框中选择，如图 7.20 所示。

- 无：不设置颜色效果，此项为默认设置。
- 亮度：用来调整图像的相对亮度和暗度。明亮值为-100%～100%，100%为白色，-100%为黑色。其默认值为 0。可直接输入数字，也可通过拖曳滑块来调节，如图 7.21 所示。

图 7.20　【属性】面板

图 7.21　亮度

- 色调：用来增加某种色调。可用颜色拾取器，也可以直接输入红、绿、蓝颜色值。RGB 后有三个空格，分别对应 Red(红色)、Green(绿色)、Blue(蓝色)的值。使用游标可以设置色调百分比。数值为 0%～100%，数值为 0%时不受影响，数值为 100%时所选颜色将完全取代原有颜色，如图 7.22 所示。
- 高级：用来调整实例中的红、绿、蓝和透明度。该选项包含如图 7.23 所示的参数设置。

图 7.22　色调

图 7.23　高级

- Alpha(不透明度)：用来设定实例的透明度，数值为 0%～100%，数值为 0%时实例完全不可见，数值为 100%时实例将完全可见。可以直接输入数字，也可以拖曳滑块来调节，如图 7.24 所示。

在【高级】选项下，可以单独调整实例元件的红、绿、蓝三原色和Alpha(透明度)，这在制作颜色变化非常精细的动画时最有用。每一项都通过两列文本框来调整，左列的文本框用来输入减少相应颜色分量或透明度的比例，右列的文本框通过具体数值来增加或减小相应颜色或透明度的值。

【高级】选项下的红、绿、蓝和Alpha(透明度)的值都乘以百分比值，然后加上右列中的常数值，就会产生新的颜色值。例如，如果当前红色值是100，把红左侧的滑块设置到50%，并把右侧滑块设置到100，就会产生一个新的红色值150((100×0.5)+100=150)。

> 提示：　【高级】选项的高级设置执行函数$(a \times y + b) = x$的a是文本框左列设置中指定的百分比，y是原始位图的颜色，b是文本框右侧设置中指定的值，x是生成的效果(RGB值在0~255之间，Alpha透明度值在0~100之间)。

3. 给实例指定元件

用户可以给实例指定不同的元件，从而在舞台上显示不同的实例，并保留所有的原始实例属性。给实例指定不同的元件的操作步骤如下。

(1) 在舞台上选择实例，然后在【属性】面板中单击【交换】按钮，打开【交换元件】对话框，如图7.25所示。

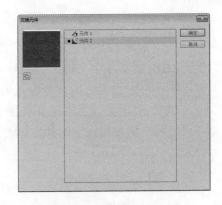

图7.24　不透明度　　　　　　　图7.25　【交换元件】对话框

(2) 在【交换元件】对话框中选择一个元件，替换当前指定给该实例的元件。要复制选定的元件，可单击对话框底部的【直接复制元件】按钮。如果制作的是几个具有细微差别的元件，则复制操作可使用户在库中现有元件的基础上建立一个新元件。

(3) 单击【确定】按钮。

4. 改变实例类型

无论是直接在舞台创建的还是从元件拖曳出的实例，都保留了其元件的类型。在制作动画时如果想将元件转换为其他类型，可以通过【属性】面板在三种元件类型之间进行转换，如图7.26所示。如图7.27所示，按钮元件的设置选项如下。

● 【音轨作为按钮】：忽略其他按钮发出的事件，按钮A和B，A为【音轨作为按钮】模式，按住 A 不放并移动鼠标到 B 上，B 不会被按下。

- 【音轨作为菜单项】：按钮 A 和 B，B 为【音轨作为按钮】模式，按住 A 不放并移动鼠标到 B 上，B 为菜单时，B 则会按下。

如图 7.28 所示，图形元件的选项设置如下。

图 7.26　改变实例类型

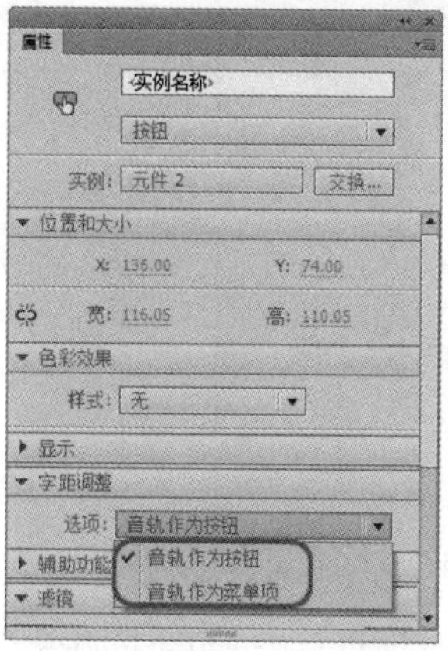

图 7.27　改变实例类型

图 7.28　【循环】选项

- 【循环】：令包含在当前实例中的序列动画循环播放。
- 【播放一次】：从指定帧开始，只播放动画一次。
- 【单帧】：显示序列动画指定的一帧。

7.4　上机练习——制作女裤展示动画

本例来介绍一下女裤展示动画的制作，该例主要是在创建的影片剪辑元件中导入素材文件，并将素材文件转换为影片剪辑元件，然后创建按钮元件，最后输入脚本代码，效果如图 7.29 所示。

图 7.29　最终效果

(1) 启用 Flash 软件，在菜单栏中选择【文件】|【新建】命令。打开【新建文档】对话框，在【类型】选项组中选择 ActionScript 3.0 选项，将【宽】设置为 450 像素，将

【高】设置为 450 像素，【帧频】设置为 12fps，如图 7.30 所示。

(2) 设置完成后单击【确定】按钮，即可创建一个空白的 Flash 文档，在菜单栏中选择【文件】|【导入】|【导入到库】命令，如图 7.31 所示。

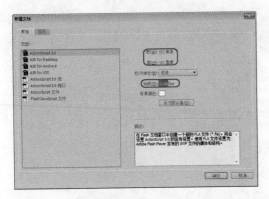

图 7.30 新建文档

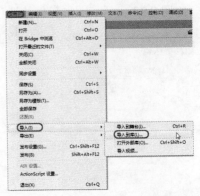

图 7.31 选择【导入到库】命令

(3) 在弹出的【导入到库】对话框中选择随书附带光盘中的 "CDROM/素材/Cha07/图片 01.jpeg、图片 02.jpeg、图片 03.jpeg、图片 04.jpeg" 素材文件，单击【打开】按钮，如图 7.32 所示。

(4) 在菜单栏中选择【窗口】|【库】命令，即可看到放入库中的图片，如图 7.33 所示。

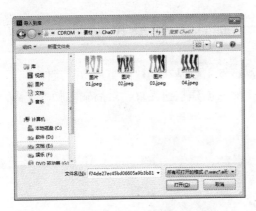

图 7.32 【导入到库】对话框

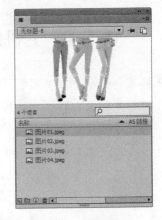

图 7.33 【库】面板

(5) 在菜单栏中选择【插入】|【新建元件】命令，打开【创建新元件】对话框，在该对话框中将其重命名为 "反应区"，【类型】设置为【按钮】，如图 7.34 所示。

(6) 设置完成后单击【确定】按钮，即可创建一个空白的按钮文档，打开【时间轴】面板，在该面板的【点击】帧位置处单击鼠标右键，在弹出的快捷菜单中选择【插入关键帧】命令，如图 7.35 所示。

(7) 确定当前帧处于被选择的状态下，在工具箱中选择【矩形工具】 ，填充颜色为任意颜色，设置完成后在舞台中单击并创建矩形，如图 7.36 所示。

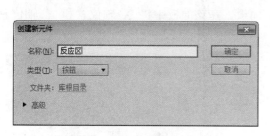

图 7.34　【创建新元件】对话框

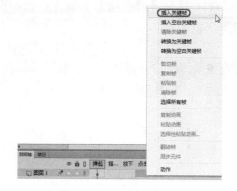

图 7.35　插入关键帧

(8) 创建完成后，在工具箱中选择【选择工具】 ，在舞台中选择创建的矩形，打开【属性】面板，在该面板中将其【宽】设置为 450，【高】设置为 450，然后将 X 轴位置与 Y 轴位置均设置为 0，如图 7.37 所示。

图 7.36　矩形工具

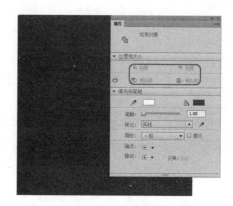

图 7.37　设置宽和高

(9) 在菜单栏中选择【插入】|【新建元件】命令，在弹出的【创建新元件】对话框中将其重命名为"图 1"，【类型】设置为【图形】，如图 7.38 所示。

(10) 设置完成后单击【确定】按钮，在【库】面板中选择"图片 01.jpeg"素材文件，将其拖曳至舞台中，并将其选择，在【属性】面板中将 X 轴位置和 Y 轴位置均设置为 0，将宽和高设置为 450×450，如图 7.39 所示。

图 7.38　【创建新元件】对话框

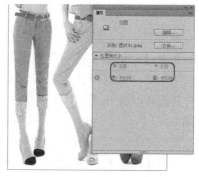

图 7.39　设置宽和高

(11) 打开【时间轴】面板，在该面板中单击【新建图层】按钮，新建一个图层，如图 7.40 所示。

(12) 确认新建的图层处于被选择的状态下，在【库】面板中选择【反应区】按钮，将其拖曳至舞台中并将其选择，打开【属性】面板，在该面板中将 X 轴位置和 Y 轴位置均设置为 0，如图 7.41 所示。

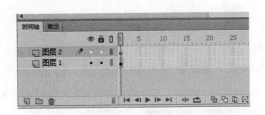

图 7.40　新建图层

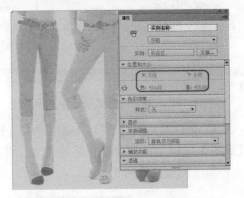

图 7.41　设置位置

(13) 设置完成后按 Ctrl+F8 组合键，在弹出的【创建新元件】对话框中将其重命名为"图 2"，其【类型】保持不变，如图 7.42 所示。

(14) 设置完成后单击【确定】按钮，在【库】面板中选择"图片 02.jpeg"素材文件，将其拖曳至舞台中，并将其选择，在【属性】面板中将 X 轴位置和 Y 轴位置均设置为 0，将宽和高设置为 450×450，如图 7.43 所示。

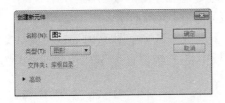

图 7.42　【创建新元件】对话框

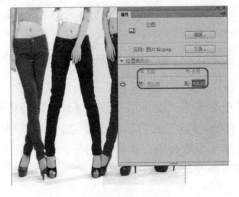

图 7.43　设置宽和高

(15) 打开【时间轴】面板，在该面板中单击【新建图层】按钮，新建一个图层，确认新建的图层处于被选择的状态下，在【库】面板中选择【反应区】按钮，将其拖曳至舞台中并将其选择，打开【属性】面板，在该面板中将 X 轴位置和 Y 轴位置均设置为 0，如图 7.44 所示。

(16) 确认添加的反应区处于被选择的状态下，在该图像上单击鼠标右键，在弹出的快捷菜单中选择【动作】命令。打开【动作】面板，在该面板中输入代码：

```
on (release)
```

```
{
    getURL("http://www.lvw.cn/");
}
```

输入完成后将其面板关闭，使用同样的方法制作其他图像，如图 7.45 所示。

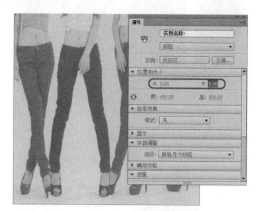

图 7.44　设置位置

图 7.45　输入代码

(17) 制作完成后按 Ctrl+F8 组合键，在弹出的【创建新元件】对话框中将其重命名为"按钮 1"，将【类型】设置为【按钮】，如图 7.46 所示。

(18) 在工具箱中选择【椭圆工具】 ，在舞台区中绘制椭圆形，并在【属性】面板中将 X 轴位置和 Y 轴位置均设置为 0，将宽和高设置为 15×15，如图 7.47 所示。

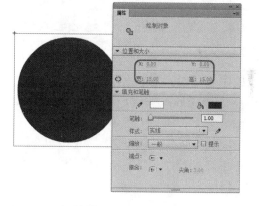

图 7.46　【创建新元件】对话框

图 7.47　绘制椭圆

(19) 将椭圆设置为黑色，在【时间轴】面板中新建图层，在【图层 1】的【点击】帧处单击鼠标右键，在弹出的快捷菜单中选择【插入帧】命令，如图 7.48 所示。

(20) 在【时间轴】面板中选中【图层 2】的【弹起】帧，在工具箱中选择【文本工具】 ，在【属性】面板的【字符】选项组中将大小设置为 18 点，颜色设为白色，如图 7.49 所示。

(21) 在【时间轴】面板的【图层 2】的【指针】帧中，单击鼠标右键，在弹出的快捷菜单中选择【插入关键帧】命令，如图 7.50 所示。

(22) 在【指针】帧被确定选中的情况下，将舞台区中的"1"数字选中，打开【属性】面板，在【字符】选项中，将颜色设置为#99999，如图 7.51 所示。

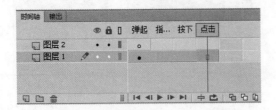

图 7.48　插入帧

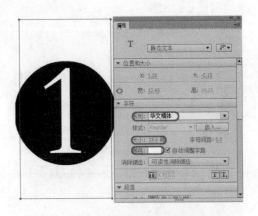

图 7.49　设置输入文字

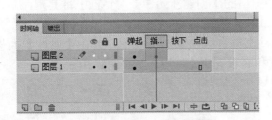

图 7.50　插入关键帧

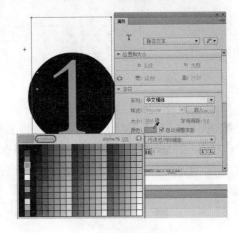

图 7.51　颜色设置

(23) 在【时间轴】面板的【图层 2】的【按下】帧中，单击鼠标右键，在弹出的快捷菜单中选择【插入关键帧】命令，并将舞台区中"1"数字的颜色设置为#990000，如图 7.52 所示。

(24) 新建元件【按钮 2】、【按钮 3】、【按钮 4】，并分别用以上同样的方法在每个元件中创建"2"、"3"、"4"数字，【属性】面板中的设置与"1"按钮的设置相同，如图 7.53 所示。

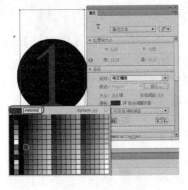

图 7.52　颜色设置

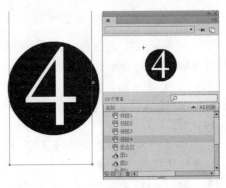

图 7.53　新建元件

(25) 在左上角单击【场景 1】，回到场景 1 中，在【库】面板中选择【图 1】元件，将其拖曳至舞台中并将其选择，打开【属性】面板，将其 X 轴位置和 Y 轴位置均设置为 0，如图 7.54 所示。

(26) 打开【时间轴】面板，创建 6 个图层，选择【图层 1】，在该图层的第 15 帧位置处按 F6 键插入关键帧，然后选择第 1 帧，在舞台中选择【图形 1】元件，在【属性】面板的【色彩效果】选项组中选择 Alpha，并将值设置为 0%，如图 7.55 所示。

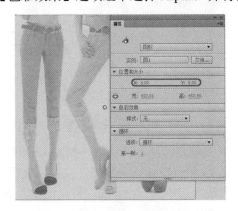

图 7.54　设置位置

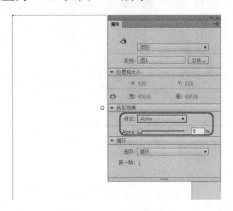

图 7.55　色彩效果

(27) 在第 1 帧与第 15 帧之间的任意一帧位置处单击鼠标右键，在弹出的快捷菜单中选择【创建传统补间】命令，如图 7.56 所示。

(28) 在第 45 帧位置插入关键帧，然后在第 50 帧位置插入关键帧，在 50 帧位置处选择舞台中的元件，在【属性】面板的【色彩效果】选项组中选择 Alpha，将值设置为 0%，在第 40 帧与第 45 帧之间创建传统补间动画，如图 7.57 所示。

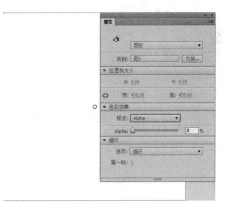

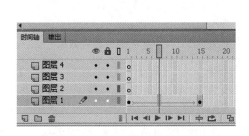

图 7.56　创建传统补间动画

图 7.57　色彩效果

(29) 选择【图层 2】，在第 45 帧位置插入关键帧，在【库】面板中选择【图 2】，将其拖曳至舞台中，并在【属性】面板中将 X 轴位置与 Y 轴位置均设置为 0，如图 7.58 所示。

(30) 打开【时间轴】面板，选择【图层 2】，在该图层的第 60 帧位置处按 F6 键插入关键帧，然后选择第 45 帧，在舞台中选择【图 2】元件，，在【属性】面板的【色彩效果】选项组中选择 Alpha,将值设置为 0%,如图 7.59 所示。

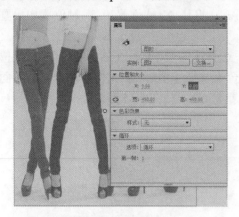
图 7.58　设置位置

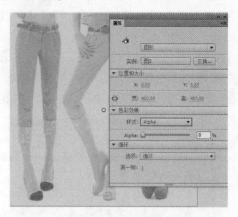
图 7.59　色彩效果

(31) 在第 45 帧与第 60 帧之间的任意一帧位置处创建传统补间动画,如图 7.60 所示。

(32) 在第 90 帧位置插入关键帧,然后再在第 95 帧位置插入关键帧,在该帧位置处选择舞台中的元件,在【属性】面板的【色彩效果】选项组中选择 Alpha,将值设置为 0%,并在第 90 帧和 95 帧之间创建传统补间动画,如图 7.61 所示。

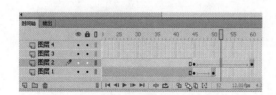
图 7.60　创建传统补间动画

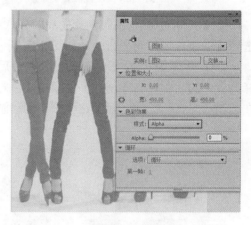
图 7.61　色彩效果

(33) 选择【图层 3】,在第 90 帧位置插入关键帧,在【库】面板中选择【图 3】,将其拖曳至舞台中,并在【属性】面板中将 X 轴位置与 Y 轴位置均设置为 0,如图 7.62 所示。

(34) 打开【时间轴】面板,选择【图层 3】,在该图层的第 105 帧位置处按 F6 键插入关键帧,然后选择第 90 帧,在舞台中选择【图 3】元件,在【属性】面板的【色彩效果】选项组中选择 Alpha,将值设置为 0%,并在第 90 帧到 105 帧处创建传统补间动画,如图 7.63 所示。

(35) 在第 135 帧位置插入关键帧,然后在第 140 帧位置插入关键帧,在第 140 帧位置处选择舞台中的元件,在【属性】面板的【色彩效果】选项组中选择 Alpha,将值设置为 0%,并在第 135 帧到 140 帧处创建传统补间动画,如图 7.64 所示。

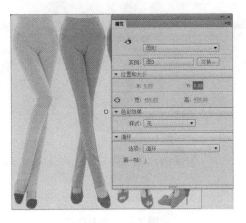

图 7.62　设置位置

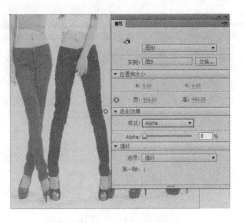

图 7.63　色彩效果

(36) 选择【图层 4】，在第 135 帧位置插入关键帧，在【库】面板中选择【图 4】，将其拖曳至舞台中，并在【属性】面板中将 X 轴位置与 Y 轴位置均设置为 0，如图 7.65 所示。

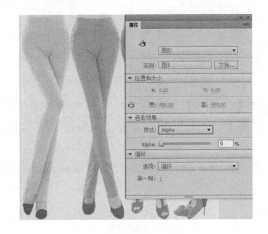

图 7.64　色彩效果

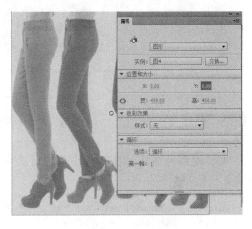

图 7.65　设置位置

(37) 打开【时间轴】面板，选择【图层 4】，在该图层的第 145 帧位置处按 F6 键插入关键帧，然后选择第 135 帧，在舞台中选择【图 4】元件，在【属性】面板的【色彩效果】选项组中选择 Alpha，将值设置为 0%，并创建传统补间动画，如图 7.66 所示。

(38) 在第 175 帧位置插入关键帧，然后在第 180 帧位置插入关键帧，在该帧位置处选择舞台中的元件，在【属性】面板的【色彩效果】选项组中选择 Alpha，将值设置为 0%，并创建传统补间动画，如图 7.67 所示。

(39) 选择【图层 5】，选择第 1 帧，在【属性】面板中将【标签】选项下的【名称】设置为 image1，按回车键确认该操作，如图 7.68 所示。

(40) 在第 45 帧位置按 F6 键插入关键帧，在【属性】面板中将【标签】选项下的【名称】设置为 image2，按回车键确认该操作。使用同样的方法在其他位置插入标签，如图 7.69 所示。

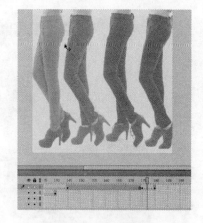

图 7.66　创建传统补间动画　　　　　　　　　图 7.67　色彩效果

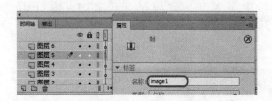

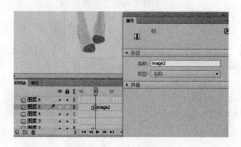

图 7.68　输入名称 "image1"　　　　　　　图 7.69　输入名称 "image2"

(41) 选择【图层 6】，在【库】面板中选择【按钮 1】，将其拖曳至舞台中并确认该按钮处于被选择的状态下，在【属性】面板中将其【实例名称】设置为 image1，并移动位置到合适的地方，如图 7.70 所示。

(42) 设置完成后，在舞台中选择【按钮 1】，按 F9 键打开【动作】面板，在该面板中输入代码：

```
image1.addEventListener("click",跳转1);
function 跳转1(me:MouseEvent)
{
gotoAndPlay("image1");
}
```

代码输入完成后将其面板关闭，如图 7.71 所示。

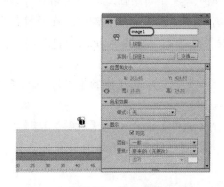

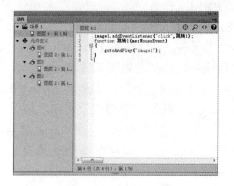

图 7.70　输入名称　　　　　　　　　　图 7.71　【动作】面板

(43) 在【库】面板中选择【按钮 2】，将其拖曳至舞台中，在【属性】面板中将其【实例名称】设置为 image2，移动位置，如图 7.72 所示。

(44) 设置完成后，在舞台中选择【按钮 2】，按 F9 键打开【动作】面板，在该面板中输入代码：

```
image2.addEventListener("click",跳转 2);
function 跳转 2(me:MouseEvent)
{
    gotoAndPlay("image2");
}
```

如图 7.73 所示。

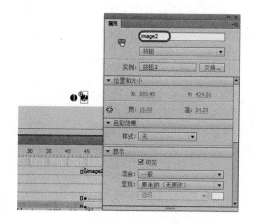

图 7.72 输入名称

图 7.73 【动作】面板

(45) 使用同样的方式添加其他按钮并设置属性，如图 7.74 所示。

(46) 在菜单栏中选择【文件】|【导出】|【导出影片】命令，在弹出的【导出影片】对话框中为其指定一个正确的存储路径，并将其重命名为"网站宣传视频"，【格式】设置为【SEF 影片(*.swf)】，设置完成后单击【保存】按钮，即可将其导出为影片，如图 7.75 所示。

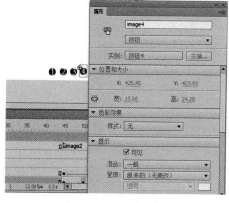
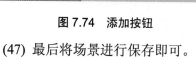

图 7.74 添加按钮

图 7.75 导出影片

(47) 最后将场景进行保存即可。

7.5 习　　题

1. 在 Flash 中可以制作的元件类型有几种?
2. 如何将图形对象转换为元件?
3. 元件如何相互转换?

第 8 章 制作简单的动画

本章将介绍如何制作简单的动画，其中主要介绍了图层、帧、关键帧的应用。

8.1 认识时间轴

时间轴是整个 Flash 的核心，使用它可以组织和控制动画中的内容在特定的时间出现在画面上。创建文档时，在工作窗口上方会自动出现【时间轴】面板，如图 8.1 所示，整个面板分为左右两个部分，左侧是图层面板，右侧是帧面板。左侧图层中包含的帧显示在帧面板中，正是这种结构使得 Flash 能巧妙地将时间和对象联系在一起。默认情况下，时间轴位于工作窗口的顶部，用户可以根据习惯调整位置，也可以将其隐藏起来。

图 8.1 【时间轴】面板

1. 播放头

播放头用来指示当前所在帧。如果在舞台中按下 Enter 键，则可以在编辑状态下运行影片，播放头也会随着影片的播放而向前移动，指示出播放到的帧的位置。

如果正在处理大量的帧，无法一次全部显示在时间轴上，则可以拖动播放头沿着时间轴移动，从而轻易地定位到目标帧，如图 8.2 所示。

> **提示：** 播放头的移动有一定范围，最远只能移动到时间轴定义最后一帧，不能将播放头移动到定义过的帧的时间轴范围内。

2. 图层

在处理较复杂的动画时，特别是制作拥有较多的对象的动画效果，同时对多个对象进行编辑就会造成混乱，带来很多麻烦。针对这个问题，Flash 系列软件提供了图层操作模式，每个图层都有自己的一系列帧，各图层可以独立地进行编辑操作。这样可以在不同的图层上设置不同对象的动画效果。另外，由于每个图层的帧在时间上也是互相对应的，所以在播放过程中，同时显示的各个图层是互相融合地协调播放。Flash 还提供了专门的图层管理器，使用户在使用图层工具时有充分的自主性，如图 8.3 所示。

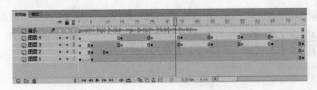

图 8.2 播放头

图 8.3 显示图层

3. 帧

帧就像电影中的底片，基本上制作动画的大部分操作都是对帧的操作，不同帧的前后顺序将关系到这些帧中的内容在影片播放中的出现顺序。帧操作的好坏与否会直接影响影片的视觉效果和影片内容的流畅性。帧是一个广义概念，它包含了三种类型，分别是普通帧(也可叫过渡帧)、关键帧和空白关键帧。

8.2 图层的使用

图层在制作动画中起了很重要的作用，每一个动画都是由不同图层组成的。

8.2.1 图层的管理

在制作动画的过程可以对图层进行管理，如新建图层、重命名图层等。

1. 新建图层

为了方便动画的制作，往往需要添加新的图层。新建图层时，首先选中一个图层，然后单击【时间轴】面板底部的【新建图层】按钮，如图 8.4 所示。此时当前选择图层上方就新建一图层，如图 8.5 所示。

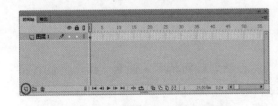

图 8.4 单击【新建图层】按钮

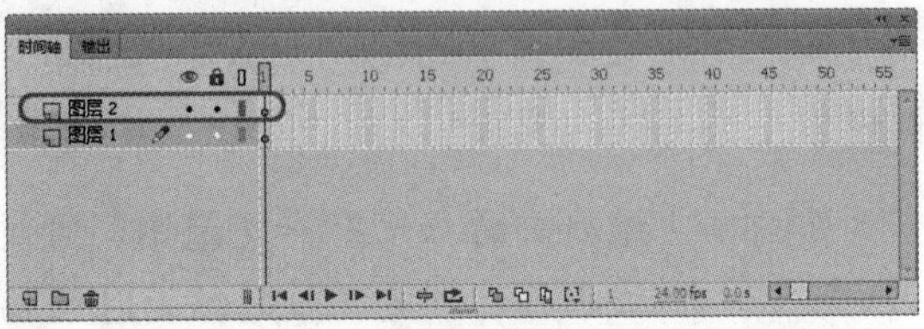

图 8.5 新建【图层 2】

创建图层的方法还有以下两种方法。

- 选中一个层，然后选择【插入】|【时间轴】|【图层】菜单命令。
- 选中一个层，然后单击鼠标右键，在弹出的快捷菜单中选择【插入图层】命令。

2. 重命名图层

默认情况下，新层是按照创建它们的顺序命名的：图层 1、图层 2、…，依此类推。给层重命名，可以更好地反映每层中的内容。在层名称上双击，将出现一个文本框，如图 8.6 所示。输入名称，按 Enter 键即可对其重命名，如图 8.7 所示。

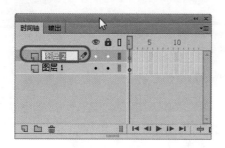

图 8.6　出现文本框

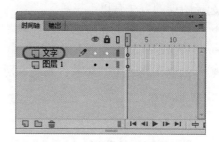

图 8.7　重命名图层

除此之外，选择图层，单击鼠标右键，在弹出的快捷菜单中选择【属性】命令，如图 8.8 所示，随即弹出【图层属性】对话框，在该对话框的【名称】文本框中输入名称，单击【确定】按钮就可以对图层重新命名，如图 8.9 所示。

图 8.8　选择【属性】命令

图 8.9　【图层属性】对话框

3. 改变图层的顺序

在编辑时，往往要改变图层之间的顺序，其操作如下。

(1) 打开【图层】面板，选择需要移动的图层，如图 8.10 所示。

(2) 向下或向上拖动鼠标，当亮高线出现在想要的位置，释放鼠标，调整后的效果如图 8.11 所示。

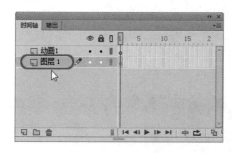

图 8.10　选择图层

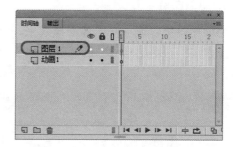

图 8.11　改变图层的顺序

4. 指定图层

当一个文件具有多个图层时，往往需要在不同的图层之间来回选取，只有图层成为当前层才能进行编辑。当前层的名称旁边有一个铅笔的图标时，表示该层是当前工作层。每次只能编辑一个工作层。

选择图层的方法有以下三种。

● 单击时间轴上该层的任意一帧。

● 单击时间轴上层的名称。

● 选取工作区中的对象，则对象所在的图层被选中。

5. 复制图层

可以将图层中的所有对象复制下来，粘贴到不同的图层中，其操作如下。

(1) 单击要复制的图层，选取整个图层。

(2) 在菜单栏中选择【编辑】|【复制】命令；也可以在时间轴上用鼠标右键单击帧，并在弹出的快捷菜单中选择【复制帧】命令。

(3) 单击要粘贴的新图层的第 1 帧，从菜单栏中选择【编辑】|【粘贴】命令。

除了上述方法外，复制图层还有以下方法。

● 选中要复制的图层，然后将其拖到【新建图层】按钮上，对其进行复制。

● 选中要复制的图层，在菜单栏中选择【编辑】|【时间轴】|【复制图层】命令。

6. 删除图层

删除图层的方法有以下三种。

● 选择该图层，单击【时间轴】面板上右下角的【删除】按钮。

● 在【时间轴】面板上单击要删除的图层，并将其拖到 (删除)按钮中。

● 在【时间轴】面板上右击要删除的图层，然后从弹出的快捷菜单中选择【删除图层】命令。

8.2.2 设置图层的状态

在时间轴的图层编辑区中有代表图层状态的三个图标，如图 8.12 所示，它们可以隐藏某个图层以保持工作区域的整洁；可以将某层锁定以防止被意外修改；可以在任何层查看对象的轮廓线。

1. 隐藏图层

隐藏图层可以使一些图像隐藏起来，从而减少不同图层之间的图像干扰，使整个工作区保持整洁。在图层隐藏以后，就暂时不能对该层进行编辑了，如图 8.13 所示为隐藏图层状态。

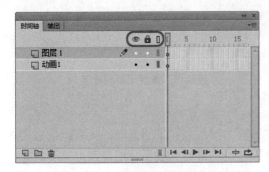

图 8.12　图层状态图标

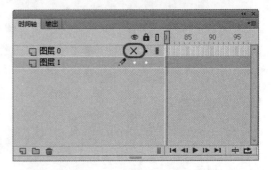

图 8.13　隐藏图层状态

隐藏图层的方法有以下三种。

- 单击图层名称右边的隐藏栏即可隐藏图层，再次单击隐藏栏则可以取消隐藏该层。
- 用鼠标在图层的隐藏栏中上下拖动，即可隐藏多个图层或者取消隐藏多个图层。
- 单击隐藏图标(显示或隐藏所有图层) 👁，可以将所有图层隐藏，再次单击隐藏图标则会取消隐藏图层。

2. 锁定图层

锁定图层可以将某些图层锁定，这样便可以防止一些已编辑好的图层被意外修改。在图层被锁定以后，就暂时不能对该层进行各种编辑了。与隐藏图层不同的是，锁定图层上的图像仍然可以显示，如图 8.14 所示。

3. 线框模式

在编辑中，可能需要查看对象的轮廓线，这时可以通过线框显示模式去除填充区，从而方便地查看对象。在线框模式下，该层的所有对象都以同一种颜色显示，如图 8.15 所示。

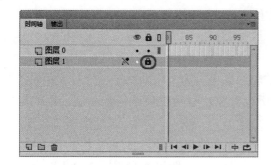

图 8.14　锁定图层状态　　　　　　　图 8.15　线框模式

要调出线框模式显示的方法有以下三种。

- 单击图标 🔲【将所有图层显示为轮廓】，可以使所有图层用线框模式显示，再次单击线框模式图标则取消线框模式。
- 单击图层名称右边的显示模式栏 🔲【不同图层显示栏的颜色不同】，之后，显示模式栏变成空心的正方形 🔲 时即可将图层转换为线框模式，再次单击显示模式栏则可取消线框模式。
- 用鼠标在图层的显示模式栏中上下拖动，可以使多个图层以线框模式显示或者取消线框模式。

8.2.3　图层属性

在 Flash 中的图层具有多种不同的属性，用户可以通过【图层属性】对话框设置图层的属性，如图 8.16 所示。

- 名称：在此文本框中设置图层的名称。
- 显示：设置图层的内容是否显示在场景中。

图 8.16 【图层属性】对话框　　　　　图 8.17　图层高度

- 锁定：设置是否可以编辑层里的内容，即图层是否处于锁定状态。
- 类型：设置图层的种类。
  - ◆ 一般：设置该图层为标准图层，这是 Flash 默认的图层类型。
  - ◆ 遮罩层：允许用户把当前层的类型设置成遮罩层，这种类型的层将遮掩与其相连接的任何层上的对象。
  - ◆ 被遮罩：设置当前层为被遮罩层，这意味着它必须连接到一个遮罩层上。
  - ◆ 文件夹：设置当前图层为图层文件夹形式，将消除该层包含的全部内容。
  - ◆ 引导层：设置该层为引导图层，这种类型的层可以引导与其相连的被引导层中的过渡动画。
- 轮廓颜色：用于设置该图层上对象的轮廓颜色。为了帮助用户区分对象所属的图层，可以用彩色轮廓显示图层上的所有对象，也可以更改每个图层使用的轮廓颜色。
- 图层高度：可设置图层的高度，这在层中处理波形(如声波)时很实用，有 100%、200%和 300%三种高度。如图 8.17 所示，图层 1、图层 2 和图层 3 分别对应 3 种高度。

8.3　使用图层文件夹管理图层

在制作动画的过程中，有时需要创建图层文件夹来管理图层，方便动画的制作。

8.3.1　添加图层文件夹

添加图层文件夹的方法有以下几种。

- 单击【时间轴】面板下方的【新建文件夹】按钮，如图 8.18 所示。
- 在菜单栏中选择【插入】|【时间轴】|【图层文件夹】命令，如图 8.19 所示。
- 右击时间轴的图层编辑区，然后在弹出的快捷菜单中选择【插入文件夹】命令，如图 8.20 所示。

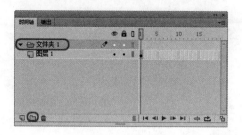

图 8.18 新建文件夹

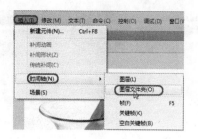

图 8.19 选择【图层文件夹】命令

图 8.20 选择【插入文件夹】命令

8.3.2 组织图层文件夹

用户可以向图层文件夹中添加、删除图层或图层文件夹，也可以移动图层或图层文件夹，它们的操作方法与图层的操作方法基本相同。若想将外部的图层移动到图层文件夹中，可以拖曳图层到目标图层文件夹中，图层文件夹图标的颜色会变深，然后使用鼠标拖动即可完成操作，移出图层的操作与之相反，图层文件夹内的图层图标以缩进的形式排放在图层文件夹图标之下，如图 8.21 所示。

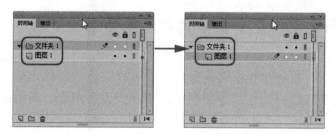

图 8.21 拖入文件夹

提示： 删除图层文件夹也会同时删除其中包含的图层和图层文件夹，如果时间轴上只有一个图层文件夹，则删除后会保留图层文件夹中最下面一个图层。

8.3.3 展开或折叠图层文件夹

当图层文件夹处于展开状态时，图层文件夹图标左侧的箭头指向下方，当图层文件夹处于折叠状态时，箭头指向右方，如图 8.22 所示。

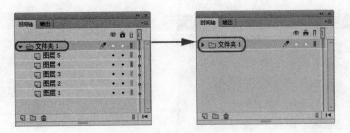

图 8.22　折叠文件夹

展开图层文件夹的方法如下。

● 单击箭头，展开的图层文件夹将折叠起来，同时箭头变为 ▇，单击箭头，折叠的图层文件夹又可以展开。

● 用户也可以右击图层文件夹，然后选择快捷菜单中的【展开文件夹】命令来展开处于折叠状态的图层文件夹，如图 8.23 所示。

● 选择快捷菜单中的【展开所有文件夹】命令，将展开所有处于折叠状态的图层文件夹(已展开的图层文件夹不变)，如图 8.24 所示。

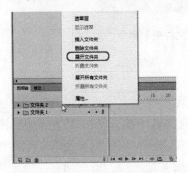

图 8.23　选择【展开文件夹】命令

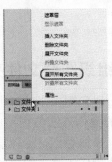

图 8.24　选择【展开所有文件夹】命令

8.3.4　用【分散到图层】命令自动分配图层

Flash CC 允许设计人员选择多个对象，然后应用【修改】|【时间轴】|【分散到图层】命令自动地为每个对象创建并命名新图层，并且将这些对象移动到对应的图层中，可以为这些图层提供恰当的命名，如果对象是元件或位图图像，新图层将按照对象的名称命名。

下面介绍【分散到图层】命令的使用方法。

(1) 选择随书附带光盘中的"CDROM\素材\Cha08\01.fla"文件，如图 8.25 所示。

(2) 在工具箱中选择【文本工具】，打开【属性】面板，将【文字方向】设为垂直，将【系列】设为【汉仪雪君体简】，将【大小】设为 70 磅，将【颜色】设为蓝色，如图 8.26 所示。

(3) 使用【选择工具】选择输入的文字，按 Ctrl+B 组合键对文字进行分离，如图 8.27 所示。

(4) 在菜单栏中选择【修改】|【时间轴】|【分散到图层】命令，如图 8.28 所示。

图 8.25　选择素材

图 8.26　输入文字

图 8.27　分离文字

图 8.28　选择【分散到图层】命令

(5) 此时，图层面板中就增加了四个图层，如图 8.29 所示。

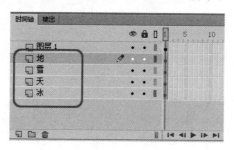

图 8.29　新增图层

8.4　处理关键帧

在 Flash 中，动画中需要的每一张图片就相当于其中的一个帧，因此帧是构成动画的核心元素。在很多时候不需要将动画的每一帧都绘制出来，而只需绘制动画中起关键作用的帧，这样的帧称为关键帧。

8.4.1　插入帧和关键帧

在制作动画的过程中，插入帧和关键帧是很必要的，因为动画都是由帧组成的，下面介绍如何插入帧和关键帧。

1. 插入帧

每个动画都是由许多帧组成，下面介绍如何插入帧。

- 选择菜单栏中的【插入】|【时间轴】|【帧】命令即可插入帧，如图 8.30 所示。
- 按 F5 键，插入帧。
- 在时间轴上选择要插入帧的位置，单击鼠标右键，在弹出的快捷菜单中选择【插入帧】命令，如图 8.31 所示。

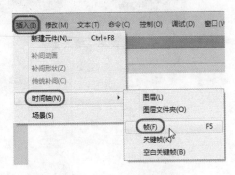

图 8.30　选择【帧】命令　　　　　　　　　图 8.31　选择【插入帧】命令

2. 插入关键帧

插入关键帧的方法如下。

- 选择菜单栏中的【插入】|【时间轴】|【关键帧】命令即可插入帧，如图 8.32 所示。
- 按 F6 键，插入帧。
- 在时间轴上选择要插入帧的位置，单击鼠标右键，在弹出的快捷菜单中选择【插入关键帧】命令，如图 8.33 所示。

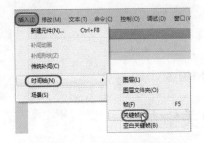
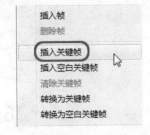

图 8.32　选择【关键帧】命令　　　　　　　图 8.33　选择【插入关键帧】命令

3. 插入空白关键帧

插入空白关键帧的方法如下。

- 选择菜单栏中的【插入】|【时间轴】|【空白关键帧】命令即可插入帧，如图 8.34 所示。
- 按 F6 键，插入帧。
- 在时间轴上选择要插入帧的位置，单击鼠标右键，在弹出的快捷菜单中选择【插入空白关键帧】命令，如图 8.35 所示。

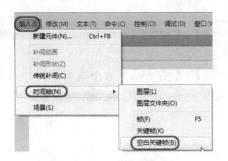

图 8.34　选择【空白关键帧】命令　　　　图 8.35　选择【插入空白关键帧】命令

8.4.2　帧的删除、移动、复制、转换与清除

帧可以在【时间轴】面板中进行以下操作。

1. 帧的删除

选取多余的帧，然后使用菜单栏中的【编辑】|【时间轴】|【删除帧】命令，或者单击鼠标右键，在弹出的快捷菜单中选择【删除帧】命令，都可以删除多余的帧。

2. 帧的移动

使用鼠标单击需要移动的帧或关键帧，然后拖动鼠标到目标位置即可，如图 8.36 所示。

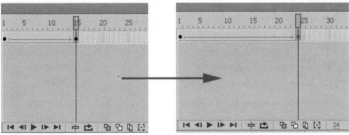

图 8.36　移动帧

3. 复制帧

单击要复制的关键帧，然后按住 Alt 键，将其拖动到新的位置上，如图 8.37 所示。

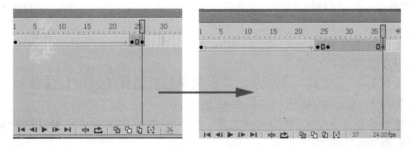

图 8.37　复制帧

除了上述复制帧的方法外，还有以下方法。

(1) 选中要复制的帧并选择【编辑】|【时间轴】|【复制帧】命令或单击鼠标右键，在弹出的快捷菜单中选择【复制帧】命令，如图 8.38 所示。

(2) 选中目标位置，再选择【编辑】|【时间轴】|【粘贴帧】命令或单击鼠标右键，在弹出的快捷菜单中选择【粘贴帧】命令，如图 8.39 所示，也可以实现帧的复制。

图 8.38　选择【复制帧】命令

图 8.39　选择【粘贴帧】命令

4. 关键帧的转换

如果要将帧转换为关键帧，可先选择需要转换的帧，然后使用菜单栏中的【修改】|【时间轴】|【转换为关键帧】命令，如图 8.40 所示；或者单击鼠标右键，在弹出的快捷菜单中选择【转换为关键帧】命令，如图 8.41 所示，都可以将帧转换为关键帧。

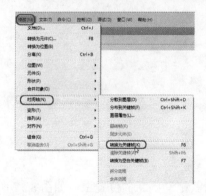

图 8.40　选择【转换为关键帧】命令

图 8.41　选择【转换为关键帧】命令

5. 帧的清除

清除帧的方法如下。

- 使用鼠标单击选择一个帧后，再在菜单栏中选择【编辑】|【时间轴】|【清除帧】命令进行清除操作，如图 8.42 所示。
- 选择需要清除的帧，单击鼠标右键，在弹出的快捷菜单中选择【清除帧】命令，即可清除帧，如图 8.43 所示。

图 8.42　选择【清除帧】命令

图 8.43　选择【清除帧】命令

8.4.3　调整空白关键帧

下面介绍如何移动和删除空白关键帧。

1. 移动空白关键帧

移动空白关键帧的方法和移动关键帧完全一致：首先
选中要移动的帧或者帧序列，然后将其拖动到所需的位置上
即可。

2. 删除空白关键帧

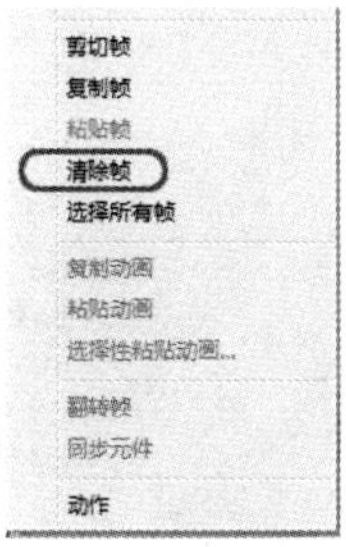

要删除空白帧，首先选中要删除的帧或帧序列，然后
右击鼠标并从弹出的快捷菜单中选择【清除帧】命令，如图 8.44 所示。

图 8.44　选择【清除帧】命令

8.4.4　帧标签、注释和锚记

帧标签有助于在时间轴上确认关键帧。当在动作脚本中指定目标帧时，帧标签可用来
取代帧号码。当添加或移除帧时，帧标签也随着移动，而不管帧号码是否改变，这样即使
修改了帧，也不用再修改动作脚本了。帧标签同电影数据同时输出，所以要避免长名称，
以获得较小的文件体积。

帧注释有助于用户对影片的后期操作，还有助于在同一个电影中的团体合作。同帧标
签不同，帧注释不随电影一起输出，所以可以尽可能的详细写入注
解，以方便制作者以后的阅读或其他合作伙伴的阅读。

命名锚记可以使影片观看者使用浏览器中的【前进】和【后退】
按钮从一个帧跳到另一个帧，或是从一个场景跳到另一个场景，从而
使 Flash 影片的导航变得简单。命名锚记关键帧在时间轴中用锚记图
标表示，如果希望 Flash 自动将每个场景的第 1 个关键帧作为命名锚
记，可以通过对首选参数的设置来实现。

要创建帧标签、帧注释或命名锚记，其操作步骤如下。

(1) 选择一个要加标签、注释或命名锚记的帧。

(2) 在如图 8.45 所示的【属性】面板的【标签】选项组的【名
称】文本框中输入名称，并在【类型】下拉列表框中选择【名称】、

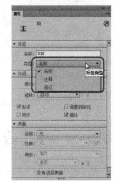

图 8.45　帧属性

【注释】或【锚记】选项。

8.5 处理普通帧

动画除了关键帧外，还有普通帧，下面介绍如何处理普通帧。

8.5.1 插入普通帧

插入普通帧有以下方法。

- 将光标放在要插入普通帧的位置上，单击鼠标右键，在弹出的快捷菜单中选择【插入帧】命令，如图 8.46 所示。
- 在菜单栏中选择【插入】|【时间轴】|【帧】命令，如图 8.47 所示。
- 按 F5 键，插入帧。

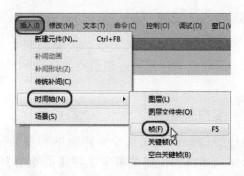

图 8.46　选择【插入帧】命令　　　　　　图 8.47　选择【帧】命令

8.5.2 延长普通帧

如果要在整个动画的末尾延长几帧，可以先选中要延长到的位置，然后按 F5 键，如图 8.48 所示，这时将把前面关键帧中的内容延续到选中的位置上，如图 8.49 所示。

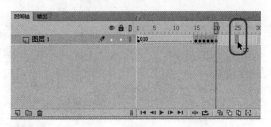

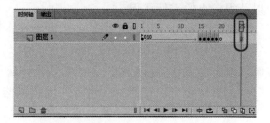

图 8.48　选择插入帧的位置　　　　　　　图 8.49　延长普通帧

8.5.3 删除普通帧

将光标移到要删除的普通帧上，然后单击鼠标右键，从弹出的快捷菜单中选择【删除帧】命令，如图 8.50 所示，这时将删除选中的普通帧，删除后整个普通帧段的长度减少一格，如图 8.51 所示。

图 8.50　选择【删除帧】命令

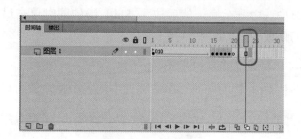

图 8.51　删除普通帧

8.5.4　关键帧和普通帧的转换

要将关键帧转换为普通帧，首先选中要转换的关键帧，然后单击鼠标右键，在弹出的快捷菜单中选择【清除关键帧】命令，这一点和清除关键帧的操作是一致的，如图 8.52 所示。另外，还有一个比较常用的方法实现这种转换：首先在时间轴上选中要转换的关键帧，然后按快捷键 Shift+F6 即可。

要将普通帧转换为关键帧，实际上就是要插入关键帧。因此选中要转换的普通帧后，按 F6 键即可，如图 8.53 所示。

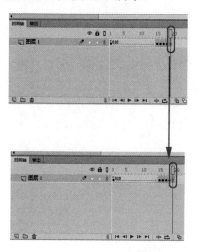

图 8.52　转换为普通帧

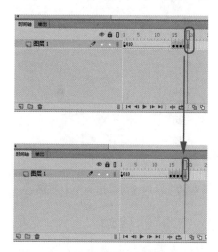

图 8.53　转换为关键帧

8.6　编辑多个帧

制作动画的过程中，有时需要对多个帧进行编辑，下面介绍如何对多个帧进行编辑。

8.6.1　选择多个帧

下面介绍如何选择多个帧。

1. 选择多个连续的帧

首先选中一个帧，然后按住 Shift 键的同时单击最后一个要选中的帧，就可以将多个连续的帧选中，如图 8.54 所示。

2. 选择多个不连续的帧

按住 Ctrl 键的同时，单击要选中的各个帧，就可以将这些帧选中，如图 8.55 所示。

图 8.54　选择连续帧

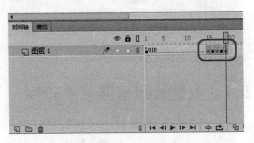

图 8.55　选择不连续帧

3. 选择所有帧

选中时间轴上的任意一帧，然后选择【编辑】|【时间轴】|【选择所有帧】菜单命令，如图 8.56 所示，就可以选择时间轴中的所有帧，如图 8.57 所示。

图 8.56　选择【选择所有帧】命令

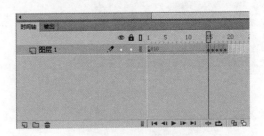

图 8.57　选择所有帧

8.6.2　多帧的移动

多帧的移动和移动关键帧的方法相似，其具体操作方法如下。

(1) 选择多个帧，如图 8.58 所示。

(2) 按住鼠标向左或向右拖动到目标位置，如图 8.59 所示。

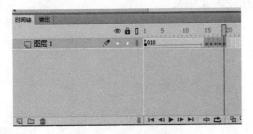

图 8.58　选择多个帧

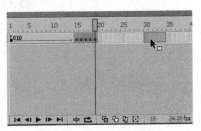

图 8.59　进行移动

(3) 松开鼠标，这时关键帧移动到目标位置，同时原来的位置上用普通帧补足，如图 8.60 所示。

图 8.60　移动完成后的效果

8.6.3　帧的翻转

在制作动画的过程中有时需要将时间轴内的帧进行翻转，以达到想要的效果。下面介绍如何使用帧的翻转。

(1) 选择任意一帧，然后在菜单栏中选择【编辑】|【时间轴】|【选择所有帧】命令，选择动画中的所有帧，如图 8.61 所示。

(2) 在菜单栏中选择【修改】|【时间轴】|【翻转帧】命令，这时时间轴上的帧就发生了翻转，如图 8.62 所示。

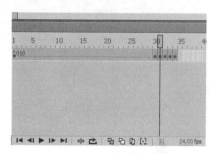

图 8.61　选择所有帧

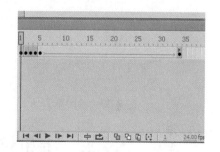

图 8.62　翻转帧

提示：　如果只希望一部分帧进行翻转，在选择的时候，可以只选择一部分帧。

8.7　使用绘图纸

在制作连续性的动画时，如果前后两帧的画面内容没有完全对齐，就会出现抖动的现象。绘图纸工具不但可以用半透明方式显示指定序列画面的内容，还可以提供同时编辑多个画面的功能，是制作准确动画的必需手段。图 8.63 所示的是绘图纸工具。

绘图纸工具如下。

【帧居中】：单击该工具能使播放头所在帧在时间轴中间显示。

【绘图纸外观】：单击该按钮将显示播放头所在帧内容的同时显示其前后数帧的内容。播放头周围会出现方括号形状的标记，其中所包含的帧都会显示出来，这将有利于观察不同帧之间的图形变化过程。

【绘图纸外观轮廓】：绘图纸轮廓线。如果只希望显示各帧图形的轮廓线，则单击该按钮。

【编辑多个帧】：编辑多帧。要想使绘图纸标志之间的所有帧都可以编辑，则单击该按钮，编辑多帧按钮只对帧动画有效，而对渐变动画无效，因为过渡帧是无法编辑的。

【修改绘图纸标记】：绘图纸修改器。用于改变绘图纸的状态和设置，单击该按钮则弹出如图 8.64 所示的下拉菜单。

● 始终显示标记：不论绘图纸是否开启，都显示其标记。当绘图纸未开启时，虽然显示范围，但是在画面上不会显示绘图纸效果。

● 锚定标记：选择该项，绘图纸标记将标定在当前的位置，其位置和范围都将不再改变。否则，绘图纸的范围会跟着指针移动。

● 标记范围 2：显示当前帧两边各两帧的内容。

● 标记范围 5：显示当前帧两边各 5 帧的内容。

● 标记所有范围：显示当前帧两边所有的内容。

提示： 要更改绘图纸的范围，可以将绘图纸两端的标记直接拖动到新的位置。

图 8.63 绘图纸工具   图 8.64 修改绘图纸标记

8.8 上机练习——打字效果

下面制作打字效果，完成后的效果如图 8.65 所示。

(1) 启动软件后，按 Ctrl+N 组合键，弹出【新建文档】对话框，选择 ActionScript 3.0 选项，将【宽】和【高】都设为 800 像素，将【帧频】设为 10，然后单击【确定】按钮，如图 8.66 所示。

(2) 打开【时间轴】面板，将【图层 1】改为【背景】，按 Ctrl+R 组合键，弹出【导入】对话框，选择随书附带光盘中的 "CDROM\素材\Cha08\背景.jpg" 文件，单击【确定】按钮，如图 8.67 所示。

图 8.65 打字效果

(3) 选择【背景】图片，打开【对齐】面板，单击【水平中齐】和【垂直中齐】按钮，将其和舞台对齐，如图 8.68 所示。

(4) 新建【文字】图层，在工具箱中选择【文本工具】，打开【属性】面板，将【文本类型】设为【动态文本】，将【系列】设为【汉仪书魂体简】，将【大小】设为【100

磅】，将【颜色】设为黄色，输入文字"小池"，如图 8.69 所示。

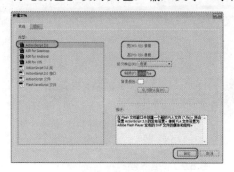

图 8.66　新建文档

图 8.67　选择背景

图 8.68　【对齐】面板

图 8.69　设置文字格式

(5) 使用同样的方法输入其他文字"杨万里泉眼无声惜细流，树荫照水爱晴柔。小荷才露尖尖角，早有蜻蜓立上头。"，【文本类型】设为【动态文本】，将【系列】设为【汉仪书魂体简】，将【大小】设为【60 磅】，将【颜色】设为黄色，如图 8.70 所示。

(6) 选择输入的文本，按 Ctrl+B 组合键，将其分离，选中"小"字按 F8 键，弹出【转换为元件】对话框，将【名称】设为"小"，将【类型】设为【图形】，然后单击【确定】按钮，如图 8.71 所示。

图 8.70　设置文本属性

图 8.71　设置文字格式

(7) 使用同样的方法，将其他文字转换为"图形元件"，如图 8.72 所示。

(8) 选择【背景】图层的第 200 帧，并插入帧，如图 8.73 所示。

图 8.72　创建元件　　　　　　　　　　　图 8.73　插入帧

　　(9) 选择【文本】图层的第 5 帧，按 F6 键插入关键帧，在【库】面板中选择【小】元件，并将其拖到至合适的位置，如图 8.74 所示。

　　(10) 选择【文本】图层的第 10 帧，并插入关键帧，在【库】面板中选择【池】元件并将其拖动至舞台中的合适位置，如图 8.75 所示。

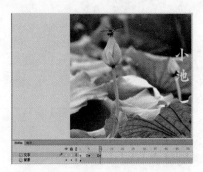

图 8.74　插入元件　　　　　　　　　　　图 8.75　插入元件

　　(11) 使用同样的方法，每隔 4 帧添加一处关键帧，并将文字添加到合适的位置，如图 8.76 所示。

　　(12) 选择【文字】图层的 200 帧，插入帧，然后按 Ctrl+Enter 组合键测试影片，如图 8.77 所示。

图 8.76　插入元件　　　　　　　　　　　图 8.77　完成后的效果

8.9 习　　题

1. 如何应用【分散到图层】命令？
2. 掌握帧的删除、移动、复制、转换与清除操作。
3. 帧的删除和清除有何不同？

第 9 章　补间与多场景动画的制作

本章主要通过制作简单的动画实例，介绍补间动画、补间形状动画、引导层动画和遮罩层动画的制作方法。

9.1　创建补间动画

Flash 能生成两种类型的补间动画，一种是动作补间，另一种是形状补间。动作补间需要在一个点定义实例的位置、大小及旋转角度等属性，然后才可以在其他位置改变这些属性，从而由这些变化产生动画；形状补间需要在一个点绘制一个图形，然后在其他的点改变图形或者绘制其他的图形，Flash 能在它们之间计算出插值或者图形，从而产生动画效果。

创建传统补间(动作补间动画)的制作流程一般是：先在一个关键帧中定义实例的大小、颜色、位置、透明度等参数，然后创建出另一个关键帧并修改这些参数，最后创建补间，让 Flash 自动生成过渡状态。

9.1.1　创建传统补间基础

创建传统补间动画(以前的版本为创建补间动画)又叫作中间帧动画、渐变动画，只要建立起始和结束的画面，中间部分由软件自动生成，省去了中间动画制作的复杂过程，这正是 Flash 的迷人之处，补间动画是 Flash 中最常用的动画效果。

利用传统补间方式可以制作出多种类型的动画效果，如位置移动、大小变化、旋转移动、逐渐消失等。只要熟练地掌握这些简单的动作补间效果，就能将它们相互组合制作出样式更加丰富、效果更加吸引人的复杂动画。

使用动作补间，需要具备以下两个前提条件。

- 起始关键帧与结束关键帧缺一不可。
- 应用于动作补间的对象必须具有元件或者群组的属性。

为时间轴设置了补间效果后，【属性】面板将有所变化，如图 9.1 所示。其中的部分选项及参数说明如下。

图 9.1　【属性】面板

- 缓动：应用于有速度变化的动画效果。当移动滑块在 0 值以上时，实现的是由快到慢的效果；当移动滑块在 0 值以下时，实现的是由慢到快的效果。
- 旋转：设置对象的旋转效果，包括【自动】、【顺时针】、【逆时针】和【无】4 项。
- 贴紧：使物体可以附着在引导线上。
- 同步：设置元件动画的同步性。
- 调整到路径：在路径动画效果中，使对象能够沿着引导线的路径移动。

● 缩放：应用于有大小变化的动画效果。

9.1.2 制作传统补间动画

下面以一个简单的动画介绍传统补间动画的制作，如图 9.2 所示。

图 9.2 最终效果

(1) 打开 Flash CC 软件，在打开的开始界面中选择 ActionScript 3.0 选项，然后单击【确定】按钮，在菜单栏中选择【文件】|【导入】|【导入到库】命令，如图 9.3 所示。

(2) 在弹出的【导入到库】对话框中选择随书附带光盘中的"CDROM\素材\Cha09\图片 01.jpg、图片 02.jpg"素材文件，如图 9.4 所示。

图 9.3 选择【导入到库】命令

图 9.4 【导入到库】对话框

(3) 单击【打开】按钮，即可将选择的素材文件导入到【库】面板中，如图 9.5 所示。

(4) 在【库】面板中选择"图片 01.jpg"素材文件，将其拖曳至舞台中央，然后打开【属性】面板，将【位置和大小】选项组下的 X、Y 值均设置为 0，并将大小设置为 550×400，如图 9.6 所示。

图 9.5 【库】面板

图 9.6 设置位置和大小

(5) 确定该素材文件处于被选择的状态下，按 F8 键，打开【转换为元件】对话框，将其命名为"图片 01"，【类型】设置为【图形】，如图 9.7 所示。

(6) 单击【确定】按钮，在第 80 帧位置按 F5 键插入帧，在第 20 帧位置按 F8 键插入关键帧，并将频率设置为 12，如图 9.8 所示。

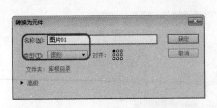

图 9.7　【转换为元件】对话框　　　　　　　　图 9.8　插入关键帧

(7) 在该图层的第 1 帧位置处插入关键帧，并将其 Alpha 值设置为 0%，如图 9.9 所示。

(8) 在第 1 帧与第 20 帧之间任意一帧位置单击鼠标右键，在弹出的快捷菜单中选择【创建传统补间】命令，如图 9.10 所示。

图 9.9　设置 Alpha 值　　　　　　　　图 9.10　选择【创建传统补间】命令

(9) 在第 75 帧位置处插入关键帧，将其 Alpha 值设置为 0%，并创建传统补间动画，完成后的时间轴动画如图 9.11 所示。

(10) 新建【图层 2】，在第 20 帧位置处插入关键帧，在看【库】面板中选择"图片 02"素材文件，并将其拖曳至舞台中，将其 X、Y 值均设置为 0，并将其转换为【图片 02】元件，如图 9.12 所示。

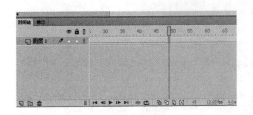

图 9.11　创建传统补间动画　　　　　　　　图 9.12　设置 X、Y 值

（11）在第 75 帧位置处插入关键帧，将元件的位置设置为-372、-322，然后在第 20 帧位置将其 Alpha 值设置为 0%，并为其创建传统补间动画，如图 9.13 所示。

（12）按 Ctrl+Enter 组合键测试影片，如图 9.14 所示。

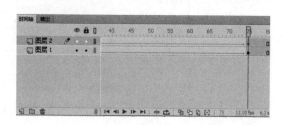

图 9.13　创建传统补间动画

图 9.14　测试影片

（13）测试完成后，将其关闭，然后在菜单栏中选择【文件】|【导出】|【导出影片】命令，如图 9.15 所示。

（14）在弹出的【导出影片】对话框中为其指定一个正确的存储路径，为其重命名，并将其格式设置为【SWF 影片(*.swf)】，如图 9.16 所示。最后单击【保存】按钮即可。

（15）保存完毕后，再将场景进行保存。

图 9.15　选择【导出影片】命令

图 9.16　保存路径

9.2　创建补间形状动画

形状补间和动作补间的主要区别在于形状补间不能应用到实例上，必须是被打散的形状图形之间才能产生形状补间。所谓形状图形，由无数个点堆积而成，而并非是一个整体。选中该对象时外部没有一个蓝色边框，而是会显示成掺杂白色小点的图形。通过形状补间可以实现将一幅图形变为另一幅图形的效果。

9.2.1　补间形状动画基础

当将某一帧设置为形状补间后，【属性】面板如图 9.17 所示。如果想取得一些特殊的效果，需要在【属性】面板中进行相应的设置。其中的部分选项及参数说明如下。

- 【缓动】：输入一个-100～100 的数，或者通过右边的滑块来调整。如果要慢慢地开始补间形状动画，并朝着动画的结束方向加速补间过程，可以向下拖动滑块或输入一个-1～-100 的负值。如果要快速地开始补间形状动画，并朝着动画的结束方向减速补间过程，可以向上拖动滑块或输入一个 1～100 的正值。默认情况下，补间帧之间的变化速率是不变的，通过调节此项可以调整变化速率，从而创建更加自然的变形效果。

图 9.17　【属性】面板

- 【混合】：【分布式】选项创建的动画，形状比较平滑和不规则；【角形】选项创建的动画，形状会保留明显的角和直线。【角形】只适合于具有锐化转角和直线的混合形状。如果选择的形状没有角，Flash 会还原到分布式补间形状。

要控制更加复杂的动画，可以使用变形提示。变形提示可以标识起始形状和结束形状中相对应的点。变形提示点用字母表示，这样可以方便地确定起始形状和结束形状，每次最多可以设定 26 个变形提示点。

提示：变形提示点在开始关键帧中是黄色的，在结束关键帧中是绿色的，如果不在曲线上则是红色的。

在创建形状补间时，如果完全由 Flash 自动完成创建动画的过程，那么很可能创建出的渐变效果是不很令人满意的。因此如果要控制更加复杂或罕见的形状变化，可以使用 Flash CS5 提供的形状提示功能。形状提示会标识起始形状和结束形状中的相对应的点。

例如，如果要制作一个动画，其过程是三叶草的三片叶子渐变为 3 棵三叶草。而 Flash 自动完成的动画是表达不出这一效果的。这时就可以使用形状渐变，使三叶草三片叶子上对应的点分别变成三棵草对应的点。

形状提示是用字母(从 a～z)标志起始形状和结束形状中的相对应的点，因此一个形状渐变动画中最多可以使用 26 个形状提示。在创建完形状补间动画后，执行【修改】|【形状】|【添加形状提示】菜单命令，为动画添加形状提示。

提示：在有棱角和曲线的地方，提示点会自动吸附上去。按在开始帧添加点的顺序为结束帧添加相同的点。

9.2.2　制作补间形状动画

下面介绍如何使用"创建补间形状"制作补间形状动画，如图 9.18 所示。

(1) 打开 Flash CC 软件，在打开的开始界面中选择 ActionScript 3.0 选项，单击【确定】按钮，新建空白文档即可。

(2) 在工具箱中选择【矩形工具】，设置笔触颜色为无，设置填充颜色为黑色，并将矩形对象进行分离，如图 9.19 所示。

(3) 在工具箱中选择【套索工具】 ，在场景中的黑色矩形内进行部分选取，并移动位置，按 Ctrl+C 组合键进行多次复制，如图 9.20 所示，将黑色的矩形删除。

图 9.18　最终效果　　　　　　图 9.19　绘制矩形　　　　　　图 9.20　运用套索工具

(4) 在【时间轴】面板中选择第 25 帧并右击，在弹出的快捷菜单中选择【插入空白关键帧】命令，插入空白关键帧，如图 9.21 所示。

(5) 在工具箱中选择【文本工具】 Ｔ，在场景中创建文本"梅"，选择文本，在【属性】面板中将【系列】设置为华文行楷，【大小】设置为 50 点，【颜色】设置为黑色，并按 Ctrl+B 组合键，将文本分离为图形，在舞台中调整文本图形的位置，如图 9.22 所示。

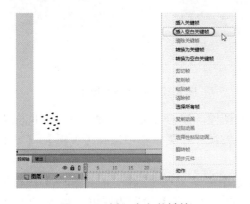

图 9.21　插入空白关键帧　　　　　　　　　　图 9.22　创建文本

(6) 在【时间轴】面板中选择第 1 帧并右击，在弹出的快捷菜单中选择【创建补间形状】命令，如图 9.23 所示。

(7) 在场景中选择【图层 1】的第 1 帧中的图像，按 Ctrl+C 组合键，在【时间轴】面板中新建【图层 2】，在第 25 帧处插入空白关键帧，在菜单栏中选择【编辑】|【粘贴到当前位置】命令，如图 9.24 所示。

(8) 在第 50 帧处插入空白关键帧，在场景中创建文本"花"，在【属性】面板中将【系列】设置为华文行楷，【大小】设置为 50 点，【颜色】设置为黑色，并按 Ctrl+B 组合键，将文本分离为图形，如图 9.25 所示。

(9) 在【图层 2】的第 25 帧处单击鼠标右键，在弹出的快捷菜单中选择【创建补间形状】命令。创建形状补间动画后如图 9.26 所示。

图 9.23 创建【创建补间形状】命令

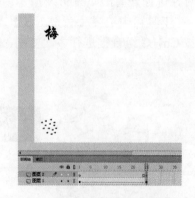

图 9.24 插入空白关键帧

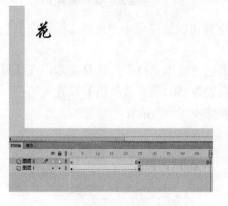

图 9.25 创建文本

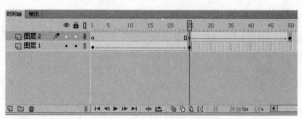

图 9.26 创建补间形状

(10) 在场景中选择【图层 1】的第 1 帧中的图像，按 Ctrl+C 组合键，在【时间轴】面板中新建【图层 3】，在第 50 帧处插入空白关键帧，在菜单栏中选择【编辑】|【粘贴到当前位置】命令，如图 9.27 所示。

(11) 在第 75 帧处插入空白关键帧，在场景中创建文本"三"，在【属性】面板中将【系列】设置为华文行楷，【大小】设置为 50 点，【颜色】设置为黑色，并按 Ctrl+B 组合键，将文本分离为图形，如图 9.28 所示。

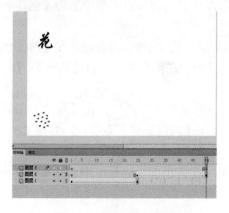

图 9.27 插入空白关键帧

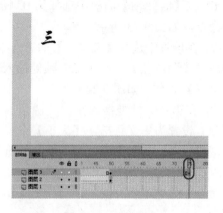

图 9.28 创建文本

(12) 在【图层 3】的第 50 帧处单击鼠标右键，在弹出的快捷菜单中选择【创建补间形状】命令，创建形状补间动画后如图 9.29 所示。

(13) 在场景中选择【图层 1】的第 1 帧中的图像，按 Ctrl+C 组合键，在【时间轴】面板中新建【图层 4】，在第 75 帧处插入空白关键帧，在菜单栏中选择【编辑】|【粘贴到当前位置】命令，如图 9.30 所示。

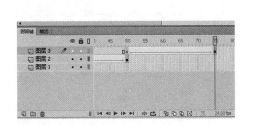

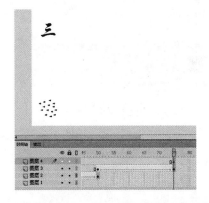

图 9.29　创建补间形状　　　　　　　图 9.30　插入空白关键帧

(14) 在第 100 帧处插入空白关键帧，在场景中创建文本"弄"，在【属性】面板中将【系列】设置为华文行楷，【大小】设置为 50 点，【颜色】设置为黑色，并按 Ctrl+B 组合键，将文本分离为图形，如图 9.31 所示。

(15) 在【图层 3】的第 75 帧处单击鼠标右键，在弹出的快捷菜单中选择【创建补间形状】命令，创建形状补间动画后如图 9.32 所示。

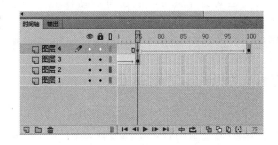

图 9.31　创建文本　　　　　　　　　图 9.32　创建补间形状

(16) 将四个图层的第 120 帧处插入帧，并将文字进行适当的移动，如图 9.33 所示。

(17) 新建【图层 5】，并放置在最下面，在菜单栏中选择【文件】|【导入】|【导入到舞台】命令，在弹出的【导入】对话框中选择随书附带光盘中的"CDROM\素材\Cha09\图片 03.jpg"素材文件，如图 9.34 所示。

(18) 在【属性】面板中将宽和高设置为 550×400，如图 9.35 所示。

(19) 按 Ctrl+Enter 组合键测试场景，保存场景并将动画输出，如图 9.36 所示。

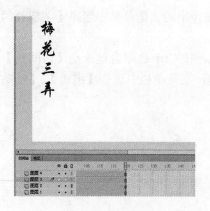

图 9.33　插入帧

图 9.34　导入素材

图 9.35　设置宽和高

图 9.36　测试场景

9.3　引导层动画

使用运动引导层可以创建特定路径的补间动画效果，实例、组或文本块均可沿着这些路径运动。在影片中也可以将多个图层链接到一个运动引导层，从而使多个对象沿同一条路径运动，链接到运动引导层的常规层相应地就成为引导层。

9.3.1　引导层动画基础

引导层在影片制作中起辅助作用，它可以分为普通引导层和运动引导层两种，下边介绍这两种引导层的功用。

1. 普通引导层

普通引导层以图标 表示，起到辅助静态对象定位的作用，它无须使用被引导层，可以单独使用。创建普通引导层的操作很简单，只需选中要作为引导层的那一层，右击鼠标，并在弹出的快捷菜单中选择【引导层】命令即可，如图 9.37 所示。

如果想将普通引导层改为普通图层，只需要再次在图

图 9.37　选择【引导层】命令

层上单击鼠标右键，从弹出的快捷菜单中选择【引导层】命令即可。引导层有着与普通图层相似的图层属性，因此，可以在普通引导层上进行前面介绍过的任何针对图层的操作，如锁定、隐藏等。

2. 运动引导层

在 Flash 中建立直线运动是件很容易的事情，但建立曲线运动或沿一条特定路径运动的动画却不是直接能够完成的，而需要运动引导层的帮助。在运动引导层的名称旁边有一个图标，表示当前图层的状态是运动引导，运动引导层总是与至少一个图层相关联(如果需要，它可以与任意多个图层相关联)，这些被关联的图层被称为被引导层。将层与运动引导层关联起来可以使被引导图层上的任意对象沿着运动引导层上的路径运动。创建运动引导层时，已被选择的层都会自动与该运动引导层建立关联。也可以在创建运动引导层之后，将其他任意多的标准层与运动层相关联或者取消它们之间的关联。任何被引导层的名称栏都将被嵌在运动引导层的名称栏下面，表明一种层次关系。

> 提示：　在默认情况下，任何一个新生成的运动引导层都会自动放置在用来创建该运动引导层的普通层的上面。用户可以像操作标准图层一样重新安排它的位置，不过所有同它连接的层都将随之移动，以保持它们之间的引导与被引导关系。

创建运动引导层的过程也很简单，选中被引导层，单击【添加运动引导层】按钮或右击鼠标并在弹出的快捷菜单中选择【添加传统运动引导层】命令即可，如图 9.38 所示。

运动引导层的默认命名规则为"引导层：被引导图层名"。建立运动引导层的同时也建立了两者之间的关联，从图 9.39 中【图层 4】的标签向内缩进可以看出两者之间的关系，具有缩进的图层为被引导层，上方无缩进的图层为运动引导层。如果在运动引导层上绘制一条路径，任何同该层建立关联的层上的过渡元件都将沿这条路径运动。以后可以将任意多的标准图层关联到运动引导层，这样，所有被关联的图层上的过渡元件都共享同一条运动路径。要使更多的图层同运动引导层建立关联，只需将其拖曳到引导层下即可。

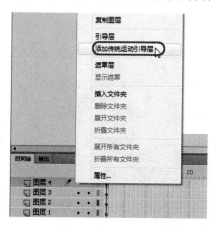

图 9.38　选择【添加传统运动引导层】命令

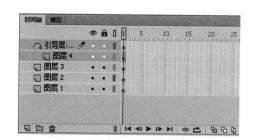

图 9.39　引导层：被引导图层名

9.3.2 制作引导层动画

本例主要介绍引导层动画的制作流程，完成后的效果如图 9.40 所示。

(1) 运行 Flash CC 软件，新建 ActionScript 3.0 文档，新建文档后按 Ctrl+R 组合键，在弹出的对话框中选择随书附带光盘中的"CDROM\素材\Cha09\制作引导层动画.psd"文件，单击【打开】按钮，在弹出的对话框中单击【确定】按钮，并在【属性】面板中将宽和高设置为 550×400，如图 9.41 所示。

图 9.40 最终效果

(2) 在时间轴上选择【图层 2】中的对象，按 F8 键，在弹出的【转换为元件】对话框中将其命名为"荷花"，设置【类型】为【图形】，单击【确定】按钮，如图 9.42 所示。

图 9.41 设置宽和高

图 9.42 转换为元件

(3) 按 Ctrl+F8 组合键，在弹出的【创建新元件】对话框的【名称】文本框中输入"引导层"，设置【类型】为【影片剪辑】，单击【确定】按钮，如图 9.43 所示。

(4) 在影片剪辑场景中，在【库】面板中为场景添加背景素材和"荷花"实例，调整荷花的位置，如图 9.44 所示。

图 9.43 【创建新元件】对话框

图 9.44 影片剪辑场景

(5) 在【时间轴】面板中，右击叶子所在的图层，在弹出的快捷菜单中选择【添加传统运动引导层】命令，如图 9.45 所示。

(6) 选择【引导层】的第 0 帧，在场景中叶子的位置使用【铅笔工具】✎绘制出路径，如图 9.46 所示。

图 9.45　选择【添加传统运动引导层】命令

图 9.46　使用铅笔工具绘制路径

（7）右击【引导层】的第 50 帧，在弹出的快捷菜单中选择【插入空白关键帧】命令，如图 9.47 所示。

（8）选择【图层 1】，将背景删除，并使叶子在 0 帧时位于路径的起始处，按 Ctrl+T 组合键，在【变形】面板中将宽和高分别设置为 40%，如图 9.48 所示。

图 9.47　插入空白关键帧

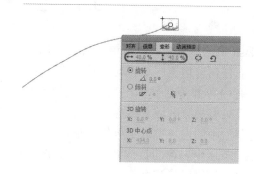

图 9.48　【变形】面板

（9）在其 50 帧处插入关键帧，并将叶子放置到路径的终点，按 Ctrl+T 组合键，在【变形】面板中将宽和高分别设置为 110%，如图 9.49 所示。

（10）右击【图层 1】的第 1 帧，在弹出的快捷菜单中选择【创建传统补间】命令，如图 9.50 所示。

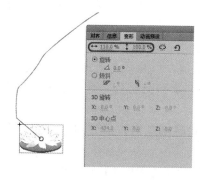

图 9.49　插入关键帧

图 9.50　选择【创建传统补间】命令

（11）分别将两个图层在 65 帧处插入帧即可，切换到【场景 1】，为场景舞台添加背景，并调整背景素材的位置，再为舞台添加"引导层"实例，调整实例在舞台中的位置，如图 9.51 所示。

(12) 按 Ctrl+Enter 组合键，测试场景文件，如图 9.52 所示。

(13) 将完成的场景存储，并输出动画。

图 9.51　调整对象位置　　　　　　　　　　图 9.52　测试场景

9.4　遮　罩　动　画

Flash 中的遮罩是和遮罩层紧密联系在一起的。在遮罩层中的任何填充区域都是完全透明的；而任何非填充区域都是不透明的。换句话说，遮罩层中如果什么也没有，被遮罩层中的所有内容都不会显示出来；如果遮罩层全部填满，被遮罩层的所有内容都能显示出来；如果只有部分区域有内容，那么只有在有内容的部分才会显示被遮罩层的内容。

遮罩层中的内容可以是包括图形、文字、实例、影片剪辑在内的各种对象，但是 Flash 会忽略遮罩层中内容的具体细节，只关心它们占据的位置。每个遮罩层可以有多个被遮罩层，这样我们可以将多个图层组织在一个遮罩层之下创建非常复杂的遮罩效果。

遮罩动画主要分为两大类：遮罩层在运动和被遮对象在运动。

9.4.1　遮罩层动画基础

要创建遮罩层，可以将遮罩放在作用的层上。与填充不同的是，遮罩就像个窗口，透过它可以看到位于其下面链接层的区域。除了显示的内容之外，其余的所有内容都会被隐藏起来。

就像运动引导层一样，遮罩层起初与一个单独的被遮罩层关联，被遮罩层位于遮罩层的下面。遮罩层也可以与任意多个被遮罩的图层关联，仅那些与遮罩层相关联的图层会受其影响，其他所有图层(包括组成遮罩的图层下面的那些图层及与遮罩层相关联的层)将显示出来。创建遮罩层的操作如下。

(1) 创建一个普通层——【图层 1】，并在此层绘制出可透过遮罩层显示的图形与文本。

(2) 新建一个图层——【图层 2】，将该图层移动到【图层 1】的上面。

(3) 在【图层 2】上创建一个填充区域和文本。

(4) 在该层上单击鼠标右键，从弹出的快捷菜单中选择【遮罩层】命令，这样就将

【图层 2】设置为遮罩层，而其下面的【图层 1】就变成了被遮罩层，此时的时间轴如图 9.53 所示。

图 9.53　遮罩层

9.4.2　制作遮罩层动画

本例将介绍遮罩层动画的制作，完成后的效果如图 9.54 所示。

(1) 打开 Flash CC 软件，在打开的开始界面中选择 ActionScript 3.0 选项，按 Ctrl+R 组合键，在弹出的对话框中选择随书附带光盘中的"CDROM\素材\Cha09\图片 04.jpg"素材文件，单击【打开】按钮，即可将选择的素材文件导入到舞台中，如图 9.55 所示。

图 9.54　最终效果

图 9.55　导入素材

(2) 选择【图层】面板，在第 100 帧位置处插入帧，然后新建一个图层，在工具箱中选择【椭圆工具】　，在舞台中创建一个小的椭圆，如图 9.56 所示。

(3) 在【图层 2】的第 5 帧位置处插入关键帧，在工具箱中选择【任意变形工具】　，在舞台中选择创建的椭圆，并拖曳椭圆的大小，如图 9.57 所示。

(4) 至合适大小后释放鼠标，在【图层 2】的第 1 帧至第 5 帧的任意一帧处单击鼠标右键，在弹出的快捷菜单中选择【创建补间形状】命令，如图 9.58 所示。

(5) 选择【图层 1】，在菜单栏中选择【编辑】|【复制】命令，如图 9.59 所示。

(6) 新建一个图层，在第 5 帧位置处插入关键帧，在菜单栏中选择【编辑】|【粘贴到当前位置】命令，并将该图层隐藏，如图 9.60 所示。

(7) 新建一个图层，在第 5 帧位置处插入关键帧，再次创建一个椭圆，如图 9.61 所示。

图 9.56　创建椭圆

图 9.57　调整椭圆的大小

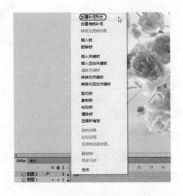

图 9.58　选择【创建补间形状】命令

图 9.59　选择【复制】命令

图 9.60　选择【粘贴到当前位置】命令

图 9.61　创建椭圆

(8) 在第 10 帧位置处插入关键帧，使用【任意变形工具】，使用鼠标进行拖曳至合适的大小后释放鼠标，如图 9.62 所示。

(9) 在第 5 帧与第 10 帧位置处插入补间形状动画。

(10) 使用同样的方法，设计师可根据自己的设计理念制作出其他的椭圆并创建补间形状动画，完成后的效果如图 9.63 所示。

(11) 在【图层】面板中选择【图层 2】，并单击鼠标右键，在弹出的快捷菜单中选择【遮罩层】命令，如图 9.64 所示。

(12) 使用同样的方法，创建其他图层的遮罩层，并显示隐藏的图层，完成后的效果如图 9.65 所示。

图 9.62　调整椭圆的大小

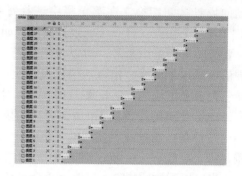

图 9.63　创建补间形状动画

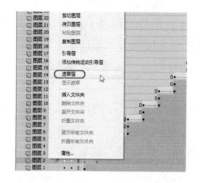

图 9.64　选择【遮罩层】命令

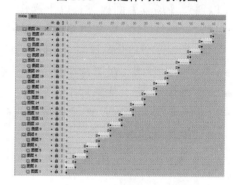

图 9.65　创建其他遮罩层

(13) 按 Ctrl+Enter 组合键测试场景文件，如图 9.66 所示。

(14) 在菜单栏中选择【文件】|【导出】|【导出影片】命令，在弹出的【导出影片】对话框中为其指定一个正确的存储路径，将其命名为"制作遮罩层动画"，并将其格式设置为【SWF 影片(*.swf)】格式，如图 9.67 所示。

(15) 单击【保存】按钮即可将其导出为影片。

图 9.66　测试场景

图 9.67　保存文件

9.5　动　画　场　景

使用【场景】面板可以处理和组织影片中的场景，创建、删除和重新组织场景，并在

不同的场景之间切换。在菜单栏中选择【窗口】|【其他面板】|【场景】命令，打开【场景】面板，如图 9.68 所示。

图 9.68　【场景】面板

要按照主题组织影片，可以使用场景。例如，可以使用单独的场景用于简介、出现的消息及片头、片尾字幕等。当发布包含多个场景的 Flash 影片时，影片中的场景将按照它们在 Flash 文档的【场景】面板中列出的顺序进行回放。影片中的帧都是按场景顺序编号的。例如，如果影片包含两个场景，每个场景有 10 帧，则场景 2 中的帧的编号为 11～20。用户可以添加、删除、复制、重命名场景和更改场景的顺序。

可以通过【场景】面板进行以下操作。

- 重置场景 ：先选中要复制的场景，单击 【直接复制场景】按钮后，将在影片中复制一个与此场景完全相同的新场景，新场景命名规则为"原场景名+拷贝"。
- 添加场景 ：在影片中建立一个新场景，命名规则为"场景+数字"。
- 删除场景 ：从影片中删除选中的场景。
- 更改场景的顺序：在【场景】面板中将场景名称拖动到不同的位置，可以更改影片中场景的顺序。
- 更改场景名称：在【场景】面板中双击场景名称，然后输入新名称。

9.6　上机练习——制作卷轴动画

通过使用形状补间动画、传统补间动画、创建遮罩层等内容来完成卷轴动画的制作，其效果如图 9.69 所示。

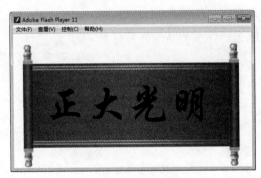

图 9.69　最终效果

(1) 启动 Flash CC 软件，在菜单栏中选择【文件】|【新建】命令，打开【新建文档】对话框，在【常规】选项卡中选择 ActionScript 3.0 选项，在右侧将【宽】、【高】分别设置为 550 像素和 300 像素，【标尺单位】为默认，将【帧频】设置为 10fps，如图 9.70 所示。

(2) 在菜单栏中选择【文件】|【导入】|【导入到库】命令，如图 9.71 所示。

(3) 在弹出的【导入到库】对话框中选择随书附带光盘中的"CDROM\素材\Cha09\轴.png、图片 05.png、图片 06.png"素材文件，如图 9.72 所示。

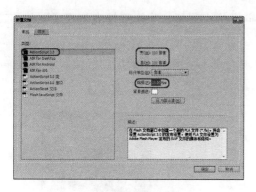

图 9.70　新建文档

图 9.71　选择【导入到库】命令

(4) 单击【打开】按钮，即可将选择的素材文件导入到库中，如图 9.73 所示。我们在使用这些素材的时候直接在库中打开即可。

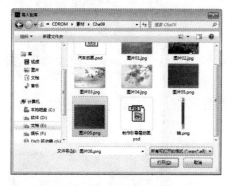

图 9.72　【导入到库】对话框

图 9.73　【库】面板

(5) 选择【图层 1】，并在库中选择"图片 05.png"素材文件，将其拖曳至舞台中央，调整至合适的位置，然后在第 116 帧位置处按 F6 键插入关键帧，如图 9.74 所示。

(6) 新建一个图层，在工具箱中选择【矩形工具】 ，将笔触颜色设置为无，在舞台中绘制一个矩形，在【属性】面板中将其【宽】设置为 1.0，如图 9.75 所示。

图 9.74　插入关键帧

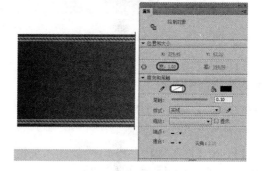

图 9.75　绘制矩形

(7) 在【图层 2】的第 40 帧位置处插入关键帧，在舞台中将矩形放大，在工具箱中选择【任意变形工具】 ，将矩形的中心点拖曳至矩形右侧的边框线上，然后将鼠标放置在矩形左侧的边框线上，当鼠标变成箭头时，向左拖曳鼠标，将矩形拖曳到将【图片 05】遮盖为止，如图 9.76 所示。

(8) 在第 1 帧与第 40 帧间的任意一帧上单击鼠标右键，在弹出的快捷菜单中选择【创建补间形状】命令，补间形状如图 9.77 所示。

图 9.76 拖曳矩形

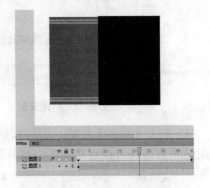

图 9.77 创建补间形状

(9) 选择【图层 2】，单击鼠标右键，在弹出的快捷菜单中选择【遮罩层】命令，如图 9.78 所示。

(10) 新建一个图层，在【库】面板中将"图片 06.png"素材文件拖曳至舞台中，并将其调整至合适的位置，如图 9.79 所示。

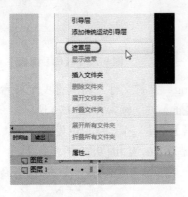

图 9.78 选择【遮罩层】命令

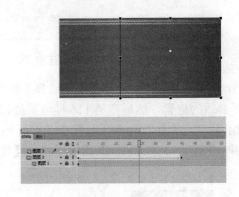

图 9.79 拖曳对象

(11) 新建图层，在【图层 2】的第 1 帧位置处单击，在菜单栏中选择【编辑】|【复制】命令，如图 9.80 所示。

(12) 在【图层 4】的第 1 帧位置处单击，在菜单栏中选择【编辑】|【粘贴到当前位置】命令，如图 9.81 所示。

(13) 在【图层 4】的第 40 帧处插入关键帧，运用【任意变形工具】，将矩形的中心点拖曳至矩形左侧的边框线上，然后将鼠标放置在矩形右侧的边框线上，当鼠标变成箭头时，向右拖曳鼠标，将矩形拖曳到"图片 06"遮盖为止，如图 9.82 所示。

(14) 使用同样的方法为【图层 4】添加【形状补间动画】命令，并将其转换为遮罩层，将所有的图层解锁，完成后的效果如图 9.83 所示。

图 9.80　选择【复制】命令　　　　　　图 9.81　选择【粘贴到当前位置】命令

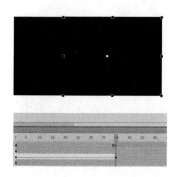

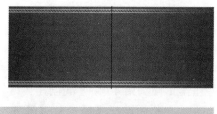

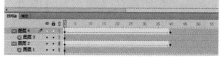

图 9.82　运用【任意变形工具】　　　　　　图 9.83　遮罩层

（15）新建一个图层，在【库】面板中选择"轴.png"素材文件，将其拖曳至舞台中，调整至舞台的中央位置，确定该图像处于被选择的状态下，打开【属性】面板，取消长宽比的锁定，将其【宽】、【高】设置为 23×273 像素，如图 9.84 所示。

（16）确认图层对象处于被选择的状态下，按 F8 键，打开【转换为元件】对话框，在【名称】中输入"元件 1"，将其【类型】设置为【图形】，如图 9.85 所示。

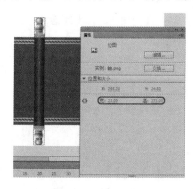

图 9.84　设置宽和高　　　　　　　　图 9.85　【转换为元件】对话框

（17）单击【确定】按钮，在【图层 5】的第 40 帧位置处单击插入关键帧，将其调整至舞台的左侧，在该层的第 1 帧与第 40 帧之间的任意一帧上单击鼠标右键，在弹出的快捷菜单中选择【创建传统补间】命令，如图 9.86 所示。

(18) 创建新图层，选择【图层 5】中的第一帧，在菜单栏中选择【编辑】|【复制】命令，单击【图层 6】的第 1 帧，在菜单栏中选择【编辑】|【粘贴到当前位置】命令，如图 9.87 所示。

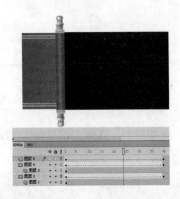
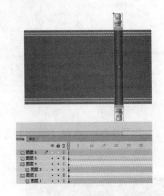

图 9.86　创建传统补间　　　　　　　　图 9.87　粘贴到当前位置

(19) 在【图层 6】中的第 40 帧处插入关键帧，以上面同样的方法调整，将对象移动到左侧，并在第 1 帧到第 40 帧之间创建传统补间，如图 9.88 所示。

(20) 在菜单栏中选择【插入】|【新建元件】命令，在打开的【创建新元件】对话框中将【名称】设置为"文字"，将其【类型】设置为【影片剪辑】，如图 9.89 所示。

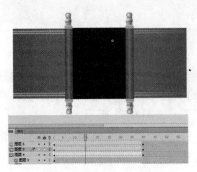

图 9.88　创建传统补间　　　　　　　　图 9.89　【创建新元件】对话框

(21) 单击【确定】按钮，即可创建一个空白的影片剪辑元件，在菜单栏中选择【文本工具】⬚，打开【属性】面板，将【系列】设置为【华文行楷】，将【大小】设置为96.0，设置完成后，在舞台中单击并输入文字"正大光明"，如图 9.90 所示。

(22) 按两次 Ctrl+B 组合键将其文字打散，然后在第 76 帧位置处插入关键帧，然后选择图层的第 1 帧，按 Shift 键的同时选择第 76 帧，然后单击鼠标右键，在弹出的快捷菜单中选择【转换为关键帧】命令，如图 9.91 所示。

(23) 在第 1 帧位置处单击，在工具箱中选择【橡皮擦工具】⬚，在舞台中将多余的文字擦除，使用同样的方法，按着文字笔画的顺序将其他的笔画一一擦除，如图 9.92 所示。

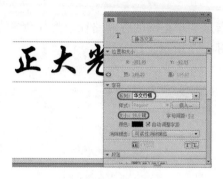

图 9.90　输入文字　　　　　　　　　　　图 9.91　转换为关键帧

(24) 新建【图层 2】，在第 76 帧位置处插入关键帧，单击鼠标右键，在弹出的快捷菜单中选择【动作】命令，在打开的【动作】面板中输入代码"stop();"，如图 9.93 所示。

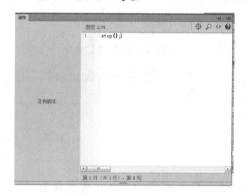

图 9.92　设置文字　　　　　　　　　　　图 9.93　【动作】面板

(25) 将【动作】面板关闭，然后回到【场景 1】，选择【图层 6】，新建一个图层，在第 40 帧位置处插入关键帧，在【库】面板中将创建的影片剪辑拖曳至舞台中并将其调整至合适的位置，如图 9.94 所示。

(26) 设置完成后，新建一个图层，在第 116 帧位置处插入关键帧，按 F9 键，打开【动作】面板，输入代码"stop();"，设置完成后将其面板关闭，如图 9.95 所示。

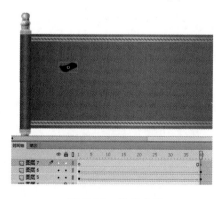

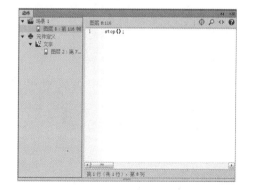

图 9.94　拖曳文字　　　　　　　　　　　图 9.95　【动作】面板

(27) 至此，卷轴动画的制作就完成了，在菜单栏中选择【文件】|【导出】|【导出影

片】命令，如图 9.96 所示。

(28) 在弹出的【导出影片】对话框中为其指定一个正确的存储路径，将其命名为"卷轴动画"，其格式为【SWF 影片(*.swf)】，如图 9.97 所示。

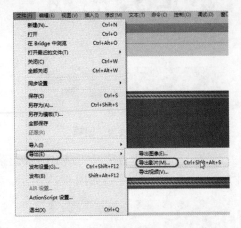 

图 9.96　选择【导出影片】命令　　　　图 9.97　【导出影片】对话框

(29) 单击【导出】按钮，即可将其导出影片。在菜单栏中选择【文件】|【另存为】命令即可。

9.7　习　　题

1. 创建传统补间动画中，需要具备哪两个前提条件？
2. 引导层在影片制作中起辅助作用，它可以分为哪两种？
3. 如何创建遮罩层？

第 10 章　ActionScript 基础与基本语句

本章主要是使我们熟悉 Flash 的编程环境，对媒体常用的控制命令进行熟悉，以动画中的关键帧、按钮和影片剪辑作为对象，使用动作选项对 ActionScript 脚本语言进行定义和编写。

10.1　ActionScript 的概念

ActionScript(动作脚本)是一种专用的 Flash 程序语言，是 Flash 的一个重要组成部分，它的出现给设计和开发人员带来了很大的便利。通过使用 ActionScript 脚本编程，可以实现根据运行时间和加载数据等事件来控制 Flash 文档播放的效果；还有，为 Flash 文档添加交互性，使之能够响应按键、单击等用户操作；还可以将内置对象(如按钮对象)与内置的相关方法、属性和事件结合使用；并且允许用户创建自定义类和对象；创建更加短小精悍的应用程序(相对于使用用户界面工具创建的应用程序)，所有这些都可以通过可重复利用的脚本代码来完成。并且，ActionScript 是一种面向对象的脚本语言，可用于控制 Flash 内容的播放方式。因此，在使用 ActionScript 的时候，只要有一个清晰的思路，通过简单的 ActionScript 代码语言的组合，就可以实现很多相当精彩的动画效果。

ActionScript 是 Flash 的脚本撰写语言，使用户可以向影片添加交互性。动作脚本提供了一些元素，如动作、运算符及对象，可将这些元素组织到脚本中，指示影片要执行什么操作；用户可以对影片进行设置，从而使单击按钮和按下键盘按键之类的事件可触发这些脚本。例如，可用动作脚本为影片创建导航按钮等。

在 ActionScript 中，所谓面向对象，就是指将所有同类物品的相关信息组织起来，放在一个被称作类(Class)的集合中，这些相关信息被称为属性(Property)和方法(Method)，然后为这个类创建对象(Object)。这样，这个对象就拥有了它所属类的所有属性和方法。

Flash 中的对象不仅可以是一般自定义的用来装载各种数据的类及 Flash 自带的一系列对象，还可以是每一个定义在场景中的电影剪辑，对象 MC 是属于 Flash 预定义的一个名叫"电影剪辑"的类。这个预定义的类有_totalframe、_height、_visible 等一系列属性，同时也有 gotoAndPlay()、nestframe()、geturl()等方法，所以每一个单独的 MC 对象也拥有这些属性和方法。

在 Flash 中可以自己创建类，也可使用 Flash 预定义的类，下面来看看怎样在 Flash 中创建一个类。要创建一个类，必须事先定义一个特殊函数——构造函数(Constructor Function)，所有 Flash 预定义的对象都有一个自己的构建好的构造函数。

现在假设已经定义了一个叫作 car 的类，这个类有两个属性，一个是 distance，描述行走的距离；一个是 time，描述行走的时间。有一个 speed 方法用来计算 car 的速度。可以这样定义这个类：

```
function car(t,d){
    this.time=t;
```

```
    this.distance=d;
}
function cspeed()
{
    return(this.time/this.distance);
}
car.prototype.speed=cspeed;
```

然后可以给这个类创建两个对象：

```
car1=new car(10,2);
car2=new car(10,4);
```

这样 car1 和 car2 就有了 time、distance 的属性并且被赋值，同时也拥有了 speed 方法。

对象和方法之间可以相互传输信息，其实现的方法是借助函数参数。例如，上面的 car 这个类，可以给它创建一个名叫 collision 的函数用于设置 car1 和 car2 的距离。collision 有一个参数 who 和另一个参数 far，下面的例子表示设置 car1 和 car2 的距离为 100 像素：

```
car1.collision(car2, 100)
```

在 Flash 面向对象的脚本程序中，对象是可以按一定顺序继承的。所谓继承，就是指一个类从另一个类中获得属性和方法。简单地说，就是在一个类的下级创建另一个类，这个类拥有与上一个类相同的属性和方法。传递属性和参数的类称为父类(superclass)，继承的类称为子类(subclass)，用这种特性可以扩充已定义好的类。

10.2　Flash CC 的编程环境

ActionScript 是针对 Flash 的编程语言，它在 Flash 内容和应用程序中体现了交互性、数据管理以及其他许多功能。

【动作】面板是 ActionScript 编程中所必需的，它是专门用来进行 ActionScript 编写工作的。

在【动作】面板中有两种模式选择：普通模式和脚本助手模式。在脚本助手模式下，通过填充参数文本框来撰写动作。在普通模式下，可以直接在脚本窗口中撰写和编辑动作，这和用文本编辑器撰写脚本很相似。

1．动作工具箱

浏览 ActionScript 语言元素(函数、类、类型等)的分类列表，然后将其插入到脚本窗格中。要将脚本元素插入到脚本窗格中，可以双击该元素，或直接将它拖动到脚本窗格中。

2．工具栏

在"脚本助手"未启用的情况下，【动作】面板上方的工具栏中的按钮如图 10.1 所示，其各按钮说明如下。

图 10.1 【动作】面板工具栏

- 【查找】：单击该按钮可以打开【查找】选项栏，如图 10.2 所示。在【查找内容】文本框中输入要查找的名称，单击【下一个】按钮或者【上一个】按钮即可；单击【查找】或【查找和替换】按钮，在【替换为】栏中输入要"替换为"的内容，然后单击右侧的【替换】按钮或【全部替换】按钮即可，单击【高级】按钮，即可弹出【查找和替换】对话框，如图 10.3 所示。

图 10.2 【查找】选项栏

图 10.3 【查找和替换】对话框

- 【插入实例路径和名称】：该动作的名称和地址被指定以后，才能用它来控制一个影片剪辑或者下载一个动画，这个名称和地址就被称为目标路径。单击该按钮，可打开【插入目标路径】对话框，如图 10.4 所示。
- 【代码片段】：单击【代码片段】按钮，即可打开【代码片段】对话框，如图 10.5 所示。
- 【帮助】：由于动作语言太多，不管是初学者或是资深的动画制作人员都会有忘记代码功能的时候，因此，Flash CC 专门为此提供了帮助工具，帮助用户在开发过程中避免麻烦。

3. 动作脚本编辑窗口

AtionScript 编辑器中为创建脚本提供了必要的工具，该编辑器中包括代码的语法格式设置和检查、代码提示、代码着色、调试及其他一些简化脚本创建的功能。"脚本助手"将提示输入脚本的元素，有助于更轻松地向 Flash SWF 文件或应用程序中添加简单的交互性。对于那些不喜欢编写自己的脚本，或者喜欢工具所提供的简便性的用户来说，脚本助手模式是理想的选择。

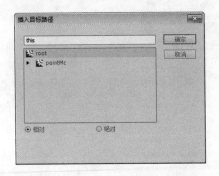

图 10.4 【插入目标路径】对话框

图 10.5 【代码片段】对话框

10.3 数 据 类 型

数据类型描述了一个变量或者元素能够存放何种类型的数据信息。Flash 的数据类型分为基本数据类型和指示数据类型，基本数据类型包括对象(Object)和电影剪辑(MC)。基本数据类型可以实实在在地被赋予一个不变的数值，而指示数据类型则是一些指针的集合，由它们指向真正的变量。下面将介绍 Flash 中的数据类型。

10.3.1 字符串数据类型

字符串是诸如字母、数字和标点符号等字符的序列。将字符串放在单引号或双引号之间，可以在动作脚本语句中输入它们。字符串被当作字符，而不是变量进行处理。例如，在下面的语句中，L7 是一个字符串。

```
favoriteBand = "L7";
```

可以使用加法(+)运算符连接或合并两个字符串。动作脚本将字符串前面或后面的空格作为该字符串的文本部分。下面的表达式在逗号后包含一个空格。

```
greeting = "Welcome, " + firstName;
```

虽然动作脚本在引用变量、实例名称和帧标签时不区分大小写，但是文本字符串是区分大小写的。例如，下面的两个语句会在指定的文本字段变量中放置不同的文本，这是因为 Hello 和 HELLO 是文本字符串。

```
invoice.display = "Hello";
invoice.display = "HELLO";
```

要在字符串中包含引号，可以在它的前面放置一个反斜杠字符(\)，此字符称为转义字符。在动作脚本中，还有一些必须用特殊的转义序列才能表示的字符。

10.3.2 数字数据类型

数字类型是很常见的类型，其中包含的都是数字。在 Flash 中，所有的数字类型都是双精度浮点类，可以用数学运算来得到或者修改这种类型的变量，如+、-、*、/、%等。Flash 提供了一个数学函数库，其中有很多有用的数学函数，这些函数都放在 Math 这个

Object 里面，可以被调用。例如：

```
result=Math.sqrt(100);
```

在这里调用的是一个求平方根的函数，先求出 100 的平方根，然后赋值给 result 这个变量，这样 result 就是一个数字变量了。

10.3.3　布尔值数据类型

布尔值是 true 或 false 中的一个。动作脚本也会在需要时将值 true 和 false 转换为 1 或 0。布尔值通过进行比较来控制脚本流的动作脚本语句，经常与逻辑运算符一起使用。例如，在下面的脚本中，如果变量 password 为 true，则会播放影片。

```
onClipEvent(enterFrame)
{
    if(userName == true && password == true)
    {
        play();
    }
}
```

10.3.4　对象数据类型

对象是属性的集合，每个属性都有名称和值。属性的值可以是任何的 Flash 数据类型，甚至可以是对象数据类型。这使得用户可以将对象相互包含，或"嵌套"它们。要指定对象和它们的属性，可以使用点(.)运算符。例如，在下面的代码中，hoursWorked 是 weeklyStats 的属性，而后者是 employee 的属性。

```
employee.weeklyStats.hoursWorked
```

可以使用内置动作脚本对象访问和处理特定种类的信息。例如，Math 对象具有一些方法，这些方法可以对传递给它们的数字执行数学运算。此示例使用 sqrt 方法。

```
squareRoot = Math.sqrt(100);
```

动作脚本 MovieClip 对象具有一些方法，可以使用这些方法控制舞台上的电影剪辑元件实例。此示例使用 play 和 nextFrame 方法。

```
mcInstanceName.play();
mcInstanceName.nextFrame();
```

也可以创建自己的对象来组织影片中的信息。要使用动作脚本向影片添加交互操作，需要许多不同的信息。例如，可能需要用户的姓名、球的速度、购物车中的项目名称、加载的帧的数量、用户的邮编或上次按下的键。创建对象可以将信息分组，简化脚本撰写过程，并且能重新使用脚本。

10.3.5　电影剪辑数据类型

其实这个类型是对象类型中的一种，但是因为它在 Flash 中处于极其重要的地位，而且使用频率很高，所以在这里特别加以介绍。在整个 Flash 中，只有 MC 真正指向了场景中的一个电影剪辑。通过这个对象和它的方法及对其属性的操作，就可以控制动画的播放和 MC 状态，也就是说，可以用脚本程序来书写和控制动画。例如：

```
onClipEvent(mouseUp)
{
    myMC.prevFrame();
}
//松开鼠标左键时，电影片段 myMC 就会跳到前一帧
```

10.3.6 空值数据类型

空值数据类型只有一个值，即 null。此值意味着"没有值"，即缺少数据。null 值可以用于各种情况，下面是一些示例。

- 表明变量还没有接收到值。
- 表明变量不再包含值。
- 作为函数的返回值，表明函数没有可以返回的值。
- 作为函数的一个参数，表明省略了一个参数。

10.4 变　　量

与其他编程语言一样，Flash 脚本中对变量也有一定的要求。不妨将变量看成是一个容器，可以在里面装各种各样的数据。在播放电影的时候，通过这些数据就可以进行判断、记录和存储信息等。

10.4.1 变量的命名

变量的命名主要遵循以下 3 条规则。

- 变量必须是以字母或者下划线开头，其中可以包括\$、数字、字母或者下划线。如 _myMC、e3game、worl\$dcup 都是有效的变量名，但是!go、2cup、\$food 就不是有效的变量名了。
- 变量不能与关键字同名(注意 Flash 是不区分大小写的)，并且不能是 true 或者 false。
- 变量在自己的有效区域中必须唯一

10.4.2 变量的声明

全局变量的声明可以使用 set variables 动作或赋值操作符，这两种方法可以达到同样的目的；局部变量的声明则可以在函数体内部使用 var 语句来实现，局部变量的作用域被限定在所处的代码块中，并在块结束处终结。没有在块的内部被声明的局部变量将在它们的脚本结束处终结。

10.4.3 变量的赋值

在 Flash 中，不强迫定义变量的数据类型，也就是说，当把一个数据赋给一个变量

时，这个变量的数据类型就确定下来了。例如：

```
s=100;
```

将 100 赋给了 s 这个变量，那么 Flash 就认定 s 是 Number 类型的变量。如果在后面的程序中出现了如下语句：

```
s="this is a string"
```

那么从现在开始，s 的变量类型就变成了 String 类型，这其中并不需要进行类型转换。而如果声明一个变量，又没有被赋值的话，这个变量不属于任何类型，在 Flash 中称其为未定义类型 Undefined。

在脚本编写过程中，Flash 会自动将一种类型的数据转换成另一种类型。例如：

```
"this is the"+7+"day"
```

上面这个语句中有一个"7"是属于 Number 类型的，但是前后用运算符号"+"连接的都是 String 类型，这时 Flash 应把"7"自动转换成字符，也就是说，这个语句的值是"this is the 7 day"。原因是使用了"+"操作符，而"+"操作符在用于字符串变量时，其左右两边的内容都是字符串类型，这时候 Flash 就会自动做出转换。

这种自动转换在一定程度上可以省去编写程序时的不少麻烦，但是也会给程序带来不稳定因素。因为这种操作是自动执行的，有时候可能就会对一个变量在执行中的类型变化感到疑惑，到底这个时候那个变量是什么类型的变量呢？

Flash 提供了一个 trace()函数进行变量跟踪，可以使用这个语句得到变量的类型。使用形式如下：

```
trace(typeof(variable Name));
```

这样就可以在输出窗口中看到需要确定的变量的类型。

同时读者也可以自己手动转换变量的类型，使用 number 和 string 两个函数就可以把一个变量的类型在 Number 和 String 之间切换，例如：

```
s="123";
number(s);
```

这样，就把 s 的值转换成了 Number 类型，它的值是 123。同理，String 也是一样的用法：

```
q=123;
string(q);
```

这样，就把 q 转换成为 String 型变量，它的值是 123。

10.4.4　变量的作用域

变量的"范围"是指一个区域，在该区域内变量是已知的并且是可以引用的。在动作脚本中有以下 3 种类型的变量范围。

● 本地变量：是在它们自己的代码块(由大括号界定)中可用的变量。
● 时间轴变量：是可以用于任何时间轴的变量，条件是使用目标路径。
● 全局变量：是可以用于任何时间轴的变量(即使不使用目标路径)。

可以使用 var 语句在脚本内声明一个本地变量。例如，变量 i 和 j 经常用作循环计数器。在下面的示例中，i 用作本地变量，它只存在于函数 makeDays 的内部。

```
function makeDays()
{
    var i;
     for( i = 0; i < monthArray[month]; i++ )
      {
           _root.Days.attachMovie( "DayDisplay", i, i + 2000 );
           _root.Days[i].num = i + 1;
           _root.Days[i]._x = column * _root.Days[i]._width;
           _root.Days[i]._y = row * _root.Days[i]._height;
           column = column + 1;
           if(column == 7 )
           {
               column = 0;
               row = row + 1;
           }
      }
}
```

本地变量也可防止出现名称冲突，名称冲突会导致影片出现错误。例如，如果使用 name 作为本地变量，可以用它在一个环境中存储用户名，而在其他环境中存储电影剪辑实例，因为这些变量是在不同的范围中运行的，它们不会有冲突。

在函数体中使用本地变量是一个很好的习惯，这样该函数可以充当独立的代码。本地变量只有在它自己的代码块中是可更改的。如果函数中的表达式使用全局变量，则在该函数以外也可以更改它的值，这样也更改了该函数。

10.4.5　变量的使用

要想在脚本中使用变量，首先必须在脚本中声明这个变量，如果使用了未作声明的变量，则会出现错误。

另外，还可以在一个脚本中多次改变变量的值。变量包含的数据类型将对变量何时以及怎样改变产生影响。原始的数据类型，如字符串和数字等，将以值的方式进行传递，也就是说变量的实际内容将被传递给变量。

例如，变量 ting 包含一个基本数据类型的数字 4，因此这个实际的值数字 4 被传递给了函数 sqr，返回值为 16：

```
function sqr(x)
{
  return x*x;
}
var ting=4;
var out=sqr(ting);
```

其中，变量 ting 中的值仍然是 4，并没有改变。

又例如，在下面的程序中，x 的值被设置为 1，然后这个值被赋给 y，随后 x 的值被重新改变为 10，但此时 y 仍然是 1，因为 y 并不跟踪 x 的值，它在此只是存储 x 曾经传递给它的值：

```
var x=1;
var y=x;
```

```
var x=10;
```

10.5　运　算　符

运算符其实就是一个选定的字符，使用它们可以连接、比较、修改已定义的变更。下面讨论一些常见的运算符

10.5.1　数值运算符

数值运算符可以执行加法、减法、乘法、除法运算，也可以执行其他算术运算。增量运算符最常见的用法是 i++，而不是比较烦琐的 i = i+1，可以在操作数前面或后面使用增量运算符。在下面的示例中，age 首先递增，然后再与数字 30 进行比较。

```
if(++age >= 30)
```

下面的示例 age 在执行比较之后递增。

```
if(age++ >= 30)
```

表 10.1 中，列出了动作脚本数值运算符。

表 10.1　数值运算符

运　算　符	执行的运算
+	加法
*	乘法
/	除法
%	求模(除后的余数)
−	减法
++	递增
−−	递减

10.5.2　比较运算符

比较运算符用于比较表达式的值，然后返回一个布尔值(true 或 false)。这些运算符常用于循环语句和条件语句中。在下面的示例中，如果变量 score 为 100，则载入 winner 影片，否则，载入 loser 影片。

```
if(score > 100)
{
    loadMovieNum("winner.swf", 5);
} else
{
        loadMovieNum("loser.swf", 5);
}
```

表 10.2 中，列出了动作脚本比较运算符。

表 10.2　比较运算符

运　算　符	执行的运算
<	小于
>	大于
<=	小于或等于
>=	大于或等于

10.5.3　逻辑运算符

逻辑运算符用于比较布尔值(true 和 false)，然后返回第 3 个布尔值。例如，如果两个操作数都为 true，则逻辑"与"运算符(&&)将返回 true。如果其中一个或两个操作数为 true，则逻辑"或"运算符(||)将返回 true。逻辑运算符通常与比较运算符配合使用，以确定 if 动作的条件。例如，在下面的脚本中，如果两个表达式都为 true，则会执行 if 动作。

```
if(i > 10 && _framesloaded > 50)
{
    play();
}
```

表 10.3 中，列出了动作脚本逻辑运算符。

表 10.3　逻辑运算符

运　算　符	执行的运算
&&	逻辑"与"
||	逻辑"或"
!	逻辑"非"

10.5.4　赋值运算符

可以使用赋值运算符(=)给变量指定值，例如：

```
password = "Sk8tEr"
```

还可以使用赋值运算符在一个表达式中给多个参数赋值。在下面的语句中，a 的值会被赋予变量 b、c 和 d。

```
a = b = c = d
```

也可以使用复合赋值运算符联合多个运算。复合赋值运算符可以对两个操作数都进行运算，然后将新值赋予第 1 个操作数。例如，下面两条语句是等效的：

```
x += 15;
x = x + 15;
```

赋值运算符也可以用在表达式的中间，如下所示：

```
// 如果 flavor 不等于 vanilla，输出信息
```

```
if((flavor = getIceCreamFlavor())!= "vanilla")
{
        trace("Flavor was " + flavor + ", not vanilla.");
}
```

此代码与下面的稍显烦琐的代码是等效的：

```
flavor = getIceCreamFlavor();
if(flavor != "vanilla")
{
        trace("Flavor was " + flavor + ", not vanilla.");
}
```

表 10.4 中列出了动作脚本赋值运算符。

表 10.4　赋值运算符

运　算　符	执行的运算
=	赋值
+=	相加并赋值
-=	相减并赋值
*=	相乘并赋值
%=	求模并赋值
/=	相除并赋值
<<=	按位左移位并赋值
>>=	按位右移位并赋值
>>>=	右移位填零并赋值
^=	按位"异或"并赋值
|=	按位"或"并赋值
&=	按位"与"并赋值

10.5.5　运算符的优先级和结合性

当两个或两个以上的操作符在同一个表达式中被使用时，一些操作符与其他操作符相比具有更高的优先级。例如，带"*"的运算要在"+"运算之前执行，因为乘法运算优先级高于加法运算。ActionScript 就是严格遵循这个优先等级来决定先执行哪个操作，后执行哪个操作的。

例如，在下面的程序中，括号里面的内容先执行，结果是 12：

```
number=(10-4)*2;
```

而在下面的程序中，先执行乘法运算，结果是 2：

```
number=10-4*2;
```

如果两个或两个以上的操作符拥有同样的优先级时，此时决定它们执行顺序的就是操作符的结合性了，结合性可以从左到右，也可以是从右到左。

例如，乘法操作符的结合性是从左向右，所以下面的两条语句是等价的：

```
number=3*4*5;
number=(3*4)*5
```

10.6　ActionScript 语法

ActionScript 语法是 ActionScript 编程的重要一环，对语法有了充分的了解才能在编程中游刃有余，不至于出现一些莫名其妙的错误。ActionScript 的语法相对于其他的一些专业程序语言来说较为简单。

10.6.1　点语法

如果读者有 C 语言的编程经历，可能对"."不会陌生，它用于指向一个对象的某一个属性或方法，在 Flash 中同样也沿用了这种使用惯例，只不过在这里它的具体对象大多数情况下是 Flash 中的 MC，也就是说，这个点指向了每个 MC 所拥有的属性和方法。

例如，有一个 MC 的 Instance Name 是 desk，_x 和_y 表示这个 MC 在主场景中的 x 坐标和 y 坐标。可以用如下语句得到它的 x 位置和 y 位置：

```
trace(desk._x);
trace(desk._y);
```

这样，就可以在输出窗口中看到这个 MC 的位置了，也就是说，desk._x、desk._y 就指明了 desk 这个 MC 在主场景中的 x 位置和 y 位置。

再来看一个例子，假设有一个 MC 的实例名为 cup，在 cup 这个 MC 中定义了一个变量 height，那么可以通过如下的代码访问 height 变量并对它赋值。

```
cup.height=100;
```

如果这个叫 cup 的 MC 又是放在一个叫作 tools 的 MC 中，那么，可以使用如下代码对 cup 的 height 变量进行访问：

```
tools.cup.height=100;
```

对于方法(Method)的调用也是一样的，下面的代码调用了 cup 这个 MC 的一个内置函数 play：

```
cup.play();
```

这里有两个特殊的表达方式，一个是_root.，一个是_parent.。

_root.：表示主场景的绝对路径，也就是说，_root.play()表示开始播放主场景，_root.count 表示在主场景中的变量 count。

_parent.：表示父场景，也就是上一级的 MC，就如前面那个 cup 的例子，如果在 cup 这个 MC 中写入 parent.stop()，表示停止播放 tools 这个 MC。

10.6.2　斜杠语法

在 Flash 的早期版本中，"/"被用来表示路径，通常与"："搭配用来表示一个 MC

的属性和方法。Flash 仍然支持这种表达，但是它已经不是标准的语法了，例如下面的代码完全可以用"."来表达，而且"."更符合习惯，也更科学。所以建议用户在今后的编程中尽量少用或不用"/"表达方式。例如：

```
myMovieClip/childMovieClip: myVariable
```

可以替换为如下代码：

```
myMovieClip.childMovieClip.myVariable
```

10.6.3　界定符

在 Flash 中，很多语法规则都沿用了 C 语言的规范，最典型的就是"｛｝"语法。在 Flash 和 C 语言中，都是用"｛｝"把程序分成一个一个的模块，可以把括号中的代码看作一句表达。而"()"则多用来放置参数，如果括号里面是空的，就表示没有任何参数传递。

1. 大括号

ActionScript 的程序语句被一对大括号"｛｝"结合在一起，形成一个语句块，如下面的语句：

```
onClipEvent(load)
{
    top=_y;
    left=_x;
    right=_x;
    bottom=_y+100;
}
```

2. 括号

括号用于定义函数中的相关参数，例如：

```
function Line(x1,y1,x2,y2){…}
```

另外，还可以通过使用括号来改变 ActionScript 操作符的优先级顺序，对一个表达式求值，以及提高脚本程序的可读性。

3. 分号

在 ActionScript 中，任何一条语句都是以分号来结束的，但是即使省略了作为语句结束标志的分号，Flash 同样可以成功地编译这个脚本。

例如，下列两条语句有一条采用分号作为结束标记，另一条则没有，但它们都可以由 Flash CS3 编译。

```
html=true;
html=true
```

10.6.4　关键字

ActionScript 中的关键字是在 ActionScript 程序语言中有特殊含义的保留字符，如表 10.5 所示，不能将它们作为函数名、变量名或标号名来使用。

表 10.5 关键字

关 键 字	关 键 字	关 键 字	关 键 字
break	continue	delete	else
for	function	if	in
new	return	this	typeof
var	void	while	with

10.6.5 注释

可以使用注释语句对程序添加注释信息，这有利于帮助设计者或程序阅读者理解这些程序代码的意义，例如：

```
function Line(x1,y1,x2,y2){…}
//定义Line函数
```

在动作编辑区，注释在窗口中以灰色显示。

10.7 基 本 语 句

与其他高级语言相似，ActionScript 的控制语句也可以分为条件语句和循环语句两类。下面对这两类语句进行介绍。

10.7.1 条件语句

条件语句，即一个以 if 开始的语句，用于检查一个条件的值是 true 还是 false。如果条件值为 true，则 ActionScript 按顺序执行后面的语句；如果条件值为 false，则 ActionScript 将跳过这个代码段，执行下面的语句。if 经常与 else 结合使用，用于多重条件的判断和跳转执行。

1. if 条件语句

作为控制语句之一的条件语句，通常用来判断所给定的条件是否满足，根据判断结果(真或假)决定执行所给出两种操作的其中一条语句。其中的条件一般是以关系表达式或逻辑表达式的形式进行描述的：

单独使用 if 语句的语法如下：

```
if(condition)
{
    statement(s);
}
```

当 ActionScript 执行至此处时，将会先判断给定的条件是否为真，若条件式(condition)的值为真，则执行 if 语句的内容(statement(s))，然后再继续后面的流程。若条件(condition)为假，则跳过 if 语句，直接执行后面的流程语句，如下列语句：

```
input="film"
if(input==Flash&&passward==123)
{
  gotoAndPlay(play);
}
  gotoAndPlay(wrong);
```

在这个简单的示例中，ActionScript 执行到 if 语句时先判断，若括号内的逻辑表达式的值为真，则先执行 gotoAndPlay(play)，然后再执行后面的 gotoAndPlay(wrong)，若为假，则跳过 if 语句，直接执行后面的 gotoAndPlay(wrong)。

2. if 与 else 语句联用

if 和 else 的联用语法如下：

```
if(condition){ statement(a); }
  else{ statement(b); }
```

当 if 语句的条件式(condition)的值为真时，执行 if 语句的内容，跳过 else 语句。反之，将跳过 if 语句，直接执行 else 语句的内容。例如：

```
input="film"
if(input==Flash&&passward==123){ gotoAndPlay(play);}
  else{gotoAndPlay(wrong);}
```

这个例子看起来和上一个例子很相似，只是多了一个 else，但第 1 种 if 语句和第 2 种 if 语句(if…else)在控制程序流程上是有区别的。在第 1 个例子中，若条件式值为真，将执行 gotoAndPlay(play)，然后再执行 gotoAndPlay(wrong)。而在第 2 个例子中，若条件式的值为真，将只执行 gotoAndPlay(play)，而不执行 gotoAndPlay(wrong)语句。

3. if 与 else if 语句联用

if 和 else if 联用的语法格式如下：

```
if(condition1){ statement(a); }
    else if(condition2){ statement(b); }
else if(condition3){ statement(c); }
...
```

这种形式 if 语句的原理是：当 if 语句的条件式 condition1 的值为假时，判断紧接着的一个 else if 的条件式，若仍为假，则继续判断下一个 else if 的条件式，直到某一个语句的条件式值为真，则跳过紧接着的一系列 else if 语句。else if 语句的控制流程和 if 语句大体一样，这里不再赘述。

使用 if 条件语句，需注意以下几点。

- else 语句和 else if 语句均不能单独使用，只能在 if 语句之后伴随存在。
- if 语句中的条件式不一定只是关系式和逻辑表达式，其实作为判断的条件式也可是任何类型的数值。例如下面的语句也是正确的：

```
if(8){
  fscommand("fullscreen","true");
}
```

如果上面代码中的 8 是第 8 帧的标签，则当影片播放到第 8 帧时将全屏播放，这样就可以随意控制影片的显示模式了。

4. switch、continue 和 break 语句

break 语句通常出现在一个循环(for、for...in、do...while 或 while 循环)中，或者出现在与 switch 语句内特定 case 语句相关联的语句块中。break 语句可命令 Flash 跳过循环体的其余部分，停止循环动作，并执行循环语句之后的语句。当使用 break 语句时，Flash 解释程序会跳过该 case 块中的其余语句，转到包含它的 switch 语句后的第 1 个语句。使用 break 语句可跳出一系列嵌套的循环。例如：

```
switch(number)
{
        case 1:
            trace("A");
        case 2:
            trace("B");
            break;
        default
            trace("D")
}
```

因为第 1 个 case 组中没有 break，并且若 number 为 1，则 A 和 B 都被发送到输出窗口。如果 number 为 2，则只输出 B。

continue 语句主要出现在以下几种类型的循环语句中，它在每种类型的循环中的行为方式各不相同。

- 如果 continue 语句在 while 循环中，可使 Flash 解释程序跳过循环体的其余部分，并转到循环的顶端(在该处进行条件测试)。
- 如果 continue 语句在 do...while 循环中，可使 Flash 解释程序跳过循环体的其余部分，并转到循环的底端(在该处进行条件测试)。
- 如果 continue 语句在 for 循环中，可使 Flash 解释程序跳过循环体的其余部分，并转而计算 for 循环后的表达式(post-expression)。
- 如果 continue 语句在 for...in 循环中，可使 Flash 解释程序跳过循环体的其余部分，并跳回循环的顶端(在该处处理下一个枚举值)。

例如：

```
i=4;
while(i>0)
{
    if(i==3)
    {
        i--;
        //跳过 i==3 的情况
        continue;
    }
    i--;
    trace(i);
}
i++;
trace(i);
```

10.7.2 循环语句

在 ActionScript 中，可以按照指定的次数重复执行一系列的动作，或者在一个特定的条件，执行某些动作。在使用 ActionScript 编程时，可以使用 while、do…while、for 以及 for…in 动作来创建一个循环语句。

1. for 循环语句

for 循环语句是 Flash 中运用相对较灵活的循环语句，用 while 语句或 do…while 语句写的 ActionScript 脚本，完全可以用 for 语句替代，而且 for 循环语句的运行效率更高。for 循环语句的语法形式如下。

```
for(init; condition; next)
{
     statement(s);
}
```

- 参数 init 是一个在开始循环序列前要计算的表达式，通常为赋值表达式。此参数还允许使用 var 语句。
- 条件 condition 是计算结果为 true 或 false 时的表达式。在每次循环迭代前计算该条件，当条件的计算结果为 false 时退出循环。
- 参数 next 是一个在每次循环迭代后要计算的表达式，通常为使用 ++(递增)或--(递减)运算符的赋值表达式。
- 语句 statement(s)表示在循环体内要执行的指令。

在执行 for 循环语句时，首先计算一次 init(已初始化)表达式，只要条件 condition 的计算结果为 true，则按照顺序开始循环序列，并执行 statement，然后计算 next 表达式。

要注意的是，一些属性无法用 for 或 for…in 循环进行枚举。例如，Array 对象的内置方法(Array.sort 和 Array.reverse)就不包括在 Array 对象的枚举中，另外，电影剪辑属性，如_x 和_y 也不能枚举。

2. while 循环语句

while 语句用来实现"当"循环，表示当条件满足时就执行循环，否则跳出循环体，其语法如下：

```
while(condition){statement(s);}
```

当 ActionScript 脚本执行到循环语句时，都会先判断 condition 表达式的值，如果该语句的计算结果为 true，则运行 statement(s)。statement(s)条件的计算结果为 true 时要执行代码。每次执行 while 动作时都要重新计算 condition 表达式。

例如：

```
i=10;
while(i>=0)
{
 duplicateMovieClip("pictures",pictures&i,i);
 //复制对象 pictures
setProperty("pictures", alpha,i*10);
 //动态改变 pictures 的透明度值
 i=i-1;}
 //循环变量减 1
}
```

在该示例中，变量 i 相当于一个计数器。while 语句先判断开始循环的条件 i>=0，如果为真，则执行其中的语句块。可以看到循环体中有语句"i=i-1;"，这是用来动态地为 i 赋新值，直到 i<0 为止。

3. do…while 循环语句

与 while 语句不同，do…while 语句用来实现"直到"循环，其语法形式如下。

```
do {statement(s)}
while(condition)
```

在执行 do…while 语句时，程序首先执行 do…while 语句中的循环体，然后再判断 while 条件表达式 condition 的值是否为真，若为真则执行循环体，如此反复直到条件表达式的值为假，才跳出循环。

例如：

```
i=10;
do{duplicateMovieClip("pictures",pictures&i,i);
//复制对象 pictures
setProperty("pictures", alpha,i*10);
//动态改变 pictures 的透明度值
i=i-1; }
while(i>=0);
```

此例和前面 while 语句中的例子所实现的功能是一样的，这两种语句几乎可以相互替代，但它们却存在着内在的区别。while 语句是在每一次执行循环体之前要先判断条件表达式的值，而 do…while 语句在第 1 次执行循环体之前不必判断条件表达式的值。如果上两例的循环条件均为 while(i=10)，则 while 语句不执行循环体，而 do…while 语句要执行一次循环体，这点值得重视。

4. for…in 循环语句

for…in 循环语句是一个非常特殊的循环语句，因为 for…in 循环语句是通过判断某一对象的属性或某一数组的元素来进行循环的，它可以实现对对象属性或数组元素的引用，通常 for…in 循环语句的内嵌语句主要对所引用的属性或元素进行操作。for…in 循环语句的语法形式如下：

```
for(variableIterant in object)
{
    statement(s);
}
```

其中，variableIterant 作为迭代变量的变量名，会引用数组中对象或元素的每个属性。object 是要重复的变量名。statement(s)为循环体，表示每次要迭代执行的指令。循环的次数是由所定义的对象的属性个数或数组元素的个数决定的，因为它是对对象或数组的枚举。

如下面的示例使用 for…in 循环迭代某对象的属性：

```
myObject = { name: 'Flash', age: 23, city: 'San Francisco' };
for(name in myObject)
{
    trace("myObject." + name + " = " + myObject[name]);
}
```

10.8　上机练习——制作时钟

下面制作时钟。利用在【动作】面板中输入代码，使完成的时钟成为动画，其完成后的效果如图 10.6 所示。

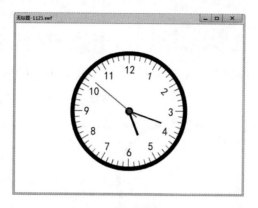

图 10.6　最终效果

(1) 运行 Flash CC 软件，在弹出的界面中选择【Flash 文件(ActionScript 3.0)】选项，新建空白文档，【属性】面板中的数值默认，如图 10.7 所示。

(2) 在工具箱中选择【椭圆工具】，在舞台区中绘制椭圆，如图 10.8 所示。

图 10.7　空白文档

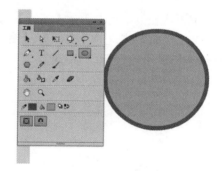

图 10.8　绘制椭圆

(3) 在【属性】面板中将椭圆的宽和高设置为 272×272，笔触颜色为黑色，填充颜色为白色，并在【笔触】文本框中输入 10，如图 10.9 所示。

(4) 按 F8 键转换为元件，在弹出的【转换为元件】对话框中，设置【名称】为"元件1"、【类型】为【图形】，将其对齐为中心点，如图 10.10 所示。

(5) 在【时间轴】面板中新建图层，在工具箱中选择【直线工具】，在舞台区中绘制一条经过椭圆圆心的直线，如图 10.11 所示。

(6) 在舞台区中选择直线，在菜单栏中选择【编辑】|【复制】命令，如图 10.12 所示。

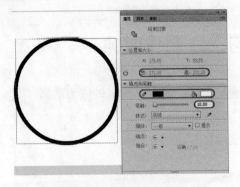

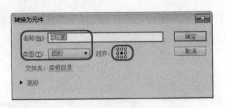

图 10.9 【属性】面板　　　　　　　图 10.10 【转换为元件】对话框

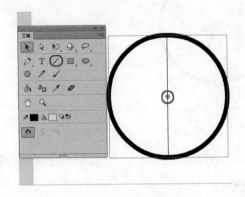

图 10.11 绘制直线　　　　　　　图 10.12 选择【复制】命令

(7) 再次在菜单栏中选择【编辑】|【粘贴到当前位置】命令，如图 10.13 所示。

(8) 在菜单栏中选择【窗口】|【变形】命令，在打开的【变形】面板中，在【旋转】组中输入 30°，按 Enter 键进行确认，并在【变形】面板的右下角单击【重制选取和变形】按钮，单击 4 次即可，这是在【旋转】组中将旋转度变成 149.9°，如图 10.14 所示。

图 10.13 选择【粘贴到当前位置】命令　　图 10.14 设置【旋转】

(9) 在舞台区中将直线全部选中，按 Ctrl+B 组合键进行分离，如图 10.15 所示。

(10) 在工具箱中选择【椭圆工具】，在舞台区中绘制椭圆，并在【属性】面板中将宽和高设置为 225×255，其他默认，并将转换为元件，设置【名称】为"元件 2"，【类型】为【图形】，将对齐在中心点，将椭圆移动到【图层 1】中的椭圆，将中心点对齐，如图 10.16 所示。

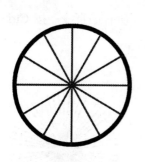

图 10.15　分离直线

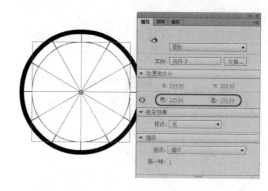

图 10.16　绘制椭圆

(11) 将【图层 1】隐藏，在舞台区中将【元件 2】的椭圆选中，按两次 Ctrl+B 组合键进行分离，按 Delete 键将椭圆删除，在【库】面板中选中【元件 2】并删除，这时舞台中的直线已被修改，并取消对【图层 1】的隐藏，如图 10.17 所示。

(12) 在【时间轴】面板中新建图层 ，以上面同样绘制直线的方法，绘制一条经过圆心的直线，如图 10.18 所示。

图 10.17　修改直线

图 10.18　绘制直线

(13) 再次打开【变形】面板，以上面同样的方法将直线进行复制，并粘贴到当前位置，在【旋转】组中输入 6°，按 Enter 键进行确认，如图 10.19 所示。

(14) 再次复制第一条直线并粘贴到当前位置，并在【变形】面板的【旋转】组中输入 12°，如图 10.20 所示。

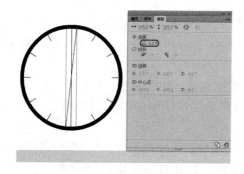

图 10.19　设置【旋转】

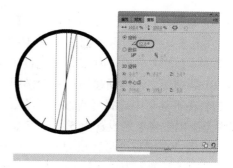

图 10.20　设置【旋转】

(15) 以上面同样的方法复制粘贴并旋转直线，在【旋转】组中分别依次输入 18、24、36、42、48、54、66、72、78、84、96、102、108、114、126、132、138、144、156、162、168、174，在输入每一个值时需要在菜单栏中选择【编辑】|【粘贴到当前位置】命令即可，如图 10.21 所示。

(16) 将【图层 1】和【图层 2】隐藏，在舞台区中选中所有的直线，按 Ctrl+B 组合键将所有的直线进行分离，如图 10.22 所示。

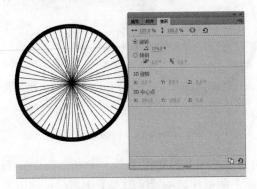

图 10.21　设置【旋转】　　　　　　　　　　图 10.22　分离直线

(17) 在工具箱中选择【椭圆工具】，在舞台区中绘制椭圆，并在【属性】面板中设置宽和高为 240×240，其他默认，并移动到直线的中心，并按两次 Ctrl+B 组合键进行分离，如图 10.23 所示。

(18) 在椭圆处于被选择的状态下，按 Delete 键进行删除，这时直线已修改完，如图 10.24 所示。

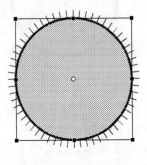

图 10.23　绘制椭圆　　　　　　　　　　图 10.24　删除椭圆

(19) 将隐藏的图层取消隐藏，在【时间轴】面板中新建图层，在工具箱中选择【文本工具】，在舞台区中创建如图 10.25 所示的文本，分别在【属性】面板中将字体设置为【黑体】，大小设置为 25，颜色设置为黑色。

(20) 新建图层，在新建图层中的椭圆中心绘制椭圆，如图 10.26 所示。

(21) 在工具箱中选择【直线工具】，在舞台区中绘制如图 10.27 所示的图形，在【属性】面板中将笔触设置为 5。

(22) 按 F8 键将图形转换为元件，在弹出的【转换为元件】对话框中输入名称为"时针"，设置【类型】为【影片剪辑】，并单击【对齐】组中如图 10.28 所示的点。

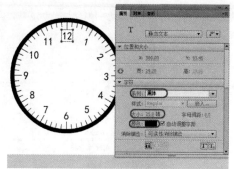

图 10.25　创建文本

图 10.26　绘制椭圆

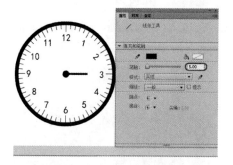

图 10.27　绘制直线

图 10.28　【转换为元件】对话框

(23) 运用【任意变形工具】 ，将直线的中心点移动到直线的左侧，并在【属性】面板中在【实例名称】中输入"sz"，如图 10.29 所示。

(24) 再次运用【直线工具】 ，在舞台区中绘制如图 10.30 所示的直线，并在【属性】面板中将笔触设置为 3。

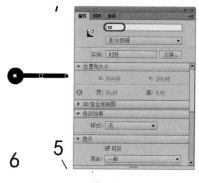

图 10.29　输入名称

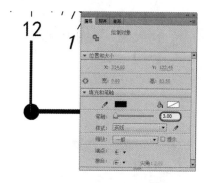

图 10.30　绘制直线

(25) 按 F8 键转换为元件，在弹出的【转换为元件】对话框中输入名称为"分针"，设置【类型】为【影片剪辑】，在【对齐】组中单击如图 10.31 所示的点。

(26) 运用【任意变形工具】 ，将直线的中心点移动到直线的下侧，并在【属性】面板的【实例名称】中输入"fz"，如图 10.32 所示。

(27) 运用【直线工具】，在舞台区中绘制如图 10.33 所示的直线，并在【属性】面板中将笔触设置为 2，将颜色改成红色。

图 10.31 【转换为元件】对话框

图 10.32 输入名称

(28) 运用【椭圆工具】，在舞台区中绘制如图 10.34 所示的椭圆，在【属性】面板中将【笔触】设置为 1，填充颜色设置为红色，宽和高设置为 10×10。

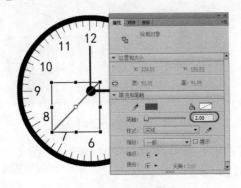

图 10.33 绘制直线

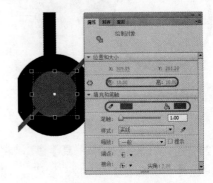

图 10.34 绘制椭圆

(29) 选中直线和椭圆后，按 Ctrl+G 组合键进行合并，按 F8 键转换为元件，在弹出的【转换为元件】对话框中输入名称为"秒针"，设置【类型】为【影片剪辑】，在【对齐】组中单击中心点，如图 10.35 所示。

(30) 在【库】面板中单击【秒针】元件，在打开的【秒针】场景中将中心点移动到椭圆的中心点，如图 10.36 所示。

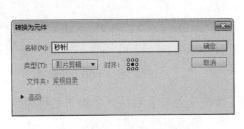

图 10.35 【转换为元件】对话框

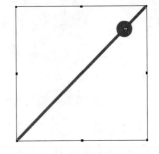

图 10.36 移动中心点

(31) 切换至场景中，在【属性】面板中输入实例名称为"mz"，并将在舞台区中的【秒针】元件对象进行位置移动，如图 10.37 所示。

(32) 在【时间轴】面板中新建图层，选择【图层 6】的第 1 帧，单击鼠标左键，在弹出的下拉列表中选择【动作】，在弹出的【动作】面板中输入：

```
var dqtime:Timer = new Timer(1000);
function xssj(event:TimerEvent):void{
var sj:Date = new Date();
var nf = sj.fullYear;
var yf = sj.month+1;
var rq = sj.date;
var xq = sj.day;
var h = sj.hours;
var m = sj.minutes;
var s = sj.seconds;

var axq:Array = new Array("星期日","星期一","星期二","星期三","星期四","星期五","星期六");

if(h>12){
h=h-12;
}
sz.rotation = h*30+m/2;
fz.rotation= m*6+s/10;
mz.rotation = s*6;
}
dqtime.addEventListener(TimerEvent.TIMER,xssj);
dqtime.start();
```

如图 10.38 所示。

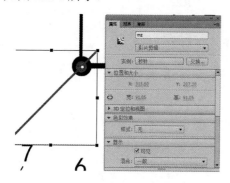

图 10.37　输入名称

图 10.38　【动作】面板

(33) 关闭【动作】面板，按 Enter+Ctrl 组合键测试场景，如图 10.39 所示。

(34) 在菜单栏中选择【文件】|【导出】|【导出影片】命令，如图 10.40 所示。

图 10.39　测试场景

图 10.40　选择【导出影片】命令

(35) 在弹出的【导出影片】对话框中为其指定一个正确的存储路径，将其命名为"时钟"，其格式为【SWF 影片(*.swf)】，如图 10.41 所示。

(36) 单击【保存】按钮，即可将其导出影片。在菜单栏中选择【文件】|【另存为】命令，在弹出的【另存为】对话框中为其指定一个正确的存储路径，将其命名为"公益广告"，其格式为【Flash 文档(*.fla)】，如图 10.42 所示。

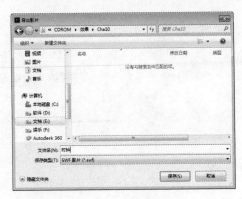

图 10.41　保存路径　　　　　　　　　　图 10.42　保存路径

10.9　习　　题

1. 在【动作】面板中有哪几种模式可供选择，分别是什么？
2. 变量的命名主要遵循 3 条规则，分别是什么？
3. 在动作脚本中有哪 3 种类型的变量范围？

第 11 章　组件的应用

掌握在 Flash 中应用复选框、组合框、列表框、普通按钮、单选按钮、文本滚动条、滚动窗口等组件来设计网页上的交互功能；即使您对 ActionScript 脚本语言没有很深的了解，只要将这些组件从【组件】面板中拖曳到舞台中即可为影片添加功能，制作复杂的影片了。

11.1　组件的基础知识

Flash 组件是带参数的影片剪辑，可以修改它们的外观和行为。组件既可以是简单的用户界面控件(如单选按钮或复选框)，也可以包含内容(如滚动窗格)；组件还可以是不可视的(如 FocusManager，它允许用户控制应用程序中接收焦点的对象)。

即使用户对 ActionScript 没有深入的了解，使用组件，也可以构建复杂的 Flash 应用程序。用户不必创建自定义按钮、组合框和列表，将这些组件从如图 11.1 所示的【组件】面板拖到应用程序中即可为应用程序添加功能。还可以方便地自定义组件的外观，从而满足自己的设计需求。

每个组件都有预定义参数，可以在使用 Flash 进行创作时设置这些参数。每个组件还有一组独特的 ActionScript 方法、属性和事件，它们也称为 API(应用程序编程接口)，使用户可以在运行时设置参数和其他选项。

图 11.1　【组件】面板

使用【组件】面板向 Flash 影片中添加组件只需打开【组件】面板，双击或向舞台上拖曳该组件即可。

要从 Flash 影片中删除已添加的组件实例，可通过删除库中的组件类型图标或者直接选中舞台上的实例按 BackSpace 键或 Delete 键。

11.2　UI　组　件

Flash 中内嵌了标准的 Flash UI 组件：Button、CheckBox、ComboBox、List、RadioButton 和 ScrollPane 等。用户既可以单独使用这些组件在 Flash 影片中创建简单的用户交互功能，也可以通过组合使用这些组件为 Web 表单或应用程序创建一个完整的用户界面。

11.2.1　CheckBox(复选框)

CheckBox 即复选框，它是所有表单或 Web 应用程序中的一个基础部分。使用它的主要目的是判断是否选取方块后对应的选项内容，而一个表单中可以有许多不同的复选框，所以复选框大多数用在有许多选择且可以多项选择的情况下。CheckBox(复选框)组件效果如图 11.2 所示。可以在【属性】面板的【组件参数】选项组中为 Flash 影片中的每个复选框实例设置下列参数，如图 11.3 所示。

图 11.2　CheckBox 组件效果　　　　图 11.3　【属性】面板

- label：指定在复选框旁边出现的文字，即标签，如图 11.4 所示。
- labelPlacement：标签文本相对于复选框的位置，有上、下、左、右四个位置，可根据自己的要求来设置，如图 11.5 所示。
- selected：组件的状态，选择复选框为选中，该组件主要设置默认是否选中，如图 11.6 所示。
- visible：列表是否可见，默认为 true，如图 11.7 所示。

图 11.4　label 选项　　　　　　图 11.5　labelPlacement 选项

图 11.6　selected 选项　　　　　　图 11.7　visible 选项

11.2.2　ComboBox(下拉列表框)

在任何需要从列表中选择的表单应用程序中，都可以使用 ComboBox 组件。它是将所有的选项都放置在同一个列表中，而且除非单击它，否则它都是收起来的，如图 11.8 所示。在【属性】面板的【组件参数】选项组中可以对它的参数进行设置，如图 11.9 所示。

图 11.8　ComboBox 组件　　　　　　　　图 11.9　【属性】面板

- dataProvider：单击该按钮，会弹出【值】对话框，可以添加值。
- editable：设置使用者是否可以修改菜单的内容，默认为 false。
- enabled：列表是否为被激活的，默认为 true。
- prompt：设置提示内容。
- restrict：设置限制列表数。
- rowCount：列表打开之后显示的行数。如果选项超过行数，就会出现滚动条。
- visible：列表是否可见，默认为 true。

11.2.3　RadioButton(单选按钮)

单选按钮通常用在选项不多的情况下，它与复选框的差异在于它必须设定群组 (Group)，同一群组的单选按钮不能复选，如图 11.10 所示。在【属性】面板的【组件参数】选项组中可以对它的参数进行设置，如图 11.11 所示。

图 11.10　RadioButton 组件　　　　　　图 11.11　【属性】面板

- enabled：列表是否为被激活的，默认为 true。
- groupName：用来判断是否被复选，同一群组内的单选按钮只能选择其一。
- label：单选按钮旁边的文字，主要是显示给用户看的。
- labelPlacement：指标签放置的地方，是按钮的左边还是右边。
- selected：默认情况下选择 false。被选中的单选按钮中会显示一个圆点。一个组内只有一个单选按钮可以有表示被选中的值 true。如果组内有多个单选按钮被设置为 true，则会选中最后实例化的单选按钮。

- value：设置在步进器的文本区域中显示的值。
- visible：列表是否可见，默认为 true。

11.2.4 Button(按钮)

Button(按钮)组件效果如图 11.12 所示，在【属性】面板的【组件参数】选项组中可以对它的参数进行设置，如图 11.13 所示。

图 11.12 Button 组件　　　　　　　　图 11.13 【属性】面板

- emphasized：列表是否为被强调，默认为 false。
- enabled：列表是否为被激活的，默认为 true。
- label：设置按钮上的文字。
- labelPlacement：指按钮上标签放置的位置，有上、下、左、右四个位置，可根据自己的要求来设置。
- selected：设置默认是否选中。
- toggle：选中复选框，则在鼠标按下、弹起、经过时会改变按钮外观。
- visible：列表是否可见，默认为 true。

11.2.5 List(列表框)

列表框与下拉列表框非常相似，只是下拉列表框一开始就显示一行，而列表框则是显示多行，如图 11.14 所示。在【属性】面板的【组件参数】选项组中可以对它的参数进行设置，如图 11.15 所示。

图 11.14 List 组件　　　　　　　　图 11.15 【属性】面板

- allwmultipleSelection：如果选中复选框，可以让使用者复选，不过要配合 Ctrl 键。
- dataProvider：使用方法和下拉列表框相同。
- enabled：列表是否为被激活的，默认为 true。
- horizontalLineScrollSize：指示每次单击滚动按钮时水平滚动条移动多少个单位，默认值为 4。
- horizontalPageScrollSize：指示每次单击轨道时水平滚动条移动多少个单位，默认值为 0。
- horizontalScrollPolicy：显示水平滚动条，该值可以是 on、off 或 auto，默认值为 auto。
- verticalLineScrollSize：指示每次单击滚动按钮时垂直滚动条移动多少个单位，默认值为 4。
- verticalPageScrollSize：指示每次单击滚动条轨道时，垂直滚动条移动多少个单位，默认值为 0。
- verticalScrollPolicy：显示垂直滚动条，该值可以是 on、off 或 auto，默认值为 auto。
- visible：列表是否可见，默认为 true。

11.2.6　其他组件

1. ColorPicker(拾色器)

拾色器组件，主要显示拾色器，可以设置不同的颜色。其组件效果如图 11.16 所示，在【属性】面板的【组件参数】选项组中可以对它的参数进行设置，如图 11.17 所示。

图 11.16　ColorPicker 组件　　　　　　图 11.17　【属性】面板

- enable：列表是否为被激活的，默认为 true。
- selectedColor：设置显示的颜色。
- showTextField：显示颜色值文本字段，默认为 true。
- visible：列表是否可见，默认为 true。

2. DataGrid(数据网格)

DataGrid(数据网格)组件能够创建强大的数据驱动显示和应用程序。可以使用 DataGrid 组件来实例化使用 Flash Remoting 的记录集，然后将其显示在列表框中，如图 11.18 所示。在【属性】面板的【组件参数】选项组中可以对它的参数进行设置，如

图 11.19 所示。

图 11.18　DataGrid 组件　　　　　　图 11.19　【属性】面板

- allowMultipleSelection：允许多个选择，默认为 false。
- editable：它是一个布尔值，用于指示网格是否可编辑。
- headerHeight：数据网格的标题栏的高度，默认值为 25。
- horizontalLineScrollSize：指示每次单击滚动按钮时水平滚动条移动多少个单位，默认值为 4。
- horizontalPageScrollSize：指示每次单击轨道时水平滚动条移动多少个单位，默认值为 0。
- horizontalScrollPolicy：显示水平滚动条，该值可以是 on、off 或 auto，默认值为 off。
- resizableColumns：一个布尔值，它确定用户是(true)否(false)能够伸展网格的列。此属性必须为 true 才能让用户调整单独列的大小。默认值为 true。
- rowHeight：指示每行的高度(以像素为单位)。更改字体大小不会更改行高度。默认值为 20。
- showHeaders：一个布尔值，它指示数据网格是(true)否(false)显示列标题。列标题将被加上阴影，以区别于网格中的其他行。如果 DataGrid.sortableColumns 设置为 true，则用户可以单击列标题对列的内容进行排序。showHeaders 的默认值为 true。
- verticalLineScrollSize：指示每次单击滚动按钮时垂直滚动条移动多少个单位，默认值为 4。
- verticalPageScrollSize：指示每次单击滚动条轨道时，垂直滚动条移动多少个单位，默认值为 0。
- verticalScrollPolicy：显示垂直滚动条，该值可以是 on、off 或 auto，默认值为 auto。

3. Label(文本标签)

一个 Label 组件就是一行文本，可以指定一个标签采用 HTML 格式，也可以控制标签的对齐和大小。Label 组件没有边框，不能具有焦点，并且不广播任何事件，如图 11.20 所示。在【属性】面板的【组件参数】选项组中可以对它的参数进行设置，如图 11.21 所示。

图 11.20　Label 组件　　　　　　　　图 11.21　【属性】面板

- autoSize：指示如何调整标签的大小并对齐标签以适合文本。默认为 none。
- condenseWhite：一个布尔值，指定当 HTML 文本字段在浏览器中呈现时是否删除字段中的额外空白(空格、换行符等)。默认值为 false。
- enabled：列表是否为被激活的，默认为 true。
- htmlText：指示标签是否采用 HTML 格式。如果选中此复选框，则不能使用样式来设置标签的格式，但可以使用 font 标记将文本格式设置为 HTML。
- selectable：表示文字可选性，如果选中该复选框，则表示文字可选，反则表示文字不可选
- text：指示标签的文本，默认值是 Label。
- visible：列表是否可见，默认为 true。
- word Wrap：如果选中该复选框，表示文本可以自动换行，反则表示不能自动换行。

4. NumericStepper(数字微调)

NumericStepper 组件允许用户逐个通过一组经过排序的数字。该组件由显示在上、下三角按钮旁边的文本框中的数字组成。用户单击按钮时，数字将根据 stepSize 参数中指定的单位递增或递减，直到用户释放按钮或达到最大或最小值为止。NumericStepper 组件的文本框中的文本也是可编辑的，如图 11.22 所示。在【属性】面板的【组件参数】选项组中可以对它的参数进行设置，如图 11.23 所示。

图 11.22　NumericStepper 组件　　　　　图 11.23　【属性】面板

- enabled：列表是否为被激活的，默认为 true。
- maximum：设置可在步进器中显示的最大值，默认值为 10。
- minimum：设置可在步进器中显示的最小值，默认值为 0。
- stepSize：设置每次单击时步进器增大或减小的单位。默认值为 1。
- value：设置在步进器的文本区域中显示的值。默认值为 1。
- visible：列表是否可见，默认为 true。

5. ProgressBar(进度栏)

ProgressBar 组件显示加载内容的进度。ProgressBar 可用于显示加载图像和部分应用程序的状态。加载进程可以是确定的也可以是不确定的，如图 11.24 所示。在【属性】面板的【组件参数】选项组中可以对它的参数进行设置，如图 11.25 所示。

图 11.24　ProgressBar 组件　　　　　　　图 11.25　【属性】面板

- direction：指示进度栏填充的方向。该值可以是 right 或 left，默认值为 right。
- enabled：列表是否为被激活的，默认为 true。
- mode：是进度栏运行的模式。此值可以是 event、polled 或 manual 中的一个。默认值为 event。
- source：是一个要转换为对象的字符串，它表示源的实例名称。
- visible：列表是否可见，默认为 true。

6. ScrollPane(滚动窗格)

使用 ScrollPane 组件可以在一个可滚动区域中显示影片剪辑、JPEG 文件和 SWF 文件。通过使用滚动窗格，可以限制这些媒体类型所占用的屏幕区域的大小。ScrollPane 可以显示从本地磁盘或 Internet 加载的内容，如图 11.26 所示。在【属性】面板的【组件参数】选项组中可以对它的参数进行设置，如图 11.27 所示。

- enabled：列表是否为被激活的，默认为 true。
- horizontalLineScrollSize：指示每次单击滚动按钮时水平滚动条移动多少个单位。默认值为 4。
- horizontalPageScrollSize：指示每次单击轨道时水平滚动条移动多少个单位。默认值为 0。
- horizontalScrollPolicy：显示水平滚动条，该值可以是 on、off 或 auto。默认值为 auto。

图 11.26　ScrollPane 组件　　　　　　　图 11.27　【属性】面板

- scrollDrag：它是一个布尔值，用于确定当用户在滚动窗格中拖动内容时是否发生滚动。

- source：是一个要转换为对象的字符串，它表示源的实例名称。

- verticalLineScrollSize：指示每次单击滚动按钮时垂直滚动条移动多少个单位。默认值为 4。

- verticalPageScrollSize：指示每次单击滚动条轨道时，垂直滚动条移动多少个单位。默认值为 0。

- verticalScrollPolicy：显示垂直滚动条，该值可以是 on、off 或 auto。默认值为 auto。

- visible：列表是否可见，默认为 true。

7. TextArea(文本区域)

TextArea 组件的效果是将 ActionScript 的 TextField 对象进行换行。可以使用样式自定义 TextArea 组件；当实例被禁用时，其内容以 disabledColor 样式所指示的颜色显示。TextArea 组件也可以采用 HTML 格式，或者作为文本的密码字段，如图 11.28 所示。在【属性】面板的【组件参数】选项组中可以对它的参数进行设置，如图 11.29 所示。

图 11.28　TextArea 组件　　　　　　　图 11.29　【属性】面板

- condenseWhite：一个布尔值，指定当 HTML 文本字段在浏览器中呈现时是否删除字段中的额外空白(空格、换行符等)。默认值为 false。

- editable：指示 TextArea 组件是否可编辑。

- enabled：列表是否为被激活的，默认为 true。

- horizontalScrollPolicy：显示水平滚动条，该值可以是 on、off 或 auto，默认值为 auto。
- htmlText：指示文本是否采用 HTML 格式。如果选中复选框，则可以使用字体标签来设置文本格式。
- maxChars：此文本区域最多可容纳的字符数。脚本插入的文本可能会比 maxChars 属性允许的字符数多；该属性只是指示用户可以输入多少文本。如果此属性的值为 null，则对用户可以输入的文本量没有限制。默认值为 null。
- restrict：指明用户可在组合框的文本字段中输入的字符集。默认值为 undefined。
- text：指示 TextArea 组件的内容。
- verticalScrollPolicy：显示垂直滚动条，该值可以是 on、off 或 auto，默认值为 auto。
- visible：列表是否可见，默认为 true。
- wordWrap：指示文本是否自动换行，默认为 true。

8. TextInput(输入文本框)

TextInput 组件是单行文本组件，该组件可以使用样式自定义 TextInput 组件；当实例被禁用时，它的内容显示为 disabledColor 样式表示的颜色。TextInput 组件也可以采用 HTML 格式，或作为掩饰文本的密码字段，如图 11.30 所示。在【属性】面板的【组件参数】选项组中可以对它的参数进行设置，如图 11.31 所示。

图 11.30　TextInput 组件　　　　图 11.31　【属性】面板

- displayAspPassword：是否显示密码字段。
- editable：指示 TextInput 组件是否可编辑。
- enabled：列表是否为被激活的，默认为 true。
- maxChars：此文本区域最多可容纳的字符数。脚本插入的文本可能会比 maxChars 属性允许的字符数多；该属性只是指示用户可以输入多少文本。如果此属性的值为 0，则对用户可以输入的文本量没有限制。默认值为 0。
- restrict：指明用户可在组合框的文本字段中输入的字符集。
- text：指定 TextInput 组件的内容。
- visible：列表是否可见，默认为 true。

9. UILoader(加载)

UILoader 组件是一个容器，可以显示 SWF 或 JPEG 文件。可以缩放加载器的内容或者调整加载器自身的大小来匹配内容的大小。默认情况下，会调整内容的大小以适应加载器，如图 11.32 所示。在【属性】面板的【组件参数】选项组中可以对它的参数进行设置，如图 11.33 所示。

图 11.32　UILoader 组件　　　　　　图 11.33　【属性】面板

- autoLoad：指示内容是应该自动加载还是应该等到调用方法时再进行加载。
- enabled：列表是否为被激活的，默认为 true。
- maintainAspectRatio：设置长宽比。
- scaleContend：指示是内容进行缩放以适合加载器，还是加载器进行缩放以适合内容。
- source：设置源的地址。
- visible：设置内容可见性。

10. UIScrollBar(UI 滚动条)

UIScrollBar 组件允许将滚动条添加至文本字段。既可以将滚动条添加至文本字段，也可以使用 ActionScript 在运行时添加，如图 11.34 所示。在【属性】面板的【组件参数】选项组中可以对它的参数进行设置，如图 11.35 所示。

图 11.34　UIScrollBar 组件　　　　　　图 11.35　【属性】面板

- direction：指示进度栏填充的方向。该值可以是 vertical 或 horizontal，默认值为 vertical。
- scrollTargetName：指示 UIScrollBar 组件所附加到的文本字段实例的名称。
- visible：列表是否可见，默认为 true。

11.3 Video 组件

Video(视频)组件主要包括 FLV PlayBack(FLV 回放)组件和一系列视频控制按键的组件。

通过 FLV Playback 组件，可以轻松地将视频播放器包括在 Flash 应用程序中，以便播放通过 HTTP 渐进式下载的 Flash 视频(FLV)文件，如图 11.36 所示。

FLV Playback 组件包括 FLV Playback 自定义用户界面组件。FLV Playback 组件是显示区域(或视频播放器)的组合，从中可以查看 FLV 文件及允许对该文件进行操作的控件。FLV Playback 自定义用户界面组件提供控制按钮和机制，可用于播放、停止、暂停 FLV 文件及对该文件进行其他控制。这些控件包括 BackButton、BufferingBar、ForwardButton、MuteButton、PauseButton、PlayButton、PlayPauseButton、SeekBar、StopButton 和 VolumeBar。在【属性】面板的【组件参数】选项组中可以对它的参数进行设置，如图 11.37 所示。

图 11.36 FLV Playback 组件

图 11.37 【属性】面板

- align：设置对齐方式，包括 ccnter、top、left、bottom、right、topleft、topright、bottomleft、bottomright。
- autoPlay：确定 FLV 文件的播放方式的布尔值。如果选中此复选框，则该组件将在加载 FLV 文件后立即播放。如果没有选中，则该组件加载第 1 帧，然后暂停。对于默认视频播放器，默认值为选中，对于其他项则与其相反。
- cuePoints：描述 FLV 文件的提示点的字符串。提示点允许同步包含 Flash 动画、图形或文本的 FLV 文件中的特定点。默认值为无。
- dvrFixedDuration：设置 DRV 的固定时间。
- dvrIncrement：设置 DRV 增量。
- dvrIncrementVariance：设置 DRV 增量差异。
- dvrSnapTolive：设置 DRV 的捕捉。
- isDVR：选中该复选框则视频为 DRV。
- isLive：一个布尔值，如果选中此复选框，则指定 FLV 文件正从 Flash Communication Server 实时加载流。实时流的一个示例就是在发生新闻事件的同时显示这些事件的视频。

- preview：设置预览，默认值为无。
- scaleMode：设置比例模式，包括 maintainAspectRatio、noScale、exactFit 比例模式。
- skin：一个参数，用于打开【选择外观】对话框，从该对话框中可以选择组件的外观。默认值最初是预先设计的外观。
- skinAutoHide：一个布尔值，如果选中此复选框，则当鼠标指针不在 FLV 文件或外观区域上时隐藏外观。
- skinBackgroundAlpha：设置皮肤背景的 Alpha 值，根据不同值大小呈现不同的透明色。
- skinBackgroundColour：设置背景皮肤的颜色，单击颜色块弹出【拾色器】，设置不同皮肤颜色。
- source：设置视频内容的路径，单击 按钮，弹出【内容路径】对话框，可以添加所需的文件。
- volume：一个从 0～100 的数字，用于表示相对于最大音量(100)的百分比。

11.4　上机练习——制作滚动文字

下面制作滚动文字，完成后的效果如图 11.38 所示。

图 11.38　滚动文字

(1) 启动软件后，按 Ctrl+N 组合键，弹出【新建文档】对话框，选择 ActionScript 3.0 选项，将【宽】设为 500 像素，将【高】设为 332 像素，然后单击【确定】按钮，如图 11.39 所示。

(2) 新建文档后，按 Ctrl+R 组合键，弹出【导入】对话框，选择随书附带光盘中的 "CDROM\素材\Cha11\001.jpg" 文件，然后单击【打开】按钮，如图 11.40 所示。

(3) 导入选择的素材文件，打开【对齐】面板，单击【水平中齐】和【垂直中齐】按钮，如图 11.41 所示。

(4) 在文档空白区域单击，打开【属性】面板，在【目标】下拉列表框中选择 Flash Player11.2 选项，如图 11.42 所示。

图 11.39　新建文档　　　　　　　图 11.40　【导入】对话框

图 11.41　【对齐】面板　　　　　　图 11.42　【属性】面板

(5) 在工具箱中选择【文本工具】，打开【属性】面板，将【文字类型】设为【动态文本】，将【系列】设为【黑体】，将【大小】设为 12 磅，将【颜色】设为蓝色，如图 11.43 所示。

(6) 打开【组件】面板，选择 User Iterface 和 UIScrollBar 组件，拖动到舞台中，如图 11.44 所示。

图 11.43　【属性】面板　　　　　　图 11.44　【组件】面板

(7) 选择文本，单击鼠标右键，在弹出的快捷菜单中选择【可滚动】命令，并调整文本框和组件的大小。

(8) 选择文本，打开【属性】面板，将【实例名称】设为 "wenzi"，如图 11.45 所示。

(9) 选择 UIScrollBar 组件，打开【属性】面板，在【属性】组中将 scrollTargetName 文本框设为 "wenzi"，如图 11.46 所示。

图 11.45　【属性】面板

(10) 按 Ctrl+Enter 组合键测试影片，完成后的效果如图 11.47 所示。

图 11.46　【属性】面板

图 11.47　完成后的效果

11.5　习　　题

1. 了解不同组件的不同用处。
2. UI 组件的使用。
3. Video 组件的使用。

第 12 章　动画作品的输出和发布

本章主要介绍 Flash 作品制作完成后，对影片进行优化，减少影片的容量、提升影片的速度的方法，并介绍了导出理想的文件格式的方式，还介绍了作品的发布设置。

12.1　测试并优化 Flash 作品

下面将介绍如何对 Flash 作品进行测试和优化。

12.1.1　测试 Flash 作品

由于 Flash 可以以流媒体的方式边下载边播放影片，因此，如果影片播放到某一帧时，所需要的数据还没有下载完全，影片就会停止播放并等待数据下载。所以在影片正式发布前，需要测试影片在各帧的下载速度，找出在播放过程中有可能因为数据容量太大而造成影片播放停顿的地方。

打开准备发布的 Flash 影片的源文件，在菜单栏中选择【控制】|【测试影片】命令进行影片的测试。

在【带宽】监视面板中可以看到，柱状图代表每一帧的数据容量，数据容量大的帧所消耗的读取时间也会较多。如果某一帧的柱状图在红线以上，则表示该帧影片的下载速度会慢于影片的播放速度，所以就需要适当地调整该帧内的数据容量了。

12.1.2　优化 Flash 作品

发布影片是整个 Flash 影片制作中最后的也是最关键的一步，因为制作完成 Flash 影片后，就要准备将其发布为可播放的文件格式了。由于 Flash 是为网络而生的，如果不能平衡好最终生成影片的大小、播放速度等一系列重要的问题，纵使 Flash 作品设计得再优秀与精彩，也不能使它在网页中流畅地播放，影片的价值就会大打折扣。

1. 元件的灵活使用

如果一个对象在影片中被多次应用，那么一定要将其用图形元件的方式添加到库中，因为添加到库中的文件不会因为调用次数的增加而使影片文件的容量增大。

2. 减少特殊绘图效果的应用

- 在使用线条绘制图像的时候要格外注意，如果不是十分必要的话，要尽量使用实线，因为实线相对其他特殊线条所占用的存储容量最小。
- 在填充色方面，应用渐变颜色的影片容量要比应用单色填充的影片容量大，因此应尽可能使用单色填充，并且要用网络安全色。
- 对于由外部导入的矢量图形，在将其导入后应使用菜单栏中的【修改】|【分离】命令将其打散，再使用【修改】|【形状】|【优化】命令优化图形中多余的曲线，使矢量图的文件容量减少。

3. 注意字体的使用

在字体的使用上，应尽量使用系统的默认字体。而且在使用【分离】命令打散字体时也应该多加注意，有的时候打散字体未必就能使文件容量减少。

4. 优化位图的图像

对于影片中所使用的位图图像，应该尽可能地对其进行压缩优化，或者在库中对其图像属性进行重新设置，如图 12.1 所示。

5. 优化声音文件

导入声音文件应使用经过压缩的音频格式，如 MP3。而对于 WAV 这种未经压缩的声音格式文件应该尽量避免使用。对于库中的声音文件，可以单击鼠标右键并在弹出的快捷菜单中选择【属性】命令，在打开的【声音属性】对话框中选择适合的压缩方式，如图 12.2 所示。

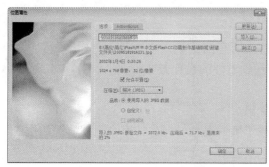

图 12.1　【位图属性】对话框　　　　图 12.2　【声音属性】对话框

12.2　Flash 作品的导出

Flash 影片制作完毕后，就要准备将其导出成影片了。选择菜单栏中的【文件】|【导出】|【导出影片】命令，打开【导出影片】对话框，在该对话框中选择影片导出路径及导出影片的名称和所导出的影片格式，如图 12.3 所示。

图 12.3　【导出影片】对话框

12.2.1　导出动画文件

.swf 是 Flash 影片的后缀文件名，凡是制作好的
Flash 作品都需要在导出的时候经过【导出 Flash
Player】的设置，才能够最终导出成为 Flash 影片，在
菜单栏中选择【文件】|【发布设置】命令，打开【发
布设置】对话框并切换到 Flash 选项卡，如图 12.4 所
示。其中的选项及参数说明如下。

图 12.4　【发布设置】对话框

- 目标：选择导出 Flash 影片使用的播放器版本。
- 脚本：默认为 Flash 的 Action-Script 3.0。
- JPEG 品质：Flash 动画中的位图都是使用
  JPEG 格式进行压缩的，所以通过移动滑块的
  位置，可以设置位图在最终影片中的品质。
- 音频流/音频事件：单击【设置】按钮可以对
  声音的压缩属性进行设置。
- 覆盖声音设置：选择该选项后，影片中所有的
  声音压缩设置都将统一遵循音频流/音频事件的设置方案。
- 压缩影片：压缩影片文件的尺寸。
- 包括隐藏图层：将动画中的隐藏层导出。
- 生成大小报告：产生一份详细地记载了帧、场景、元件、声音压缩情况的报告。
- 省略 trace 语句：取消跟踪命令。
- 允许调试：允许修改影片的内容。
- 防止导入：防止其他人将影片导入另外一部作品当中，例如将 Flash 上传到网上
  之后，有很多人会去下载，选中该选项后下载该作品的用户只可以看，但不可以
  对其进行修改。
- 密码：选中【防止导入】复选框后，可以为影片设置导入密码。
- 脚本时间限制：设置脚本的运行时间限制。
- 本地播放安全性：选择要使用的 Flash 安全模型。

12.2.2　导出动画图像

GIF 动画是由一个个连续的图形文件所组成的动画，相
对于 Flash 动画，它缺乏了声音和交互性的支持，而且颜色
数也不如 Flash，但是，制作完毕的 Flash 影片源文件是可以
导出成 GIF 格式的动画的。

在导出影片时，当选择导出的文件格式为 GIF 动画时，
就可以在弹出的【导出 GIF】对话框中设置导出文件的相关
属性，如图 12.5 所示。

图 12.5　【导出 GIF】对话框

- 宽/高：设置动画文件的宽和高。
- 分辨率：与动画尺寸相应的屏幕分辨率。

- 匹配屏幕：恢复电影中设置的尺寸。
- 颜色：选择动画颜色的数量。
- 透明：去掉背景。
- 交错：使 GIF 动画以由模糊到清晰的方式进行显示。
- 平滑：消除位图的锯齿。
- 抖动纯色：将颜色进行抖动处理。

12.3　发布 Flash 格式

Flash 提供了一个【发布设置】对话框，在这个对话框中可以选择将要导出的文件类型及其导出路径，并且还可以一次性地同时导出多个格式的文件，可以更方便地设置文件格式的属性。

12.3.1　发布格式设置

选择菜单栏中的【文件】|【发布设置】命令，打开【发布设置】对话框，如图 12.6 所示。在对话框左侧的列表框中的选项如下。

- Flash(.swf)：这是 Flash 默认的输出影片的格式。
- HTML(.html)：发布到网上的一个必选项，.html 是网上对.swf 格式的一种翻译，.html 必须依附于.swf 格式，它不允许单独选择。
- 【GIF 图像(.gif)】：不带声音的动画组列形式，比如一些简单的运动，例如网上许多的 QQ 表情动画都可以做一些图像序列。
- 【JPEG 图像(.jpg)】：单帧的图像显示格式。
- 【PNG 图像(.png)】：.png 是一个带层次的单帧显示，可以将该格式文件导入一些专业的绘图软件中，然后对层进行编辑。

可以选中要导出的文件类型，并且在该类型的后面可以输入文件名及导出路径，然后单击【发布】按钮，进行文件的导出。

1. 发布 Flash

在【发布设置】对话框中选择 Flash 选项，就会转到 Flash 影片文件的设置界面。此界面和前面所讲的 Flash 导出对话框相似，如图 12.7 所示。

图 12.6　【发布设置】对话框

图 12.7　【发布设置】对话框

2. 发布 HTML

单击 HTML 选项，将界面转换为 HTML 的发布文件设置界面，如图 12.8 所示。其中的选项及参数说明如下。

- 模板：生成 HTML 文件所需的模板，单击【信息】按钮可以查看模板的信息，如图 12.9 所示。
- 检测 Flash 版本：自动检测 Flash 的版本。选中该复选框后，可以单击【设置】按钮，进行版本检测的设置。
- 大小：设置 Flash 影片在 HTML 文件中的尺寸。
- 开始时暂停：影片在第 1 帧暂停。
- 循环：循环播放影片。
- 显示菜单：在生成的影片页面中单击鼠标右键，会弹出控制影片播放的菜单。
- 设备字体：使用默认字体替换系统中没有的字体。
- 品质：选择影片的图像质量。
- 窗口模式：选择影片的窗口模式。
- 窗口：Flash 影片在网页中的矩形窗口内播放。
- 不透明无窗口：使 Flash 影片的区域不露出背景元素。
- 透明无窗口：使网页的背景可以透过 Flash 影片的透明部分。

图 12.8　【发布设置】对话框　　　　图 12.9　【HTML 模板信息】对话框

- 缩放：设置动画的缩放方式。
  - ◆ 默认(显示全部)：等比例大小显示 Flash 影片。
  - ◆ 无边框：使用原有比例显示影片，但是去除超出网页的部分。
  - ◆ 精确匹配：使影片大小按照网页的大小进行显示。
  - ◆ 无缩放：不按比例缩放影片。
- HTML 对齐：设置 Flash 影片在网页中的位置。
- Flash 水平/垂直对齐：影片在网页上的排列位置。
- 显示警告消息：选中该复选框后，如果影片出现错误，则会弹出警告信息。

3. 发布 GIF

单击 GIF 选项，将界面转换为 GIF 的发布文件设置界面，如图 12.10 所示。其中的选项及参数说明如下。

- 大小：设置 GIF 动画的宽和高。
- 匹配影片：选中后可以使发布的 GIF 动画大小和原 Flash 影片大小相同。
- 静态：发布的 GIF 为静态图像。
- 动画：发布的 GIF 为动态图像，选择该选项后可以设置动画的循环播放次数。
- 平滑：消除位图的锯齿。

4. 发布 JPEG

在【发布设置】对话框的【格式】选项卡中，选中发布 JPEG 格式的文件后，单击 JPEG 选项，将界面转换为 JPEG 的发布设置界面，如图 12.11 所示。

图 12.10　【发布设置】对话框　　　　图 12.11　【发布设置】对话框

- 尺寸：设置要发布的位图的尺寸。
- 品质：移动滑块来调节发布位图的图像品质。
- 渐进：在低速网络环境中，逐渐显示位图。

此外，还有其他几种可以选择和设置发布的格式的文件，但是，由于它们的使用概率较低，因此就不在此一一详细说明了。

12.3.2　发布预览

使用发布预览功能可以从【发布预览】菜单中选择一种文件输出格式，并且在【发布预览】菜单中可以选择的文件格式都是在【发布设置】对话框中指定的输出格式。首先使用发布设置，指定可以导出的文件类型，然后使用菜单栏中的【文件】|【发布预览】命令，在其子菜单中选择预览的文件格式。这样 Flash 便可以创建一个指定的文件类型，并将它放在 Flash 影片文件所在的文件夹中。

12.4　习　　题

一、选择题

1. 如果一个对象在影片中将会被多次应用，那么一定要将其用图形元件的方式添加到(　　)中，因为添加到(　　)中的文件不会因为调用次数的增加而使影片文件的容量增大。

    A. 库　　　　　　　　B. 组件　　　　　　　　C. 舞台

2.　GIF 动画是由一个个连续的图形文件所组成的动画，不过相对于 Flash 动画，它缺乏了(　　)的支持，而且颜色数也不如 Flash，但是，制作完毕的 Flash 影片源文件也可以导出成 GIF 格式的动画。

    A. 交互性　　　　　　B. 声音和交互性　　　　C. 视频和声音

二、填空题

1. 对于由外部导入的矢量图形，再将其导入后应该使用菜单栏中的_____命令将其打散，再使用_____命令优化图形中多余的曲线，使矢量图的文件容量减少。

2. 当完成了 Flash 影片的制作工作后，就可将其发布成可播放的文件格式。_____是整个 Flash 影片制作中最后的也是最关键的一步。

3. Flash 影片可以导出的文件格式有很多种，请列举出 5 种_____、_____、_____、_____、_____。

三、操作题

将自己制作的作品进行发布。

第13章 项目指导——常用 Flash 文字效果

本章主要介绍常用 Flash 文字的效果，借助编辑文本，设置文本效果、字体元件的创建以及在【时间轴】面板上的新建图层，来制作 Flash 文字的效果。

13.1 弹 跳 文 字

下面介绍如何制作弹跳文字。弹跳文字的效果如图 13.1 所示。

图 13.1 弹跳文字效果

(1) 启动 Flash CC 软件后，在打开的界面中选择 ActionScript 3.0，新建一个文件。打开【属性】面板，将舞台的大小设置为 500×300，将舞台颜色设置为#CC6E00，如图 13.2 所示。

(2) 在工具箱中选择【文本工具】，将【系列】设置为【汉仪综艺体简】，将【大小】设置为 84，将【颜色】设置为#00F00，如图 13.3 所示。

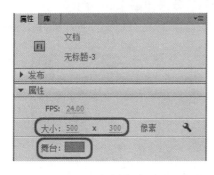

图 13.2 设置舞台属性　　　　　　**图 13.3 设置文字属性**

(3) 在舞台中输入文字，按 F8 键，打开【转换为元件】对话框，将【名称】设置为"文字 01"，单击【确定】按钮，如图 13.4 所示。

(4) 选择转换为元件后的文字，在菜单栏中选择【修改】|【变形】|【垂直翻转】命令，将文字进行垂直翻转。翻转后的效果如图 13.5 所示。

图 13.4 【转换为元件】对话框　　　　　图 13.5 翻转后的效果

（5）将文字删除，在工具箱中选择【矩形工具】，打开【颜色】面板，将【颜色类型】设置为线性渐变，将第一个、第二个和第三个色标颜色设置为#CC6E00，将第一个和第二个色标 Alpha 设置为 100%，将第三个色标 Alpha 设置为 50%，设置完成后的效果如图 13.6 所示。

（6）将笔触颜色设置为【无】，在舞台中绘制矩形，　使用【选择工具】选择绘制的矩形，然后在工具箱中使用【渐变变形工具】，将鼠标移动到如图 13.7 所示的位置，此时鼠标变成 。

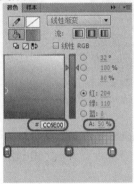
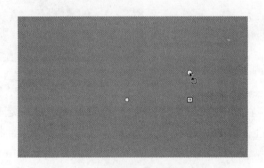

图 13.6 【颜色】面板　　　　　　图 13.7 将鼠标移动至该位置

（7）当鼠标变成 ，拖动鼠标逆时针旋转 90°，效果如图 13.8 所示。

（8）将鼠标移至 ，此时鼠标变成双向箭头，拖动鼠标至合适的位置，如图 13.9 所示。

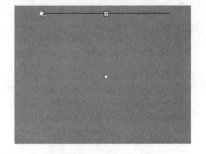

图 13.8 旋转完成后的效果　　　　　图 13.9 调整位置

（9）使用【选择工具】选择矩形，按 F8 键打开【转换为元件】对话框，将【名称】设置为"矩形"，将【类型】设置为【图形】，单击【确定】按钮，如图 13.10 所示。

（10）将矩形元件删除，按 Ctrl+F8 组合键，打开【创建新元件】对话框，将其名称设置为"文字动画"，将【类型】设置为【影片剪辑】，设置完成后单击【确定】按钮，如图 13.11 所示。

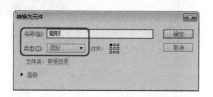

图 13.10　【转换为元件】对话框　　　　图 13.11　【创建新元件】对话框

（11）打开【库】面板，将【文字 01】元件拖曳至舞台，打开【属性】面板，展开【位置和大小】，将 X、Y 分别设置为 0、-91，如图 13.12 所示。

（12）选择第 19 帧，按 F6 键插入关键帧，选择【文字 01】元件，将 Y 设置为-25，如图 13.13 所示。

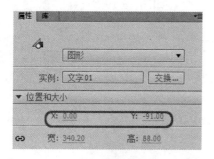

图 13.12　设置位置　　　　　　　　　图 13.13　设置 Y

（13）选择第 15 帧，在菜单栏中选择【插入】|【传统补间】命令，如图 13.14 所示，即可插入传统补间动画。

（14）选择第 24 帧插入关键帧，将 Y 设置为-91。在【时间轴】面板中选择第 22 帧，右击，在弹出的快捷菜单中选择【创建传统补间】命令，如图 13.15 所示。

图 13.14　选择【传统补间】命令　　　图 13.15　选择【创建传统补间】命令

（15）单击【新建图层】按钮，新建【图层 2】，打开【库】面板，将【文字 02】元件拖至舞台，展开【位置和大小】，将 X、Y 分别设置为 0、91，如图 13.16 所示。

(16) 选择第 19 帧，按 F6 键插入关键帧，选择【文字 02】元件，将 Y 设置为 55，如图 13.17 所示。

图 13.16　设置位置　　　　　　　　　　　　　图 13.17　设置 Y

(17) 选择第 15 帧，在菜单栏中选择【插入】|【传统补间】命令，如图 13.18 所示，即可插入传统补间动画。

(18) 选择第 24 帧插入关键帧，将 Y 设置为 91。在【时间轴】面板中选择第 22 帧，右击，在弹出的快捷菜单中选择【创建传统补间】命令，如图 13.19 所示。

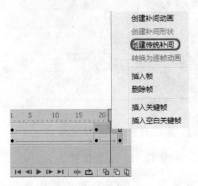

图 13.18　选择【传统补间】命令　　　　　图 13.19　选择【创建传统补间】命令

(19) 返回到场景 1 中，新建【图层 2】，打开【库】面板，将【文字动画】元件拖曳至舞台中，打开【对齐】面板，单击【水平中齐】和【垂直中齐】按钮，如图 13.20 所示。

(20) 新建【图层 3】，将【矩形】元件拖曳至舞台中，在工具箱中选择【任意变形工具】，选择矩形，调整其大小，调整完成后的效果如图 13.21 所示。

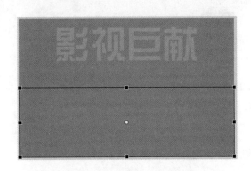

图 13.20　【对齐】面板　　　　　　　图 13.21　调整完成后的效果

(21) 至此，弹跳文字就制作完成了，按 Ctrl+Enter 组合键测试影片，效果如图 13.22

所示。测试完成后将场景保存。

图 13.22　测试影片

13.2　闪 光 文 字

下面介绍制作 Flash 闪光文字。闪光文字的效果如图 13.23 所示。

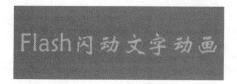

图 13.23　最终效果

(1) 新建空白文档，将舞台大小设置为 500×178，将舞台颜色设置为#FF3366，完成后的效果如图 13.24 所示。

(2) 单击【新建图层】按钮，新建【图层 2】，在工具箱中选择【矩形工具】，将【笔触颜色】设置为无，将【填充颜色】设置为白色，在舞台中绘制矩形，如图 13.25 所示。

图 13.24　设置舞台后的效果

图 13.25　绘制矩形

(3) 使用【选择工具】选择绘制的矩形，按 F8 键打开【转换为元件】对话框，将【名称】设置为"矩形"，将【类型】设置为【图形】，单击【确定】按钮，如图 13.26 所示。

(4) 在舞台中将转换为元件的矩形删除。在菜单栏中选择【插入】|【新建元件】命令，打开【创建新元件】对话框，将【名称】设置为"变色动画"，将【类型】设置为【影片剪辑】，如图 13.27 所示。

图 13.26 【转换为元件】对话框　　　　图 13.27 【创建新元件】对话框

　　(5) 打开【库】面板，将【矩形】元件拖曳至舞台中，打开【属性】面板，将【样式】设置为 Alpha，将其设置为 100；选择时间轴的第 15 帧，按 F6 键插入关键帧，选择【矩形】元件，将样式设置为 Alpha，将 Alpha 设置为 0，如图 13.28 所示。

　　(6) 选择第 1 帧至第 15 帧中的任意一帧，在菜单栏中选择【插入】|【传统补间】命令，创建传统补间动画。添加完成后的效果如图 13.29 所示。

 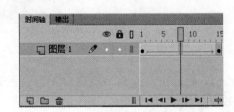

图 13.28 设置样式　　　　图 13.29 创建传统补间动画后的效果

　　(7) 选择第 30 帧，插入关键帧，选择矩形，将【样式】设置为色调，将【色调】设置为 100，将【红】、【绿】、【蓝】设置为 251、248、4，如图 13.30 所示。

　　(8) 在第 15 帧与第 30 帧处任选一帧，右击，在弹出的快捷菜单中选择【创建传统补间】命令，创建传统补间动画；选择第 45 帧，插入关键帧，选择矩形，将【红】、【绿】、【蓝】设置为 3、255、33，如图 13.31 所示。

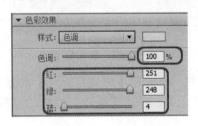 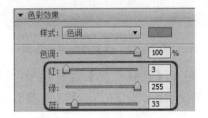

图 13.30 设置颜色　　　　图 13.31 设置颜色

　　(9) 在第 30 帧与第 45 帧之间创建传统补间动画；选择第 60 帧，插入关键帧，选择矩形，将【红】、【绿】、【蓝】设置为 40、172、255，如图 13.32 所示。

　　(10) 在第 45 帧与第 60 帧之间创建传统补间动画；选择第 75 帧，插入关键帧，选择矩形，将【样式】设置为 Alpha，将 Alpha 值设置为 0，如图 13.33 所示。

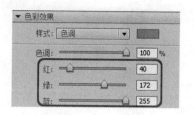

图 13.32　设置颜色

图 13.33　设置样式

(11) 在第 60 帧与第 75 帧处创建传统补间动画；选择第 90 帧，插入关键帧，将 Alpha 值设置为 100，如图 13.34 所示。

(12) 在第 75 帧与第 90 帧处创建传统补间动画；选择第 105 帧，按 F5 键插入帧。在菜单栏中选择【插入】|【新建元件】命令，如图 13.35 所示。

图 13.34　设置 Alpha 值

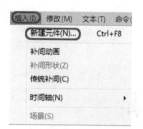

图 13.35　选择【新建元件】命令

(13) 弹出【创建新元件】对话框，将【名称】设置为"动画"，将【类型】设置为【影片剪辑】，打开【库】面板，将【变色动画】元件拖曳至舞台中，再在【库】面板中将【变色动画】元件拖曳至舞台中并调整其位置，重复此操作，完成后的效果如图 13.36 所示。

(14) 单击【新建图层】按钮，新建【图层 2】，在工具箱中选择【文本工具】，将【系列】设置为【华文新魏】，将【大小】设置为 58、【颜色】为任意色，设置完成后在舞台中输入文字。完成后的效果如图 13.37 所示。

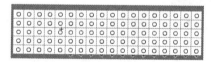

图 13.36　调整完成后的效果

Flash闪动文字动画

图 13.37　输入文字

(15) 使用【选择工具】选择文字，按两次 Ctrl+B 组合键将文字打散。打散后的效果如图 13.38 所示。

(16) 选择【图层 2】，单击鼠标右键，在弹出的快捷菜单中选择【遮罩层】命令，添加遮罩层，如图 13.39 所示。

(17) 返回到场景 1 中，打开【库】面板，将【动画】元件拖曳至舞台中并调整其位置，如图 13.40 所示。

(18) 按 Ctrl+Enter 组合键测试影片，确定影片准确无误后将场景进行保存。

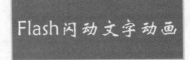

图 13.38　调整完成后的效果　　　　　图 13.39　输入文字

图 13.40　调整位置

13.3　渐隐渐现文字

下面介绍渐隐渐现文字的制作，效果如图 13.41 所示。

图 13.41　渐隐渐现文字的效果

(1) 新建空白文档，打开【属性】面板，将大小设置为 560×420，如图 13.42 所示。

(2) 在菜单栏中选择【文件】|【导入】|【导入到舞台】命令，打开【导入】对话框，在该对话框中选择"渐隐渐现文字背景.jpg"，单击【打开】按钮，如图 13.43 所示。

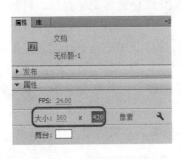

图 13.42　调整舞台的大小

图 13.43　【导入】对话框

（3）在【属性】面板中将【宽】和【高】分别设置为 560、420，打开【对齐】面板，单击【水平中齐】和【垂直中齐】按钮，将图片与舞台对齐，如图 13.44 所示。在【时间轴】面板中选择【图层 1】的第 80 帧，按 F5 键插入普通帧。

（4）单击【新建图层】按钮，新建【图层 2】，在工具箱中选择【矩形工具】，在【属性】面板中将笔触颜色设置为无，将填充颜色设置为#FF99FF，在舞台中绘制矩形，如图 13.45 所示。

图 13.44　【对齐】面板

图 13.45　设置矩形属性

（5）使用【选择工具】，选择绘制的矩形，按 F8 键打开【转换为元件】对话框，将【名称】设置为"矩形"，将【类型】设置为【图形】，单击【确定】按钮，如图 13.46 所示。

（6）在舞台中将转换为元件的矩形删除。按 Ctrl+F8 组合键打开【创建新元件】对话框，将【名称】设置为"动画 01"，将【类型】设置为【影片剪辑】，如图 13.47 所示。

图 13.46　【转换为元件】对话框

图 13.47　【创建新元件】对话框

（7）单击【确定】按钮，使用同样的方法创建影片剪辑元件动画 02、动画 03、动画 04，效果如图 13.48 所示。

（8）在【库】面板中，双击【动画 01】影片剪辑元件，将【矩形】元件拖曳至舞台中，按 Ctrl+K 组合键，打开【对齐】面板，单击【水平中齐】和【垂直中齐】按钮，如图 13.49 所示。

图 13.48　创建元件后的效果

图 13.49　【对齐】面板

(9) 在【时间轴】面板中选择【图层 1】，单击鼠标右键，在弹出的快捷菜单中选择【添加传统运动引导层】命令，如图 13.50 所示。

(10) 在工具箱中选择【铅笔工具】，将舞台放大至 400%，使用铅笔工具绘制引导线，如图 13.51 所示。

图 13.50　选择【添加传统运动引导层】命令　　　　图 13.51　绘制引导线

(11) 选择【引导层】的第 45 帧，按 F5 帧插入普通帧，选择【图层 1】的第 10 帧，按 F6 键插入关键帧，将【矩形】元件移动至如图 13.52 所示的位置。

(12) 选择【图层 1】的第 1 帧至第 10 帧的任意一帧，在菜单栏中选择【传统补间】命令，如图 13.53 所示。

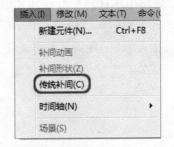

图 13.52　调整位置　　　　　　　　　图 13.53　选择【传统补间】命令

(13) 选择第 45 帧，按 F6 键插入关键帧，调整矩形至引导线的末端，打开【属性】面板，将【样式】设置为 Alpha，并将其值设置为 0，如图 13.54 所示。

(14) 选择第 10 帧至第 45 帧的任意位置，选择菜单栏中的【插入】|【传统补间】命令，如图 13.55 所示。

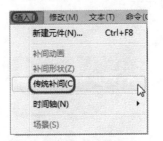

图 13.54　调整位置　　　　　　　　　图 13.55　选择【传统补间】命令

(15) 在【库】面板中双击【动画 02】，将矩形拖曳至舞台中，按 Ctrl+K 组合键，打开【对齐】面板，单击【水平中齐】和【垂直中齐】按钮，如图 13.56 所示。

(16) 为【图层 1】添加传统运动引导层，双击【动画 01】，选择绘制的曲线，按 Ctrl+C 组合键进行复制，返回到【动画 02】中，选择引导层的第 1 帧，在舞台中按 Ctrl+V 组合键进行粘贴，效果如图 13.57 所示。

图 13.56 【对齐】面板

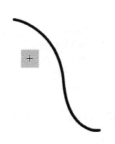

图 13.57 粘贴后的效果

(17) 使用【选择工具】双击曲线，在菜单栏中选择【修改】|【变形】|【顺时针旋转 90°】命令，设置完成后的效果如图 13.58 所示。

(18) 调整曲线的位置，选择引导层的第 45 帧，按 F5 键插入帧，选择【图层 1】的第 10 帧，按 F6 键插入关键帧，在舞台中调整矩形的位置，效果如图 13.59 所示。

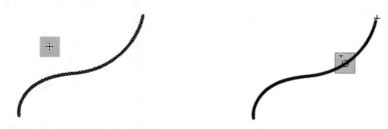

图 13.58 调整完成后的效果　　　　　　图 13.59 调整矩形位置

(19) 选择【图层 1】的第 1 帧至第 10 帧的任意一帧，在菜单栏中选择【传统补间】命令，如图 13.60 所示。

(20) 选择【图层 1】的第 45 帧，按 F6 键插入关键帧，调整矩形的位置至曲线的末端，打开【属性】面板，将【样式】设置为 Alpha，并将其值设置为 0，如图 13.61 所示。

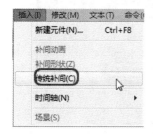

图 13.60 选择【传统补间】命令

图 13.61 设置样式

(21) 选择第 10 帧至第 45 帧中的任意一帧，单击鼠标右键，在弹出的快捷菜单中选择

【创建传统补间】命令，如图 13.62 所示。

(22) 在【库】面板中双击【动画 03】，将矩形拖曳至舞台中，按 Ctrl+K 组合键打开【对齐】面板，单击【水平中齐】和【垂直中齐】按钮，如图 13.63 所示。

图 13.62　选择【创建传统补间】命令　　　　图 13.63　【对齐】面板

(23) 为【图层 1】添加传统运动引导层，双击【动画 02】，选择绘制的曲线，按 Ctrl+C 组合键进行复制，返回到【动画 03】中，选择引导层的第 1 帧，在舞台中按 Ctrl+V 组合键进行粘贴，效果如图 13.64 所示。

(24) 使用【选择工具】双击曲线，在菜单栏中选择【修改】|【变形】|【顺时针旋转 90°】命令，设置完成后的效果如图 13.65 所示。

图 13.64　粘贴后的效果　　　　　图 13.65　调整完成后的效果

(25) 调整曲线的位置，选择引导层的第 45 帧，按 F5 键插入帧，选择【图层 1】的第 10 帧，按 F6 键插入关键帧，在舞台中调整矩形的位置，效果如图 13.66 所示。

(26) 选择【图层 1】的第 1 帧至第 10 帧的任意一帧，在菜单栏中选择【传统补间】命令，如图 13.67 所示。

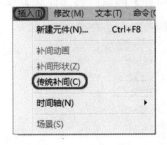

图 13.66　调整完成后的效果　　　　图 13.67　选择【传统补间】命令

(27) 选择【图层 1】的第 45 帧，按 F6 键插入关键帧，调整矩形的位置至曲线的末端，打开【属性】面板，将【样式】设置为 Alpha，并将其值设置为 0，如图 13.68 所示。

(28) 选择第 10 帧至第 45 帧中的任意一帧，在菜单栏中选择【插入】|【传统补间】命令，如图 13.69 所示。

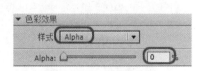

图 13.68　设置样式　　　　　　　　　　　图 13.69　选择【传统补间】命令

(29) 使用同样的方法制作【动画 04】。返回到场景 1 中，在工具箱中选择【矩形工具】，将笔触颜色设置为无，将填充颜色设置为线性渐变，如图 13.70 所示。

(30) 打开【颜色】面板，将第 1 个、第 2 个、第 3 个色标颜色都设置为#FF6600，将第 3 个色标的 Alpha 设置为 0，如图 13.71 所示。

图 13.70　设置填充和笔触　　　　　　　　图 13.71　【颜色】面板

(31) 选择【图层 2】，在舞台中的任意位置绘制矩形。绘制完成后的效果如图 13.72 所示。

(32) 选择绘制的矩形，按 F8 键打开【转换为元件】对话框，将【名称】命名为"渐变矩形"，将【类型】设置为【图形】，如图 13.73 所示。

图 13.72　绘制矩形　　　　　　　　　　　图 13.73　【转换为元件】对话框

(33) 单击【确定】按钮，将转换为矩形的元件删除，在工具箱中选择【文本工具】，将【系列】设置为【华文新魏】，将【大小】设置为 45，颜色设置为任意色，如图 13.74 所示。

(34) 在舞台中单击创建文本，如图 13.75 所示。选择【图层 2】的第 80 帧，按 F5 键插入普通帧。

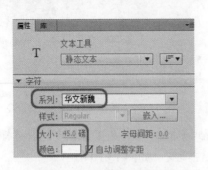

图 13.74　设置文本属性

图 13.75　输入文本

(35) 按两次 Ctrl+B 组合键将文字打散，在【时间轴】面板中选择【图层 1】，单击【新建图层】按钮，新建【图层 3】，打开【库】面板，将【渐变矩形】拖曳至舞台中，打开【属性】面板，将 X、Y 设置为-354、125，如图 13.76 所示。

(36) 选择【图层 3】的第 50 帧，插入关键帧，选择【渐变矩形】，在【属性】面板中将 X、Y 设置为 166、125，如图 13.77 所示。

图 13.76　设置位置

图 13.77　设置位置

(37) 选择【图层 3】的第 1 帧至第 50 帧的任意一帧，选择【插入】|【传统补间】命令，创建传统补间动画，如图 13.78 所示。

(38) 在【图层 3】的第 80 帧处插入帧，在【时间轴】面板中选择【图层 2】，单击鼠标右键，在弹出的快捷菜单中选择【遮罩层】命令，如图 13.79 所示。

图 13.78　选择【传统补间】命令

图 13.79　选择【遮罩层】命令

(39) 在菜单栏中选择【插入】|【新建元件】命令，打开【创建新元件】对话框，将【名称】设置为"动画"，将【类型】设置为【影片剪辑】，单击【确定】按钮，如图 13.80 所示。

(40) 打开【库】面板，将影片剪辑元件【动画 01】、【动画 02】、【动画 03】、【动画 04】拖曳至【动画】元件中，打开【属性】面板，分别调整【动画 01】、【动画 02】、【动画 03】、【动画 04】的 X、Y 为-5,5、5,5、-5,-5、5,-5。设置完成后的效果如图 13.81 所示。

图 13.80　【创建新元件】对话框　　　　图 13.81　设置完成后的效果

(41) 在【库】面板中选择【动画 01】，选择【图层 1】的第 45 帧，单击鼠标右键，在弹出的快捷菜单中选择【动作】命令，打开【动作】面板，在该面板中输入代码"stop()"，如图 13.82 所示。

(42) 使用同样的方法为【动画 02】、【动画 03】、【动画 04】添加代码。返回到场景 1 中，新建【图层 4】，选择第 10 帧，按 F6 键插入关键帧，打开【库】面板，将【动画】拖曳至舞台中，并调整其位置，如图 13.83 所示。

图 13.82　【动作】面板　　　　　　　　图 13.83　调整位置

(43) 选择第 50 帧，插入关键帧，调整其位置，如图 13.84 所示。

(44) 在第 10 帧至第 50 帧处创建传统补间动画，按 Ctrl+Enter 组合键测试影片，如图 13.85 所示。

图 13.84　调整位置　　　　　　　　　　图 13.85　测试影片

13.4 破碎文字

下面制作破碎文字，效果如图 13.86 所示。

图 13.86　最终效果

(1) 启动软件后，在打开的界面中选择 ActionScript 3.0 选项，新建空白文档，将舞台大小设置为 540×405，如图 13.87 所示。

(2) 按 Ctrl+R 组合键打开【导入】对话框，在该对话框中选择图片"破碎文字背景.jpg"，单击【打开】按钮导入图片，如图 13.88 所示。

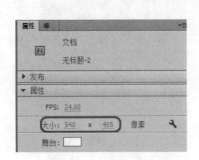

图 13.87　设置舞台大小　　　　　　　　图 13.88　【导入】对话框

(3) 选择刚刚导入的图片，打开【属性】面板，将【宽】和【高】分别设置为 540、405，按 Ctrl+K 组合键打开【对齐】面板，单击【水平中齐】和【垂直中齐】按钮，如图 13.89 所示。

(4) 选择该图层的第 100 帧，按 F5 键插入帧，单击【新建图层】按钮，新建【图层 2】，在工具箱中选择【文本工具】，打开【属性】面板，将【系列】设置为【华文新魏】，将【大小】设置为 45，将【颜色】设置为黑色，如图 13.90 所示。

(5) 在舞台中输入文本"低头弄莲子"，使用【选择工具】选择文本，按 F8 键打开【转换为元件】对话框，将【名称】设置为"文字 01"，将【类型】设置为【图形】，单击【确定】按钮，如图 13.91 所示。

图 13.89　【对齐】面板

图 13.90　设置文本属性

(6) 将刚转换为元件的文字删除，继续使用文本工具，在舞台中单击并输入文本"莲子清如水"，使用【选择工具】选择文本，按 F8 键打开【转换为元件】对话框，将【名称】设置为"文字 02"，将【类型】设置为【图形】，单击【确定】按钮，如图 13.92 所示。

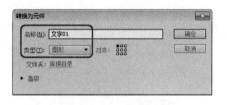

图 13.91　【转换为元件】对话框

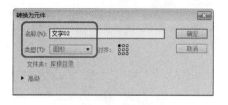

图 13.92　【转换为元件】对话框

(7) 打开【库】面板，将【文字 01】拖曳至舞台中，打开【属性】面板，将 X、Y 设置为 538、41，将【样式】设置为 Alpha，将其值设置为 0，如图 13.93 所示。

(8) 选择【图层 2】的第 35 帧，按 F6 键插入关键帧，选择【文字 01】，将 X、Y 设置为 80、41，将 Alpha 设置为 100，如图 13.94 所示。

图 13.93　【属性】面板

图 13.94　【属性】面板

(9) 选择第 15 帧，在菜单栏中选择【插入】|【传统补间】命令，创建传统补间动画，如图 13.95 所示。

(10) 单击【新建图层】按钮，新建【图层 3】，选择该图层的第 10 帧，按 F6 键插入关键帧，打开【库】面板，将【文字 02】元件拖曳至舞台中，打开【属性】面板，将 X、

Y 设置为-230、133，将【样式】设置为 Alpha，并将其值设置为 0，如图 13.96 所示。

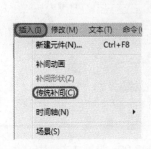

图 13.95　选择【传统补间】命令

图 13.96　【属性】面板

(11) 选择该图层的第 45 帧，按 F6 键插入关键帧，将 X、Y 设置为 176、133，将 Alpha 设置为 100，如图 13.97 所示。

(12) 选择该图层的第 30 帧，在菜单栏中选择【插入】|【传统补间】命令，创建传统补间动画，如图 13.98 所示。

图 13.97　【属性】面板

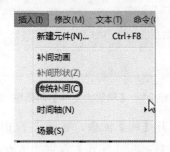

图 13.98　选择【传统补间】命令

(13) 将【图层 2】、【图层 3】的第 65 帧至第 100 帧选择，单击鼠标右键，在弹出的快捷菜单中选择【删除帧】命令，效果如图 13.99 所示。

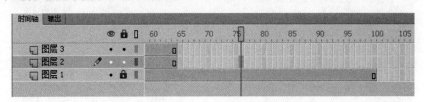

图 13.99　删除帧后的效果

(14) 新建【图层 4】，选择第 64 帧，按 F6 键插入关键帧，打开【库】面板，将【文字 01】拖曳至舞台中，将其与"低头弄莲子"文字重合，效果如图 13.100 所示。

(15) 使用同样的方法将【文字 02】拖曳至舞台中并将其与"莲子清如水"重合，选择第 64 帧，按 3 次 Ctrl+B 组合键将文字打散，完成后的效果如图 13.101 所示。

(16) 选择第 72 帧，按 F6 键插入关键帧，将舞台中的文字删除，在工具箱中选择【矩形工具】，绘制黑色的矩形。使用【套索工具】在矩形中绘制不规则图形，然后将绘制的图形移出矩形，如图 13.102 所示。

图 13.100　重合后的效果

图 13.101　将文字打散

（17）使用同样的方法绘制若干图形，并将其移出矩形，完成后将矩形删除并调整不规则图形的位置，效果如图 13.103 所示。

图 13.102　绘制不规则图形

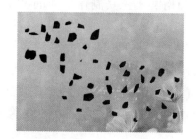

图 13.103　调整位置

（18）选择第 66 帧，在菜单栏中选择【插入】|【补间形状】命令，创建补间形状动画。选择第 73 帧，按 F6 键插入关键帧，选择全部的不规则图形，按 F8 键打开【转换为元件】对话框，将【名称】设置为"不规则图形"，将【类型】设置为【图形】，如图 13.104 所示。

（19）在舞台中选择【不规则图形】元件，将【样式】设置为 Alpha，并将其值设置为100，如图 13.105 所示。

图 13.104　【转换为元件】对话框

图 13.105　设置样式

（20）选择第 78 帧，按 F6 键插入关键帧，将 Alpha 设置为 0；选择第 75 帧，在菜单栏中选择【插入】|【传统补间】命令，创建传统补间动画。至此，破碎文字动画就制作完成了，按 Ctrl+Enter 组合键测试影片，如图 13.106 所示。

（21）测试完影片后将影片导出并将场景进行保存。

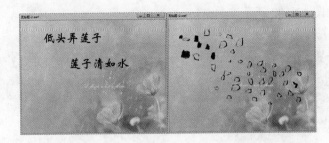

图 13.106　测试影片

13.5　风吹文字

使用文本工具制作下面的文字效果，并提前熟悉元件、库的使用，完成后的效果如图 13.107 所示。

(1) 运行 Flash CC 软件后，在界面中选择【新建】选项组中的【Flash 文件(ActionScript 3.0)】选项，新建文档。

(2) 在【属性】面板中单击【属性】项下的【编辑】按钮，在弹出的【文档设置】对话框中设置【尺寸】为 800×500 像素，【帧频】为 12，单击【确定】按钮，如图 13.108 所示。

图 13.107　最终效果

图 13.108　【文档设置】对话框

(3) 在菜单栏中选择【文件】|【导入】|【导入到库】命令，在弹出的【导入到库】对话框中选择随书附带光盘中的"CDROM\素材\Cha13\风吹背景.jpg"文件，如图 13.109 所示。

(4) 在【库】面板中查看导入进库的素材，如图 13.110 所示。

图 13.109　导入素材

图 13.110　【库】面板

(5) 将【库】面板中的"风吹背景.jpg"素材拖曳到舞台中，并在【属性】面板中将 X、Y 位置分别设置为 0，如图 13.111 所示。

(6) 在工具箱中选择【文本工具】 $\boxed{\text{T}}$，在舞台区中创建文本"向往自由"，并在【属性】面板中设置字体为【华文行楷】、【大小】为 80、【颜色】为蓝色，创建竖排的文字即可，如图 13.112 所示。

图 13.111　设置位置

图 13.112　创建文本

(7) 在舞台区中选中文本，按 Ctrl+B 组合键，将文本进行分离，如图 13.113 所示。

(8) 在舞台区中选择"向"对象，按 F8 键转换为元件，在弹出的【转换为元件】对话框中输入名称为"向"，【类型】为【图形】，如图 13.114 所示。

图 13.113　文本分离

图 13.114　【转换为元件】对话框

(9) 使用以上同样的方法，将其余三个字转换为元件，制作完成后将舞台中的文本删除，此时就会发现图形元件都在【库】面板中，如图 13.115 所示。

(10) 在【时间轴】面板中选择【图层 1】，在第 35 帧处插入关键帧，并新建图层，在【库】面板中将【向】元件拖曳到舞台，并调整位置，如图 13.116 所示。

图 13.115　【库】面板

图 13.116　新建图层

(11) 选择【图层 2】的第 20 帧，按 F7 键插入空白关键帧，然后在【库】面板中将元件【向】拖曳至舞台中右上角的位置，并使用【任意变形工具】，调整元件的大小和方向，如图 13.117 所示。

(12) 选择【图层 2】的第 20 帧，并选择舞台中的文本，在【属性】面板中，选择色彩效果下的 Alpha 的值为 0%，如图 13.118 所示。

图 13.117　任意变形工具调整元件

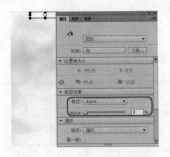

图 13.118　色彩效果设置

(13) 在第 1 帧到第 20 帧之间任意选择一帧，单击鼠标右键，在弹出的快捷菜单中选择【创建传统补间】命令，如图 13.119 所示。

(14) 再次在【时间轴】面板中新建图层，并从【库】面板中将【往】元件拖入舞台并放置在合适位置，如图 13.120 所示。

图 13.119　选择【创建传统补间】命令

图 13.120　新建图层

(15) 选择【图层 3】的第 5 帧，然后按 F6 键插入关键帧，如图 13.121 所示。

(16) 选择【图层 3】的第 24 帧，按 F7 键插入空白关键帧，然后在【库】面板中将元件【往】拖曳至舞台中右上角的位置，并使用【任意变形工具】，调整元件的大小和方向，如图 13.122 所示。

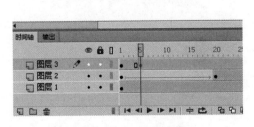

图 13.121　插入关键帧

图 13.122　插入空白关键帧

(17) 选择【图层 3】的第 24 帧，并选择舞台中的文本，在【属性】面板中，选择色彩效果下的 Alpha 的值为 0%，如图 13.123 所示。

(18) 在第 5 帧到 24 帧之间单击任意一帧，并单击鼠标右键，在弹出的快捷菜单中选择【创建传统补间】命令，如图 13.124 所示。

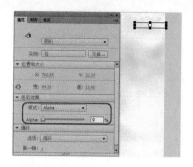

图 13.123　色彩效果设置　　　　　　　图 13.124　选择【创建传统补间】命令

(19) 使用同样的方法制作出【自】和【由】的补间效果，如图 13.125 所示。

(20) 在菜单栏中选择【文件】|【导出】|【导出影片】命令，在弹出的【导出影片】对话框中选择正确的保存路径，并将其命名为"风吹文本"，其格式为【SWF 影片(*.swf)】，如图 13.126 所示。

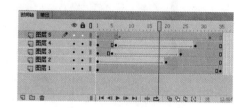

图 13.125　补间效果　　　　　　　图 13.126　【导出影片】对话框

(21) 单击【导出】按钮，即可将其导出。在菜单栏中选择【文件】|【另存为】命令即可。

13.6　波　纹　字　体

本实例主要通过遮罩效果制作波纹的文字动画效果。通过本实例的学习，可以在对文本动画中应用遮罩和传统补间制作动画的方法有进一步的了解。本实例效果如图 13.127 所示。

(1) 在菜单栏中选择【文件】|【新建】命令，弹出【新建文档】对话框，在【类型】列表框中选择 ActionScript 3.0 选项，即可新建一个空白文档，打开【属性】面板，单击【属性】选项组下的【编辑文档

图 13.127　最终效果

属性】按钮 ，如图 13.128 所示。

(2) 在打开的【文档设置】对话框中将【尺寸】设置为 400 像素(宽度)×250 像素(高度)，然后单击【确定】按钮，如图 13.129 所示。

图 13.128　【属性】面板

图 13.129　【文档设置】对话框

(3) 在菜单栏中选择【插入】|【新建元件】命令，弹出【创建新元件】对话框，在【名称】文本框中输入"矩形"，将【类型】设置为【影片剪辑】，然后单击【确定】按钮，如图 13.130 所示。

(4) 单击工具箱中的【矩形工具】 ，在舞台中绘制一个【宽】为 2 像素，【高】为 20 像素的矩形，填充颜色为#000000，笔触颜色设置为无，如图 13.131 所示。

图 13.130　【创建新元件】对话框

图 13.131　【属性】面板

(5) 在舞台中使用同样的方法绘制其他的矩形，绘制多个矩形，完成后的场景效果如图 13.132 所示。

(6) 在菜单栏中选择【插入】|【新建元件】命令，如图 13.133 所示。

图 13.132　绘制矩形

图 13.133　选择【新建元件】命令

(7) 打开【创建新元件】对话框,将其命名为"文字动画",将【类型】设置为【影片剪辑】,然后单击【确定】按钮,如图 13.134 所示。

(8) 选择【时间轴】面板中【图层 1】的第 10 帧,单击鼠标右键,在弹出的快捷菜单中选择【插入关键帧】命令,如图 13.135 所示。

图 13.134　【创建新元件】对话框

图 13.135　选择【插入关键帧】命令

(9) 单击工具箱中的【文本工具】 T,在舞台区中创建文本,如图 13.136 所示。

(10) 在【属性】面板中将字体设置为【华文行楷】,【大小】为 15,【颜色】为黑色,如图 13.137 所示。

图 13.136　创建文本

图 13.137　设置字体

(11) 选择【图层 1】的第 10 帧,单击舞台中的实例,在菜单栏中执行两次【修改】|【分离】命令,如图 13.138 所示。

(12) 执行两次【修改】|【分离】命令后的文字效果如图 13.139 所示。

图 13.138　选择【分离】命令

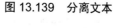

图 13.139　分离文本

(13) 将文字图形转换为元件。右击鼠标，在弹出的快捷菜单中选择【转换为元件】命令，将【名称】设置为"文字"，【类型】设置为【图形】，如图 13.140 所示。

(14) 在【时间轴】面板中，分别选择【图层 1】的第 70 帧和第 100 帧，按 F6 键插入关键帧，如图 13.141 所示。

图 13.140　【转换为元件】对话框

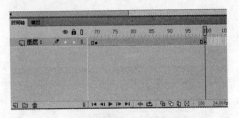

图 13.141　插入关键帧

(15) 选择第 10 帧上的元件，在【属性】面板的【色彩效果】选项组中，将【样式】设值为 Alpha，将其值设置为 0%，如图 13.142 所示。

(16) 继续选择第 70 帧上的元件，将其 Alpha 值设置为 40%，如图 13.143 所示。

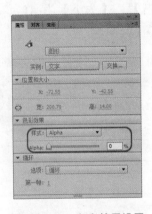

图 13.142　色彩效果设置

图 13.143　色彩效果设置

(17) 分别选择第 10 帧到第 70 帧之间，第 70 帧到第 100 帧之间的任意一帧，右击鼠标，在弹出的快捷菜单中选择【创建传统补间】命令，如图 13.144 所示。

(18) 在【时间轴】面板中，单击【新建图层】按钮，新建【图层 2】，在【库】面板中将【文字】元件拖入到舞台并和【图层 1】的文字图形完全重合，效果如图 13.145 所示。

图 13.144　选择【创建传统补间】命令

图 13.145　【库】面板

(19) 在【时间轴】面板中，单击【新建图层】按钮，新建【图层 3】，在【库】面板中将【矩形组】元件拖入到舞台中，选择工具箱中【任意变形工具】调整大小，覆盖文字图形即可，如图 13.146 所示。

(20) 在【时间轴】面板中选择【图层 3】的第 99 帧，按 F6 键插入关键帧，在第 100 帧插入空白关键帧，选择第 99 帧，在工具箱中单击【任意变形工具】，按住 Shift 键拖动鼠标，将元件等比例缩小，如图 13.147 所示。

图 13.146　覆盖文字

图 13.147　等比例缩小

(21) 选择【图层 3】的第 1 帧到第 99 帧之间的任意一帧，右击鼠标，在弹出的快捷菜单中选择【创建传统补间】命令，如图 13.148 所示。

(22) 选择【图层 3】，右击鼠标，在弹出的快捷菜单中选择【遮罩层】命令，如图 13.149 所示。

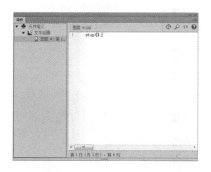

图 13.148　选择【创建传统补间】命令

图 13.149　选择【遮罩层】命令

(23) 单击【新建图层】按钮，新建【图层 4】，在其第 100 帧上按 F6 键插入关键帧，选择第 100 帧，按 F9 键，在弹出的【动作】面板中输入"stop();"脚本语言，如图 13.150 所示。

(24) 返回到【场景 1】的编辑状态，在菜单栏中选择【文件】|【导入】|【导入到舞台】命令，如图 13.151 所示。

图 13.150　【动作】面板

图 13.151　选择【导入到舞台】命令

(25) 在弹出的【导入】对话框中，选择随书附带光盘中的"CDROM\素材\Cha13\波纹背景.jpg"文件，单击【打开】按钮，如图 13.152 所示。

(26) 选择导入的素材，在【属性】面板中将 X、Y 位置设置为 0，如图 13.153 所示。

图 13.152　【导入】对话框　　　　　图 13.153　【属性】面板

(27) 将【库】面板中的【文字动画】元件拖入到舞台中，并调整其位置和合适的大小，如图 13.154 所示。

(28) 至此，波纹的文字动画就制作完成了，在菜单栏中选择【文件】|【导出】|【导出影片】命令，如图 13.155 所示。

图 13.154　文字动画　　　　　　　图 13.155　选择【导出影片】命令

(29) 在弹出的【导出影片】对话框中为其指定一个正确的存储路径，将其命名为"波纹文本"，其格式为【SWF 影片(*.swf)】，单击【保存】按钮，即可将其导出，如图 13.156 所示。

(30) 在菜单栏中选择【文件】|【另存为】命令，如图 13.157 所示。

图 13.156　【导出影片】对话框　　　　图 13.157　选择【另存为】命令

(31) 在弹出的【另存为】对话框中为其指定一个正确的存储路径，将其命名为"波纹文本"，其格式为【Flash CS6(*fla)】，单击【保存】按钮，即可保存文档，如图 13.158 所示。

图 13.158 【另存为】对话框

13.7 放 大 文 字

本例主要制作文字放大的效果。通过本实例的学习，可以对在文本动画中创建传统补间动画的方法有进一步的了解，本实例效果如图 13.159 所示。

(1) 在菜单栏中选择【文件】|【新建】命令，弹出【新建文档】对话框，在【类型】列表框中选择 ActionScript 3.0 选项，即可新建一个空白文档。打开【属性】面板，单击【属性】选项组中的【编辑文档属性】按钮🔧，如图 13.160 所示。

图 13.159 最终效果

图 13.160 【属性】面板

(2) 在打开的【文档设置】对话框中将【尺寸】设置为 800 像素(宽度)×500 像素(高度)，然后单击【确定】按钮，如图 13.161 所示。

(3) 在菜单栏中选择【文件】|【导入】|【导入到库】命令，在弹出的【导入到库】对话框中选择随书附带光盘的"CDROM\素材\Cha13\放大背景.jpg"文件，如图 13.162 所示。

(4) 打开【库】面板，查看导入到库的素材，并将素材拖曳到舞台区中，如图 13.163 所示。

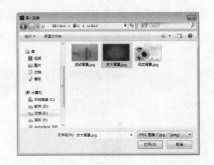

图 13.161 【文档设置】对话框　　　　图 13.162 【导入到库】对话框

(5) 打开【属性】面板，将舞台中的图像 X、Y 位置设置为 0，在【时间轴】面板中将图像进行加锁，选择【图层 1】，并在第 135 帧处插入帧，新建图层，如图 13.164 所示。

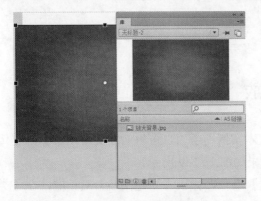

图 13.163 拖曳图形

图 13.164 【属性】面板

(6) 在工具箱中选择【文本工具】 T ，在舞台区中输入文本"LIFE"，如图 13.165 所示。

(7) 在【属性】面板中将【系列】设置为 Adobe Caslon Pro，【样式】设置为 Bold，【大小】设置为 100，【字母间距】设置为 10，【颜色】设置为白色，如图 13.166 所示。

图 13.165 创建文本

图 13.166 设置字体

(8) 在舞台区中选择文本，按两次 Ctrl+B 组合键，将文本进行分离，并依次将每一个字母按 Ctrl+G 组合键进行组合，如图 13.167 所示。

(9) 在舞台区中选择"L"文本，按 F8 键转换为元件，在弹出的【转换为元件】对话框中输入名称为"L"，【类型】为【图形】，并依次将每个字母转换为元件即可，如图 13.168 所示。

图 13.167　分离文本

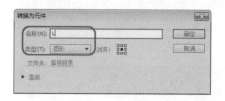

图 13.168　【转换为元件】对话框

(10) 将舞台中的字母删除，打开【库】面板，将 L 元件拖曳到舞台中，并放置到合适的位置，如图 13.169 所示。

(11) 在【时间轴】面板中选择【图层 2】，在第 10 帧处插入关键帧，按 Ctrl+T 组合键，打开【变形】面板，将元件大小放大到 200%，如图 13.170 所示。

图 13.169　拖曳元件

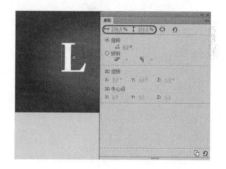

图 13.170　设置大小

(12) 在第 1 帧到第 10 帧之间创建传统补间动画，如图 13.171 所示。

(13) 选择【图层 2】的第 15 帧，插入关键帧，并按 Ctrl+T 组合键，打开【变形】面板，将舞台区中的对象缩小至 100%，并在第 10 帧到第 15 帧处创建传统补间动画，如图 13.172 所示。

图 13.171　创建传统补间动画

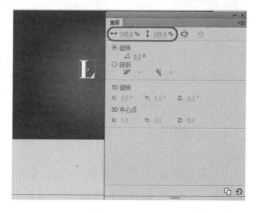

图 13.172　缩小元件

(14) 新建图层，并选择第 1 帧，在【库】面板中将 I 元件拖曳到舞台区中，并放置到合适的位置，在第 8 帧和第 18 帧处插入关键帧，单击第 18 帧，并在【变形】面板中将大小缩放到 200%，如图 13.173 所示。

(15) 在第 8 帧到第 18 帧处创建传统补间动画，并在第 23 帧处插入关键帧，单击第 23 帧，在【变形】面板中将元件缩小到 100%，在第 18 帧处到第 23 帧处创建传统补间动画，如图 13.174 所示。

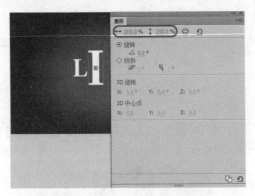

图 13.173　缩放文本

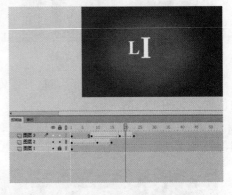

图 13.174　创建传统补间动画

(16) 新建图层，以同样的方法对【库】面板中的 F 元件进行设置，并在第 16 帧、第 26 帧和第 31 帧处插入关键帧，将第 26 帧处的元件大小缩放到 200%，如图 13.175 所示。

(17) 在【图层 4】中，在第 16 帧到第 26 帧之间，第 26 帧到第 31 帧之间分别创建传统补间动画，如图 13.176 所示。

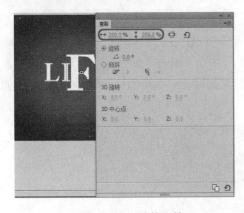

图 13.175　缩放元件

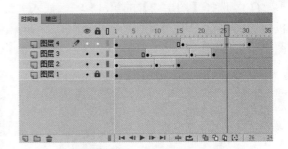

图 13.176　创建传统补间动画

(18) 新建图层，以上面同样的方法，将【库】面板中的 E 元件拖曳到舞台中进行设置，如图 13.177 所示。

(19) 新建图层，在工具箱中选择【文本工具】 ，在舞台区中创建文本"愿你享受你的生活"，并在【属性】面板中将【系列】设置为【华文新魏】，【大小】设置为 50，【字母间距】设置为 10，如图 13.178 所示。

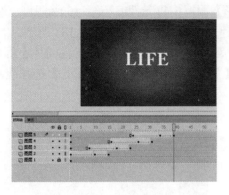

图 13.177　设置元件

图 13.178　设置字体

(20) 选中舞台中刚刚创建的文本，按两次 Ctrl+B 组合键进行分离，选中"愿"字，按 Ctrl+G 组合键进行组合，再按 F8 键转换为元件，在弹出的【转换为元件】对话框中设置【名称】为"愿"，【类型】为【图形】，如图 13.179 所示。

(21) 以同样的方法将其余的字进行设置，最后将字体删除，并在【库】面板中进行查看，在图形元件中将舞台设置为黑色，如图 13.180 所示。

图 13.179　【转换为元件】对话框

图 13.180　【库】面板

(22) 在【时间轴】面板中选择【图层 6】，在第 36 帧处插入关键帧，并在【库】面板中将【愿】元件拖曳到舞台中，放置到合适的位置。在【属性】面板的【色彩效果】选项组中选择 Alpha，设置为 0，如图 13.181 所示。

(23) 在【图层 6】中选择 46 帧，插入关键帧，选择舞台中的对象，在【变形】面板中将元件缩放至 300%，如图 13.182 所示。

图 13.181　插入关键帧

图 13.182　缩放元件

(24) 在第 51 帧处插入关键帧，在【变形】面板中将元件缩小至 100%即可，在第 36 帧到第 46 帧、第 46 帧到第 51 帧之间分别创建传统补间动画，如图 13.183 所示。

(25) 在【时间轴】面板中新建图层，在第 44 帧处插入关键帧，在【库】面板中将【你】元件拖曳到舞台中合适的位置，在【属性】面板的【色彩效果】选项组中选择 Alpha，设置为 0，如图 13.184 所示。

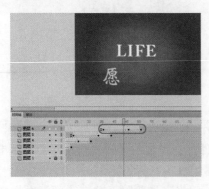
图 13.183 创建传统补间动画

图 13.184 色彩效果设置

(26) 在第 54 帧处插入关键帧，选择舞台中的对象，在【变形】面板中将其缩放至 300%，并在【属性】面板中将【色彩效果】设置为无，如图 13.185 所示。

(27) 在第 44 帧至 54 帧处创建传统补间动画，在 59 帧处插入关键帧，并将舞台中的对象在【变形】面板中缩小至 100%，在第 54 帧至 59 帧之间创建传统补间动画即可，如图 13.186 所示。

图 13.185 【变形】面板

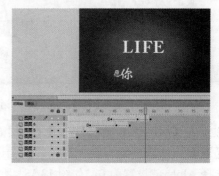
图 13.186 创建传统补间动画

(28) 在【时间轴】面板中新建图层，在第 52 帧处插入关键帧，在【库】面板中将【享】元件拖曳到舞台中合适的位置，在【属性】面板的【色彩效果】选项组中选择 Alpha，并设置为 0，如图 13.187 所示。

(29) 在 62 帧处插入关键帧，将舞台区中的对象在【属性】面板的【色彩效果】选项组中选择【无】，并在【变形】面板中将其缩放至 300%既可，如图 13.188 所示。

(30) 在第 52 帧至第 62 帧处创建传统补间动画，在第 67 帧处插入关键帧，在【变形】面板中将舞台区中的对象缩小至 100%即可，并在第 62 帧至第 67 帧处创建传统补间动画，如图 13.189 所示。

图 13.187　色彩效果设置

图 13.188　【变形】面板

(31) 在【时间轴】面板中新建图层，在第 60 帧处插入关键帧，在【库】面板中将【受】元件拖曳到舞台中，并放置到合适的位置，打开【属性】面板，在【色彩效果】选项组中选择 Alpha，并设置为 0，如图 13.190 所示。

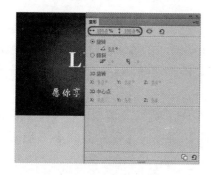

图 13.189　【变形】面板

图 13.190　色彩效果设置

(32) 在第 70 帧处插入关键帧，选择舞台中的对象，打开【属性】面板，在【色彩效果】选项组中选择【无】，并在【变形】面板中将对象缩放至 300%，如图 13.191 所示。

(33) 在第 60 帧至第 70 帧之间创建传统补间动画，在第 75 帧处插入关键帧，将舞台中的对象在【变形】面板中缩小至 100%，并在第 70 帧至第 75 帧处创建传统补间动画，如图 13.192 所示。

图 13.191　【变形】面板

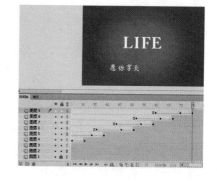

图 13.192　创建传统补间动画

(34) 在【时间轴】面板中新建图层，在第 68 帧处插入关键帧，将【库】面板中的

【你】元件拖曳到舞台中的合适位置，在【属性】面板的【色彩效果】选项组中选择
Alpha，并设置为 0，如图 13.193 所示。

(35) 在第 78 帧处插入关键帧，选择舞台中的对象，在【属性】面板的【色彩效果】
选项组中选择【无】，并在【变形】面板中将对象缩放至300%，如图 13.194 所示。

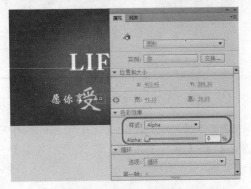

图 13.193　色彩效果设置

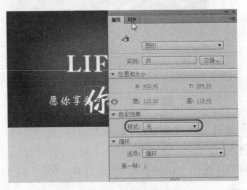

图 13.194　色彩效果设置

(36) 在第 68 帧至第 78 帧之间创建传统补间动画，在第 83 帧处插入关键帧，并在
【变形】面板中将舞台对象缩小至 100%，在第 78 帧至第 83 帧之间创建传统补间动
画，如图 13.195 所示。

(37) 在【时间轴】面板中新建图层，在第 76 帧处插入关键帧，将【库】面板中的
【的】元件拖曳到舞台中合适的位置，在【属性】面板的【色彩效果】选项组中选择
Alpha，并设置为 0，如图 13.196 所示。

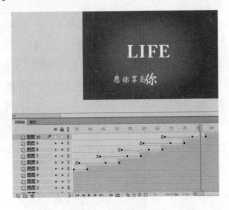

图 13.195　创建传统补间动画

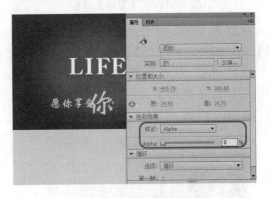

图 13.196　色彩效果设置

(38) 在 86 帧处插入关键帧，选择舞台中的对象，在【属性】面板的【色彩效果】选
项组中选择【无】，并在【变形】面板中将对象缩放至300%，如图 13.197 所示。

(39) 在第 76 帧至第 86 帧之间创建传统补间动画，并在第 91 帧处插入关键帧，在
【变形】面板中将舞台对象缩小至 100%，在第 86 帧至第 91 帧之间创建传统补间动
画，如图 13.198 所示。

图 13.197　缩放元件

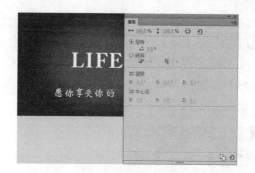

图 13.198　创建传统补间动画

(40) 在【时间轴】面板中新建图层，在第 84 帧处插入关键帧，将【库】面板中的【生】元件拖曳到舞台中合适的位置，在【属性】面板的【色彩效果】选项组中选择 Alpha，并设置为 0，如图 13.199 所示。

(41) 在第 94 帧处插入关键帧，选择舞台中的对象，在【属性】面板的【色彩效果】选项组中选择【无】，并在【变形】面板中将对象缩放至 300%，如图 13.200 所示。

图 13.199　色彩效果设置

图 13.200　色彩效果设置

(42) 在第 84 帧至第 94 帧之间创建传统补间动画，并在第 99 帧处插入关键帧，在【变形】面板中将舞台对象缩小至 100%，在第 94 帧至第 99 帧之间创建传统补间动画，如图 13.201 所示。

(43) 在【时间轴】面板中新建图层，在第 92 帧处插入关键帧，将【库】面板中的【活】元件拖曳到舞台中合适的位置，在【属性】面板的【色彩效果】选项组中选择 Alpha，并设置为 0，如图 13.202 所示。

图 13.201　创建传统补间动画

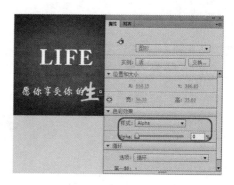

图 13.202　色彩效果

(44) 在第 102 帧处插入关键帧，选择舞台中的对象，在【属性】面板的【色彩效果】选项组中选择【无】，并在【变形】面板中将对象缩放至 300%，如图 13.203 所示。

(45) 在第 92 帧至第 102 帧之间创建传统补间动画，并在第 109 帧处插入关键帧，在【变形】面板中将舞台对象缩小至 100%，在第 102 帧至第 109 帧之间创建传统补间动画，如图 13.204 所示。

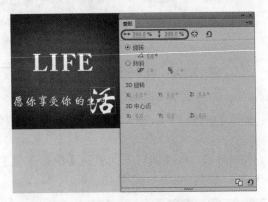

图 13.203　【变形】面板

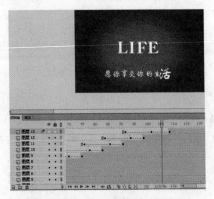

图 13.204　创建传统补间动画

(46) 在菜单栏中选择【文件】|【导出】|【导出影片】命令，在弹出的【导出影片】对话框中为其指定一个正确的存储路径，将其命名为"放大文本"，其格式为【SWF 影片(*.swf)】，单击【保存】按钮，即可将其导出，如图 13.205 所示。

(47) 在菜单栏中选择【文件】|【另存为】命令，在弹出的【另存为】对话框中为其指定一个正确的存储路径，将其命名为"放大文本"，其格式为【Flash 文档(*fla)】，单击【保存】按钮，即可保存文档，如图 13.206 所示。

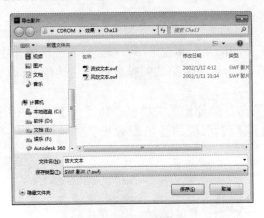

图 13.205　导出影片

图 13.206　保存文件

第 14 章　项目指导——商业卡通形象绘制

本章主要介绍如何制作商业卡通形象，包括卡通动物、按钮图标和卡通人物的绘制。

14.1　卡 通 动 物

本节将介绍如何绘制卡通动物，完成后的效果如图 14.1 所示。

(1) 启动 Flash CC 软件后，按 Ctrl+N 组合键，弹出【新建文档】对话框，选择 ActionScript 3.0 选项，将【宽】和【高】都设为 800 像素，将【帧频】设为 800，然后单击【确定】按钮，如图 14.2 所示。

(2) 新建文档后，打开【时间轴】面板，将【图层 1】的名称更改为【龟壳】，完成后的效果如图 14.3 所示。

图 14.1　卡通动物

图 14.2　新建文档

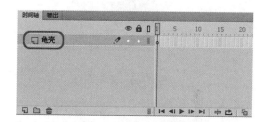

图 14.3　【时间轴】面板

(3) 在工具箱中选择【钢笔工具】，打开【属性】面板，将【笔触颜色】设为【黑色】，将【笔触大小】设为 5，绘制龟壳的外轮廓，如图 14.4 所示。

(4) 在工具箱中选择【颜料桶工具】，打开【颜色】面板，将【填充颜色】设为 #eec940，对轮廓区域进行填充，如图 14.5 所示。

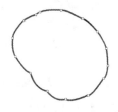

图 14.4　绘制龟壳轮廓

图 14.5　填充颜色

(5) 新建【龟纹】图层，在工具箱中选择【钢笔工具】，打开【属性】面板，将【笔触颜色】设为【黑色】，将【笔触大小】设为 3，绘制龟纹的轮廓，如图 14.6 所示。

(6) 在工具箱中选择【颜料桶工具】，将填充颜色设为#cad053，进行填充，如图 14.7 所示。

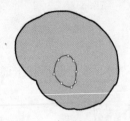

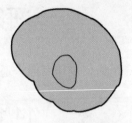

图 14.6　绘制龟纹轮廓　　　　　　图 14.7　填充颜色

(7) 选择上一步绘制的图形，进行复制，然后选择复制的图形，将【填充颜色】设为 #A6B654～#86A44B 的径向渐变，并将黑色轮廓删除。完成后的效果如图 14.8 所示。

(8) 选择上一步绘制的图形，进行复制，并将【填充颜色】设为#dd901e，使用【任意 变形工具】调整大小和位置，单击鼠标右键，在弹出的快捷菜单中选择【排列】|【移至底 层】命令，完成后的效果如图 14.9 所示。

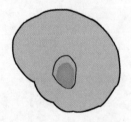

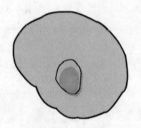

图 14.8　复制图形　　　　　　　　图 14.9　调整图形

(9) 使用同样的方法，绘制其他龟纹，完成后的效果如图 14.10 所示。

(10) 新建【腹部】图层，在工具箱中选择【钢笔工具】，打开【属性】面板，将【笔 触颜色】设为【黑色】，将【笔触大小】设为 5，在舞台中绘制腹部轮廓，如图 14.11 所示。

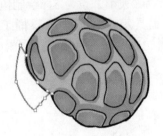

图 14.10　完成后的龟纹　　　　　　图 14.11　绘制腹部轮廓

(11) 在工具箱中选择【颜料桶工具】，将【填充颜色】设为#87AD5B，对上一步绘制 的轮廓进行填充，完成后的效果如图 14.12 所示。

(12) 选择上一步绘制的轮廓，进行复制，将【填充颜色】设为#446438，并将黑色边删除，使用【任意变形工具】调整大小，完成后的效果如图 14.13 所示。

图 14.12　填充颜色

图 14.13　复制图形

(13) 使用同样的方法，绘制其他腹部轮廓，完成后的效果如图 14.14 所示。

(14) 新建【腿】图层，在工具箱中选择【钢笔工具】，在【属性】面板中将【笔触颜色】设为黑色，将【笔触大小】设为 3，在舞台中绘制腿的轮廓，如图 14.15 所示。

图 14.14　完成后的效果

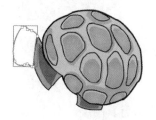

图 14.15　绘制腿轮廓

(15) 在工具箱中选择【颜料桶工具】，将【填充颜色】设为#446438，对上一步绘制的轮廓进行填充，完成后的效果如图 14.16 所示。

(16) 在工具箱中选择【椭圆工具】，并将【笔触颜色】设为无，将【填充颜色】设为#D2D051，绘制椭圆，完成后的效果如图 14.17 所示。

图 14.16　进行填充

图 14.17　绘制椭圆

(17) 使用同样的方法，制作出乌龟的其他腿，完成后的效果如图 14.18 所示。

(18) 新建【头】图层，在工具箱中选择【钢笔工具】，将【笔触颜色】设为黑色，将【笔触大小】设为 3，如图 14.19 所示。

(19) 在工具箱中选择【颜料桶工具】，将【填充颜色】设为#EEC940，对绘制的轮廓进行填充，完成后的效果如图 14.20 所示。

(20) 选择上一步绘制的图形，进行复制，将【填充颜色】修改为#446438，并将黑色边轮廓删除，使用【任意变形工具】对其调整，完成后的效果如图 14.21 所示。

图 14.18　完成后的效果

图 14.19　绘制头部轮廓

图 14.20　填充颜色

图 14.21　复制图形

(21) 新建【嘴】图层，在工具箱中选择【钢笔工具】，在【属性】面板中将【笔触颜色】设为黑色，将【笔触大小】设为 5，在舞台中绘制嘴的轮廓，如图 14.22 所示。

(22) 在工具箱中选择【颜料桶工具】，将【填充颜色】设为黑色，对轮廓区域进行填充，完成后的效果如图 14.23 所示。

图 14.22　绘制嘴的轮廓

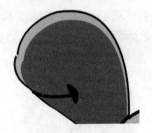

图 14.23　填充颜色

(23) 新建【眼睛】图层，在工具箱中选择【椭圆工具】，将【笔触大小】设为 3，将【笔触颜色】设为黑色，【填充颜色】设置为任意颜色，在舞台中绘制眼睛轮廓，如图 14.24 所示。

(24) 选择上一步绘制的轮廓，打开【颜色】面板，选择【填充颜色】，将颜色类型设为【径向渐变】，将第一个色标设为白色，将第二个色标设为#CFDFE8，完成后的效果如图 14.25 所示。

(25) 继续选择【椭圆工具】，将【笔触颜色】设为无，将【填充颜色】设为黑色，在舞台中绘制眼珠，完成后的效果如图 14.26 所示。

(26) 继续选择【椭圆工具】，将【笔触颜色】设为无，将【填充颜色】设为白色，在舞台中绘制眼珠，完成后的效果如图 14.27 所示。

图 14.24　绘制眼睛的轮廓　　　　　　　　图 14.25　填充颜色

图 14.26　绘制眼珠　　　　　　　　　　图 14.27　完成后的眼睛

　　(27) 使用同样的方法绘制出另一只眼睛，并使用【任意变形工具】调整位置，如图 14.28 所示。

　　(28) 新建【尾巴】图层，在工具箱中选择【钢笔工具】，将【笔触颜色】设为黑色，将【笔触大小】设为 3，绘制乌龟的尾巴轮廓，完成后的效果如图 14.29 所示。

图 14.28　复制出另一只眼睛　　　　　　图 14.29　绘制尾巴的轮廓

　　(29) 在工具箱中选择【颜料桶工具】，将【填充颜色】设为#446438，对尾巴轮廓进行填充，完成后的效果如图 14.30 所示。

　　(30) 绘制完成后对其进行保存，按 Ctrl+S 组合键，弹出【另存为】对话框，选择正确的保存路径，设置【文件名】和【保存类型】，然后单击【保存】按钮，如图 14.31 所示。

图 14.30　填充颜色　　　　　　　　　图 14.31　【另存为】对话框

14.2 按钮图标

下面制作播放按钮图标。

(1) 启动 Flash CC 软件后，再按 Ctrl+N 组合键，打开【新建文档】对话框，选择 ActionScript 3.0 选项，将【宽】设为 500 像素，将【高】设为 500 像素，将【背景颜色】设为黑色，然后单击【确定】按钮，如图 14.32 所示。

(2) 在工具箱中选择【椭圆工具】，将【笔触颜色】设为无，设置任意填充颜色，绘制一正圆，如图 14.33 所示。

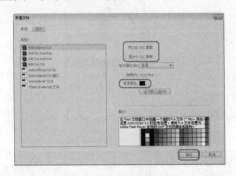

图 14.32 新建文档

图 14.33 绘制正圆

(3) 选择上一步绘制的图形，打开【颜色】面板，选择【填充颜色】，将类型设为【径向渐变】，选中【线性 RGB】复选框，并单击【反射颜色】按钮，将第一个色标设为 #0000FF，将第一个色标设为#0000FF，将 A 值设为 0，如图 14.34 所示。

(4) 选择正圆图形，打开【变形】面板，单击【水平中齐】和【垂直中齐】按钮，调整图形的位置，如图 14.35 所示。

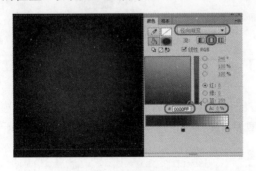

图 14.34 修改颜色

图 14.35 【对齐】面板

(5) 选择图形，打开【属性】面板，将【宽】设为 350 像素，将【高】设为 350 像素，完成后的效果如图 14.36 所示。

(6) 选择上一步绘制的正圆，进行复制，打开【属性】面板，将【宽】设为 300 像素，将【高】设为 300 像素，完成后的效果如图 14.37 所示。

(7) 选择复制的图形，打开【颜色】面板，将第一个色标设为白色，将第二个色标设为#3FACFA，并将 A 值设为 100，完成后的效果如图 14.38 所示。

(8) 选择上一步绘制的图形，打开【对齐】面板，单击【水平中齐】和【垂直中齐】按钮，调整位置，如图 14.39 所示。

图 14.36　修改属性　　　　　　　图 14.37　修改属性

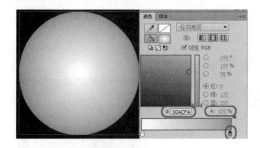

图 14.38　修改颜色　　　　　　　图 14.39　调整图形的位置

(9) 选择上一步绘制的图形，进行复制，打开【属性】面板，将【宽】和【高】设为 225 像素，并使其与舞台对齐，完成后的效果如图 14.40 所示。

(10) 选择上一步复制的图形，打开【颜色】面板，将第一个色标设为#001E48，并调整位置，将第二个色标设为#0017E9，完成后的效果如图 14.41 所示。

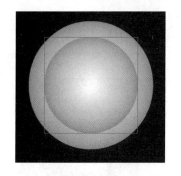

图 14.40　复制图形　　　　　　　图 14.41　调整图形的颜色

(11) 选择上一步绘制的图形并进行复制，选择复制的图形，打开【颜色】面板，将第一个色标的颜色设为#0000FF 并调整位置，将第二个色标的颜色设为#0000FF，并将其 A 值设为 0，如图 14.42 所示。

(12) 打开【对齐】面板，单击【水平中齐】和【垂直中齐】按钮，调整位置，如图 14.43 所示。

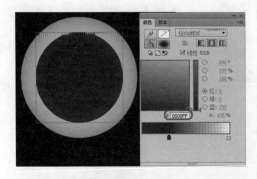

图 14.42 调整颜色

图 14.43 调整位置

(13) 新建【图形 2】图层，在工具箱中选择【多角星形工具】，打开【属性】面板，在【工具设置】选项组中单击【选项】按钮，随即弹出【工具设置】对话框，将【样式】设为【多边形】，将【边数】设为 3，然后单击【确定】按钮，如图 14.44 所示。

(14) 设置完成后，在舞台中进行绘制，完成后的效果如图 14.45 所示。

图 14.44 设置属性

图 14.45 绘制图形

(15) 选择上一步绘制的图形，打开【颜色】面板，选择【径向渐变】，将第一个色标设为白色，将第二个色标设为#3FACFA，如图 14.46 所示。

(16) 在工具箱中选择【渐变变形工具】，选择上一步绘制的图形，调整中心的位置，完成后的效果如图 14.47 所示。

图 14.46 设置填充颜色

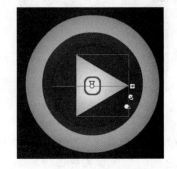

图 14.47 调整渐变色

(17) 新建【高光】图层，在工具箱中选择【钢笔工具】，绘制高光轮廓，完成后的效果如图 14.48 所示。

(18) 在工具箱中选择【颜料桶工具】，打开【颜色】面板，将【颜色类型】设为【径向渐变】，将第一个色标颜色设为#B6FFEC，将第二个色标设为白色，对绘制的轮廓进行填充，如图 14.49 所示。

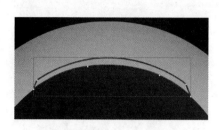

图 14.48　绘制高光轮廓

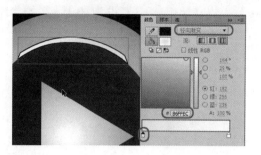

图 14.49　进行填充

(19) 选择填充的图形，将黑色轮廓删除，完成后的效果如图 14.50 所示。

(20) 选择上一步绘制的图形，进行复制，在工具箱中选择【任意变形工具】并调整位置，如图 14.51 所示。

(21) 绘制完成后按 Ctrl+S 组合键，弹出【另存为】对话框，设置【文件名】和【保存类型】，然后单击【保存】按钮，如图 14.52 所示。

图 14.50　删除轮廓

图 14.51　进行复制

图 14.52　【另存为】对话框

14.3　卡通人物

下面绘制卡通人物，其完成后的效果如图 14.53 所示。

图 14.53　卡通人物

(1) 启动 Flash CC 软件后按 Ctrl+N 组合键，弹出【新建文档】对话框，选择 ActionScript 3.0

选项，将【宽】设为 1000 像素，将【高】设为 600 像素，将【背景颜色】设为 #D9E4D3，然后单击【确定】按钮，如图 14.54 所示。

(2) 打开【时间轴】面板，将【图层 1】的名称修改为"脸"，在工具箱中选择【钢笔工具】，将【笔触大小】设为 0.1，在舞台中绘制脸的轮廓，完成后的效果如图 14.55 所示。

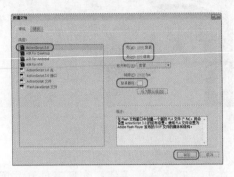

图 14.54　【新建文档】对话框

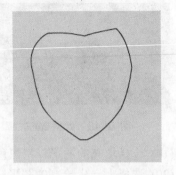

图 14.55　绘制脸部轮廓

(3) 在工具箱中选择【颜料桶工具】，将填充颜色设为#F7CDA7，并对上一步绘制的脸部轮廓进行填充，完成后的效果如图 14.56 所示。

(4) 双击绘制的图形，进入绘制对象，选择线条，将多余的边线删除，完成后的效果如图 14.57 所示。

图 14.56　填充颜色

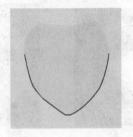

图 14.57　删除多余的边线

(5) 新建【头发】图层，在工具箱中选择【钢笔工具】，绘制头发的轮廓，完成后的效果如图 14.58 所示。

(6) 在工具箱中选择【颜料桶工具】，将【填充颜色】设为【黑色】，对上一步绘制的区域进行填充，完成后的效果如图 14.59 所示。

图 14.58　绘制头发轮廓

图 14.59　填充颜色

(7) 新建【头发 2】图层，在工具箱中选择【钢笔工具】，将【笔触颜色】设为

#999999，在舞台中绘制头发的其他部分，完成后的效果如图 14.60 所示。

　　(8) 新建【眉毛】图层，在工具箱中选择【钢笔工具】，在【属性】面板中将【笔触颜色】设为黑色，将【笔触大小】设为 0.1，绘制眉毛的轮廓，完成后的效果如图 14.61 所示。

图 14.60　绘制头发的其他部分

图 14.61　绘制眉毛的轮廓

　　(9) 在工具箱中选择【颜料桶工具】，将填充颜色设为 333333，对眉毛轮廓进行填充，完成后的效果如图 14.62 所示。

　　(10) 使用同样的方法绘制出右侧的眉毛，完成后的效果如图 14.63 所示。

图 14.62　填充颜色

图 14.63　绘制右侧的眉毛

　　(11) 打开【时间轴】面板，新建【眼睛】文件夹，并新建【眼睛轮廓】图层，如图 14.64 所示。

　　(12) 在工具箱中选择【钢笔工具】，在舞台中绘制眼睛的轮廓，完成后的效果如图 14.65 所示。

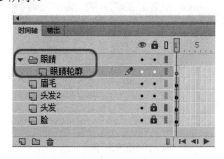

图 14.64　新建图层

图 14.65　绘制眼睛的轮廓

　　(13) 在工具箱中选择【颜料桶工具】，将填充颜色设为黑色，对上一步绘制的轮廓进行填充，如图 14.66 所示。

　　(14) 新建【眼白】图层，在工具箱中选择【钢笔工具】绘制轮廓，并使用【颜料桶工具】对绘制的轮廓进行填充，完成后的效果如图 14.67 所示。

图 14.66　进行填充

图 14.67　绘制眼白

（15）新建【眼珠】图层，在工具箱中选择【钢笔工具】，绘制眼珠的轮廓，并对其填充黑色，完成后的效果如图 14.68 所示。

（16）新建【眼珠 1】图层，在工具箱中选择【钢笔工具】，绘制轮廓，并将填充颜色设为#025B59，完成后的效果如图 14.69 所示。

图 14.68　绘制眼珠

图 14.69　进行绘制

（17）新建【眼珠 2】图层，在工具箱中选择【钢笔工具】，将【笔触颜色】设为无，将【填充颜色】设为黑色，在舞台中进行绘制，完成后的效果如图 14.70 所示。

（18）新建【眼珠 3】图层；在工具箱中选择【钢笔工具】，绘制轮廓；在工具箱中选择【颜料桶工具】，将填充颜色设为线性渐变，即将第一个色标设为白色，将第二个色标也设为白色，并将 A 值设为 0，对绘图区域进行填充，并将黑色边线删除，完成后的效果如图 14.71 所示。

图 14.70　绘制眼珠

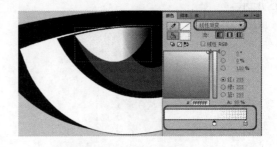

图 14.71　填充颜色

（19）使用同样的方法绘制右侧的眼睛，完成后的效果如图 14.72 所示。

（20）新建【鼻子】图层，在工具箱中选择【钢笔工具】，将【笔触颜色】设为#6F4434，绘制鼻子的形状，完成后的效果如图 14.73 所示。

图 14.72　完成后的眼睛

图 14.73　绘制鼻子

　　(21) 在工具箱中选择【钢笔工具】，绘制鼻子的其他部分，并对其填充#BD7E3B，将黑色边线删除，完成后的效果如图 14.74 所示。

　　(22) 新建【嘴】图层，在工具箱中选择【钢笔工具】，将笔触颜色设为#6F4434，将【笔触大小】设为 1，然后在舞台中绘制嘴的形状，完成后的效果如图 14.75 所示。

图 14.74　绘制鼻子的其他部分

图 14.75　绘制嘴

　　(23) 新建【脖子】图层，在工具箱中选择【钢笔工具】，在【属性】面板中将【笔触颜色】设为黑色，将【笔触大小】设为 1，在舞台中绘制脖子的轮廓，如图 14.76 所示。

　　(24) 在工具箱中选择【颜料桶工具】，将【填充颜色】设为#F4C3A2，对上一步绘制的轮廓进行填充，完成后的效果如图 14.77 所示。

图 14.76　绘制脖子的轮廓

图 14.77　填充颜色

　　(25) 新建【衬衫】图层，在工具箱中选择【钢笔工具】，在【属性】面板中将【笔触颜色】设为黑色，将【笔触大小】设为 1，在舞台中绘制衬衫的轮廓，如图 14.78 所示。

　　(26) 在工具箱中选择【颜料桶工具】，将填充颜色设为#DFFFFF，对上一步绘制的轮廓进行填充，完成后的效果如图 14.79 所示。

　　(27) 新建【衬衫 1】图层，在工具箱中选择【钢笔工具】，在舞台中绘制衬衫的其他部分，如图 14.80 所示。

图 14.78　绘制衬衫的轮廓

图 14.79　填充颜色

(28) 在工具箱中选择【钢笔工具】，绘制领带的轮廓，完成后的效果如图 14.81 所示。

图 14.80　绘制衬衫的其他部分

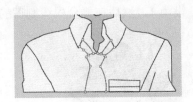

图 14.81　绘制领带轮廓

(29) 选择上一步绘制的轮廓，打开【颜色】面板，将填充类型设为【位图填充】，单击【导入】按钮，如图 14.82 所示。

(30) 随即弹出【导入到库】对话框，选择随书附带光盘中的"CDROM\素材\Cha14\01.jpg"素材文件，单击【打开】按钮，对轮廓区域进行填充，完成后的效果如图 14.83 所示。

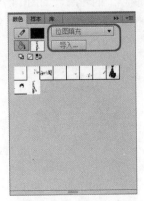

图 14.82　【颜色】面板

图 14.83　进行填充

(31) 新建【文字】图层，在工具箱中选择【文本工具】，在【属性】面板中将文本类型设为【静态文本】，将【文字方向】设为【垂直】，将【系列】设为【文鼎霹雳体】，将【大小】设为 96 磅，将【字体颜色】设为"#666666"，如图 14.84 所示。

(32) 设置完字体后，在舞台中输入文本，完成后的效果如图 14.85 所示。

图 14.84　设置字体

图 14.85　进行填充

第 15 章 项目指导——商业广告的设计与制作

本章主要介绍了如何制作商业广告，其中包括装饰公司宣传广告、手机宣传广告动画。

15.1 制作装饰公司宣传广告

本节来介绍一下"家具欣赏"动画的制作，该例主要是为素材图片添加传统补间，然后导入音频文件，效果如图 15.1 所示。

图 15.1 装饰公司宣传广告

(1) 在菜单栏中选择【文件】|【新建】命令，弹出【新建文档】对话框，在【类型】列表框中选择 ActionScript 3.0 选项，然后在右侧的设置区域中将【宽】设置为 800 像素，将【高】设置为 400 像素，如图 15.2 所示。

(2) 单击【确定】按钮，即可新建一个空白文档，然后在菜单栏中选择【文件】|【导入】|【导入到舞台】命令，如图 15.3 所示。

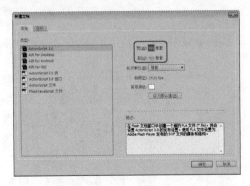

图 15.2 【新建文档】对话框

图 15.3 选择【导入到舞台】命令

(3) 在弹出的【导入】对话框中选择随书附带光盘中的 "CDROM\素材\Cha15\01.jpg"

素材，单击【打开】按钮，如图 15.4 所示。

(4) 单击【打开】按钮，即可将选择的素材文件导入到舞台中，然后按 Ctrl+K 组合键，打开【对齐】面板，在该面板中选中【与舞台对齐】复选框，然后单击【水平中齐】按钮和【垂直中齐】按钮，如图 15.5 所示。

图 15.4　选择素材图片

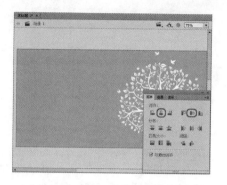

图 15.5　【对齐】面板

(5) 确定导入的素材文件处于选择状态，按 F8 键弹出【转换为元件】对话框，在该对话框中设置【名称】为"01"，将【类型】设置为【图形】，如图 15.6 所示。

(6) 单击【确定】按钮，即可将素材文件转换为元件，然后在【属性】面板中将【样式】设置为 Alpha，将 Alpha 值设置为 10%，如图 15.7 所示。

图 15.6　【转换为元件】对话框

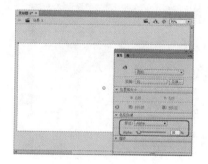

图 15.7　设置 Alpha 参数

(7) 在【时间轴】面板中选择【图层 1】的第 70 帧，右击鼠标，在弹出的快捷菜单中选择【插入关键帧】命令，如图 15.8 所示。

(8) 插入关键帧后，在【属性】面板中将【样式】设置为【无】，如图 15.9 所示。

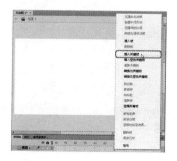

图 15.8　选择【插入关键帧】命令

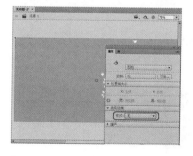

图 15.9　将【样式】设置为【无】

(9) 选择【图层 1】的第 30 帧，并单击鼠标右键，在弹出的快捷菜单中选择【创建传统补间】命令，如图 15.10 所示。

(10) 选择【图层 1】的第 208 帧，按 F6 键插入关键帧，然后选择第 238 帧，按 F6 键插入关键帧，如图 15.11 所示。

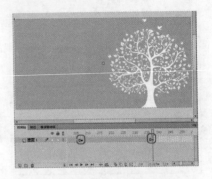

图 15.10　选择【创建传统补间】命令　　　　图 15.11　插入关键帧

(11) 选择第 238 帧，然后在【属性】面板中将图形元件的【样式】设置为 Alpha，将 Alpha 值设置为 0%，如图 15.12 所示。

(12) 选择【图层 1】的第 220 帧，并单击鼠标右键，在弹出的快捷菜单中选择【创建传统补间】命令，即可创建传统补间，效果如图 15.13 所示。

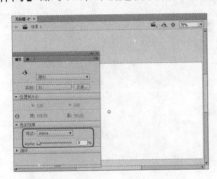

图 15.12　设置 Alpha 值　　　　　　图 15.13　创建传统补间

(13) 选择【图层 1】的第 450 帧，并按 F6 键，插入关键帧，如图 15.14 所示。

(14) 在【时间轴】面板中单击【新建图层】按钮，新建【图层 2】，如图 15.15 所示。

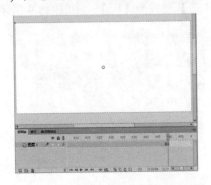

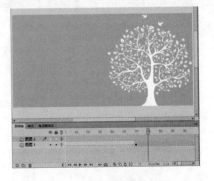

图 15.14　在第 450 帧处插入关键帧　　　　图 15.15　新建【图层 2】

(15) 选择【图层 2】的第 35 帧，按 F6 键插入关键帧，如图 15.16 所示。

(16) 在工具箱中选择【文本工具】 ，然后在舞台中输入文字，并在【属性】面板中将字体设置为【汉仪雁翎体简】，将【大小】设置为 80 点，将字体颜色设置为白色，如图 15.17 所示。

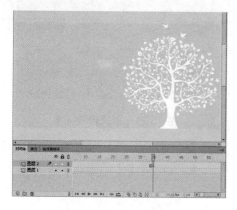
图 15.16　插入关键帧

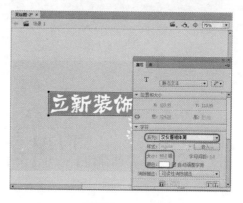
图 15.17　输入文字

(17) 按 F8 键弹出【转换为元件】对话框，在该对话框中设置【名称】为"文字 1"，将【类型】设置为【图形】，如图 15.18 所示。

(18) 单击【确定】按钮，即可将文字转换为图形元件，然后在舞台中调整图形元件的位置，并在【属性】面板中将【样式】设置为 Alpha，将 Alpha 值设置为 0%，如图 15.19 所示。

图 15.18　【转换为元件】对话框

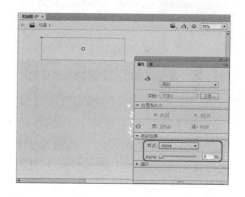
图 15.19　调整图形元件位置并设置 Alpha 值

(19) 选择【图层 2】的第 100 帧，按 F6 键插入关键帧，并在舞台中调整图形元件的位置，然后在【属性】面板中将【样式】设置为【无】，如图 15.20 所示。

(20) 选择【图层 2】的第 85 帧，并单击鼠标右键，在弹出的快捷菜单中选择【创建传统补间】命令，即可创建传统补间，效果如图 15.21 所示。

(21) 在【时间轴】面板中单击【新建图层】按钮 ，新建【图层 3】，然后选择第 35 帧，按 F6 键插入关键帧，如图 15.22 所示。

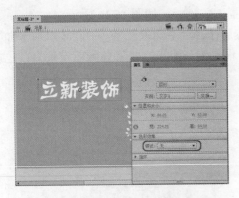

图 15.20　将【样式】设置为【无】

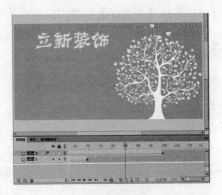

图 15.21　创建传统补间

(22) 在工具箱中选择【文本工具】，然后在舞台中输入文字，并在【属性】面板中将字体设置为【汉仪雁翎体简】，将【大小】设置为 40 点，将【字母间距】设置为 1，将字体颜色设置为白色，如图 15.23 所示。

图 15.22　新建【图层 3】并插入关键帧

图 15.23　输入文字并进行设置

(23) 按 F8 键弹出【转换为元件】对话框，在该对话框中设置【名称】为"文字2"，将【类型】设置为【图形】，如图 15.24 所示。

(24) 单击【确定】按钮，即可将文字转换为图形元件，然后在舞台中调整图形元件的位置，并在【属性】面板中将【样式】设置为 Alpha，将 Alpha 值设置为 0%，如图 15.25 所示。

图 15.24　设置元件

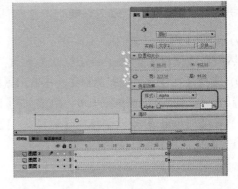

图 15.25　设置 Alpha 值

(25) 选择【图层 3】的第 100 帧，按 F6 键插入关键帧，并在舞台中调整图形元件的位置，然后在【属性】面板中将【样式】设置为【无】，如图 15.26 所示。

(26) 选择【图层 3】的第 85 帧，并单击鼠标右键，在弹出的快捷菜单中选择【创建传统补间】命令，即可创建传统补间，效果如图 15.27 所示。

图 15.26　将【样式】设置为【无】　　　　　图 15.27　创建传统补间

(27) 在【时间轴】面板中单击【新建图层】按钮，新建【图层 4】，然后选择第 100 帧，按 F6 键插入关键帧，如图 15.28 所示。

(28) 在工具箱中单击【文本工具】，在舞台中单击鼠标，并输入文字，选中输入的文字，按 Ctrl+F3 组合键，打开【属性】面板，在该面板中将【系列】设置为【长城新艺体】，将【大小】设置为 35，将【字母间距】设置为 2，将【颜色】设置为白色，如图 15.29 所示。

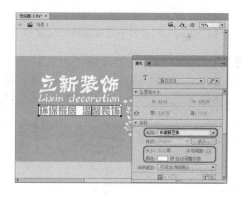

图 15.28　新建图层并插入关键帧　　　　　图 15.29　输入文字并进行设置

(29) 使用同样的方法在舞台中再输入文字，并在舞台中调整其位置，调整后的效果如图 15.30 所示。

(30) 在舞台中按住 Shift 键选择该图层上的其他文字，按 F8 键，在弹出的【转换为元件】对话框中将【名称】设置为"文字 3"，将【类型】设置为【图形】，如图 15.31 所示。

(31) 设置完成后，单击【确定】按钮，在舞台中调整该元件的位置，调整后的效果如图 15.32 所示。

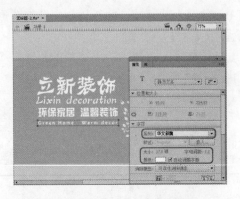 

图 15.30　输入文字并进行设置　　　　图 15.31　设置元件名称及类型

（32）在【时间轴】面板中单击【新建图层】按钮，新建【图层 5】，然后选择第
100 帧，按 F6 键插入关键帧，如图 15.33 所示。

图 15.32　在舞台中调整元件的位置　　　　图 15.33　新建图层并插入关键帧

（33）在工具箱中单击【钢笔工具】，在舞台中绘制三个矩形，如图 15.34 所示。

（34）选中所绘制的矩形，按 F8 键，在弹出的【转换为元件】对话框中将【名称】设
置为"矩形 1"，将【类型】设置为【图形】，如图 15.35 所示。

图 15.34　绘制矩形　　　　图 15.35　将矩形转换为图形元件

（35）设置完成后，单击【确定】按钮，在【时间轴】面板中选择【图层 5】的第 134
帧，按 F6 键插入关键帧，在舞台中调整矩形图形元件的位置，调整后的效果如图 15.36

所示。

(36) 在该图层的第 115 帧处右击鼠标，在弹出的快捷菜单中选择【创建传统补间】命令，即可创建传统补间，如图 15.37 所示。

图 15.36 调整图形元件的位置　　　　图 15.37 创建传统补间

(37) 在【图层 5】上右击鼠标，在弹出的快捷菜单中选择【遮罩层】命令，如图 15.38 所示。

(38) 在【时间轴】面板中单击【新建图层】按钮，新建【图层 6】，然后选择第 134 帧，按 F6 键插入关键帧，如图 15.39 所示。

图 15.38 选择【遮罩层】命令　　图 15.39 在【图层 6】的第 134 帧处插入关键帧

(39) 按 Ctrl+L 组合键，在弹出的【库】面板中选择【文字 3】图形元件，按住鼠标将其拖曳至舞台中，并在舞台中调整其位置，调整后的效果如图 15.40 所示。

(40) 在【时间轴】面板中单击【新建图层】按钮，新建【图层 7】，然后选择第 134 帧，按 F6 键插入关键帧，如图 15.41 所示。

图 15.40 将图形元件拖曳至舞台中　　　　图 15.41 插入关键帧

(41) 在工具箱中单击【矩形工具】，在舞台中绘制一个矩形，并调整其位置及参数，效果如图 15.42 所示。

(42) 确认该矩形处于选中状态，按 F8 键，在弹出的【转换为元件】对话框中将【名称】设置为"矩形 2"，将【类型】设置为【图形】，如图 15.43 所示。

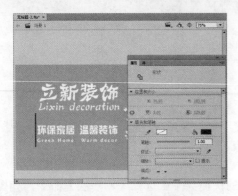

图 15.42　绘制矩形　　　　　　图 15.43　将矩形转换为元件

(43) 设置完成后，单击【确定】按钮，在工具箱中单击【任意变形工具】，在舞台中调整矩形的中心点，调整后的效果如图 15.44 所示。

(44) 在【时间轴】面板中选择【图层 7】的第 177 帧，按 F6 键插入关键帧，如图 15.45 所示。

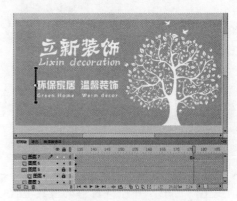

图 15.44　调整矩形中心点的位置　　　图 15.45　在【图层 7】的第 177 帧处插入关键帧

(45) 插入关键帧后，在舞台中调整矩形的大小，调整后的效果如图 15.46 所示。

(46) 选择该图层的第 150 帧，右击鼠标，在弹出的快捷菜单中选择【创建传统补间】命令，然后选择【图层 7】，右击鼠标，在弹出的快捷菜单中选择【遮罩层】命令，将其设置为遮罩层，如图 15.47 所示。

(47) 在菜单栏中选择【文件】|【导入】|【导入到库】命令，如图 15.48 所示。

(48) 在弹出的【导入到库】对话框中选择随书附带光盘中的"CDROM\素材\Cha15\02.jpg、03.jpg、04.jpg、05. jpg 和 06. jpg"素材文件，如图 15.49 所示。

图 15.46 调整矩形的大小

图 15.47 创建传统补间并设置为遮罩层

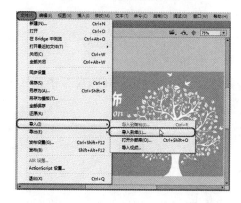

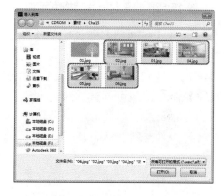

图 15.48 选择【导入到库】命令

图 15.49 选择素材文件

(49) 单击【打开】按钮，即可将选择的素材文件导入到【库】面板中，如图 15.50 所示。

(50) 在【时间轴】面板中单击【新建图层】按钮，新建【图层 8】，然后选择第 208 帧，按 F6 键插入关键帧，并在【库】面板中将素材文件"02.jpg"拖曳至舞台中，在舞台中调整该素材的位置，如图 15.51 所示。

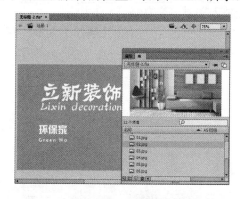

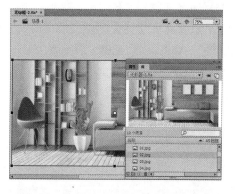

图 15.50 导入的素材

图 15.51 将"02.jpg"拖曳至舞台中

(51) 按 F8 键弹出【转换为元件】对话框，在该对话框中设置【名称】为"02"，将【类型】设置为【图形】，如图 15.52 所示。

(52) 单击【确定】按钮，即可将素材文件转换为图形元件，然后在【属性】面板中将

【样式】设置为 Alpha，将 Alpha 值设置为 0%，如图 15.53 所示。

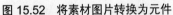

图 15.52　将素材图片转换为元件

图 15.53　设置 Alpha 值

(53) 选择【时间轴】面板中的【图层 8】的第 238 帧，按 F6 键插入关键帧，然后在【属性】面板中将【样式】设置为【无】，如图 15.54 所示。

(54) 选择【图层 4】的第 225 帧，并单击鼠标右键，在弹出的快捷菜单中选择【创建传统补间】命令，即可创建传统补间，效果如图 15.55 所示。

图 15.54　将【样式】设置为【无】

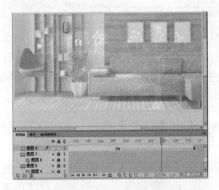

图 15.55　创建传统补间

(55) 选择【图层 8】的第 258 帧，按 F6 键插入关键帧，如图 15.56 所示。

(56) 选择【图层 8】的第 288 帧，按 F6 键插入关键帧，并在【属性】面板中将【样式】设置为 Alpha，将 Alpha 值设置为 0%，如图 15.57 所示。

图 15.56　插入关键帧

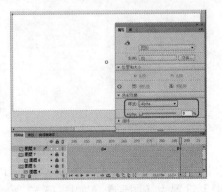

图 15.57　插入关键帧并设置 Alpha 值

(57) 选择【图层 8】的第 190 帧，并单击鼠标右键，在弹出的快捷菜单中选择【创建传统补间】命令，即可创建传统补间，效果如图 15.58 所示。

(58) 在【时间轴】面板中单击【新建图层】按钮，新建【图层 9】，然后选择第 175 帧，按 F6 键插入关键帧，并在【库】面板中将素材文件 "03.jpg" 拖曳至舞台中，如图 15.59 所示。

图 15.58　创建传统补间

图 15.59　将 "03.jpg" 拖曳至舞台中

(59) 按 F8 键弹出【转换为元件】对话框，在该对话框中设置【名称】为 "03"，将【类型】设置为【图形】，如图 15.60 所示。

(60) 单击【确定】按钮，即可将素材文件转换为图形元件，然后在【属性】面板中将【样式】设置为 Alpha，将 Alpha 值设置为 0%，如图 15.61 所示。

图 15.60　将素材文件转换为元件

图 15.61　设置 Alpha 参数

(61) 选择【图层 9】的第 288 帧，按 F6 键插入关键帧，然后在【属性】面板中将【样式】设置为【无】，如图 15.62 所示。

(62) 选择【图层 9】的第 280 帧，并单击鼠标右键，在弹出的快捷菜单中选择【创建传统补间】命令，即可创建传统补间，效果如图 15.63 所示。

(63) 选择【图层 9】的第 308 帧，按 F6 键插入关键帧，如图 15.64 所示。

(64) 选择【图层 9】的第 338 帧，按 F6 键插入关键帧，并在【属性】面板中将【样式】设置为 Alpha，将 Alpha 值设置为 0%，如图 15.65 所示。

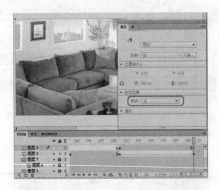

图 15.62　将【样式】设置【为无】

图 15.63　创建传统补间

图 15.64　插入关键帧

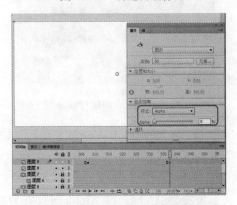

图 15.65　添加 Alpha 样式

(65) 选择【图层 9】的第 320 帧，并单击鼠标右键，在弹出的快捷菜单中选择【创建传统补间】命令，即可创建传统补间，效果如图 15.66 所示。

(66) 使用同样的方法，将其他素材文件转换为图形元件，然后制作传统补间动画，【时间轴】面板如图 15.67 所示。

图 15.66　创建传统补间

图 15.67　创建其他图层后的效果

(67) 在【时间轴】面板中单击【新建图层】按钮，新建【图层 13】，然后选择第 153 帧，按 F6 键插入关键帧，如图 15.68 所示。

(68) 在菜单栏中选择【文件】|【打开】命令，在弹出的【打开】对话框中选择素材文

件 "小球.fla"，如图 15.69 所示。

(69) 单击【打开】按钮，即可打开选择的素材文件，然后按 Ctrl+A 组合键选择所有的对象，如图 15.70 所示。

图 15.68　新建【图层 13】并插入关键帧

图 15.69　选择素材文件

(70) 按 Ctrl+C 组合键，返回到当前制作的场景中，然后在菜单栏中选择【编辑】|【粘贴到当前位置】命令，如图 15.71 所示。

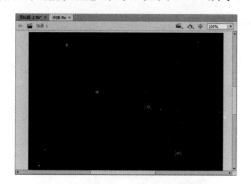

图 15.70　选择素材文件

图 15.71　选择【粘贴到当前位置】命令

(71) 即可将选择的对象粘贴到当前制作的场景中，然后在舞台中调整对象的位置，如图 15.72 所示。

(72) 在菜单栏中选择【文件】|【导入】|【导入到库】命令，如图 15.73 所示。

图 15.72　将对象粘贴到场景中并调整其位置

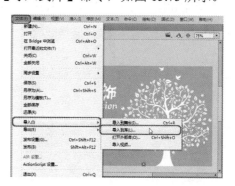

图 15.73　选择【导入到库】命令

(73) 在弹出的【导入到库】对话框中选择音频文件"背景音乐.mp3",如图 15.74 所示。

(74) 单击【打开】按钮,即可将选择的音频文件导入到【库】面板中,如图 15.75 所示。

图 15.74　选择音频文件

图 15.75　将音频文件导入到【库】面板

(75) 在【时间轴】面板中单击【新建图层】按钮，新建【图层 14】,然后在【库】面板中选择导入的音频文件,按住鼠标左键将其拖曳至舞台中,即可将其添加到【图层 14】中,如图 15.76 所示。

(76) 添加完成后在【时间轴】面板中选择【图层 14】的第 1 帧,如图 15.77 所示。

图 15.76　将音频添加到图层中

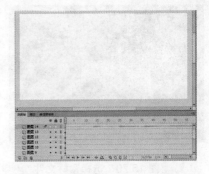

图 15.77　选择【图层 14】的第 1 帧

(77) 在【属性】面板中将【效果】设置为【淡出】,如图 15.78 所示。

(78) 在【时间轴】面板中单击【新建图层】按钮，新建【图层 15】,然后选择【图层 15】的第 450 帧,按 F6 键插入关键帧,如图 15.79 所示。

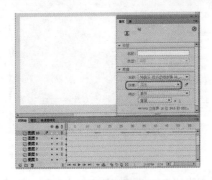

图 15.78　设置声音效果

图 15.79　新建图层并插入关键帧

(79) 在第 450 帧上单击鼠标右键，在弹出的快捷菜单中选择【动作】命令，如图 15.80 所示。

(80) 即可打开【动作】面板，在该面板中输入动作语句"stop();"，如图 15.81 所示。

图 15.80　选择【动作】命令

图 15.81　输入动作

(81) 至此，"装饰公司宣传广告"动画就制作完成了，按 **Ctrl+Enter** 组合键测试影片。

15.2　制作手机宣传广告动画

制作广告宣传动画，可以通过目的性极强的传递，将产品信息随 Flash 不知不觉地传递给消费群体，对消费群体的影响潜移默化。下面我们将通过 Flash 制作一个广告动画，效果如图 15.82 所示。

图 15.82　效果图

(1) 启动 Flash CC 软件，在欢迎界面中选择【新建】栏中的 ActionScript 3.0 选项，如图 15.83 所示。

(2) 新建文档后，在菜单栏中选择【窗口】|【属性】命令，打开【属性】面板，展开【属性】选项组，将 FPS 设置为 8，将【大小】设置为 300 像素×355 像素，将舞台【颜色】设置为黑色，如图 15.84 所示。

(3) 在菜单栏中选择【文件】|【导入】|【导入到库】命令，在弹出的【导入到库】对话框中选择随书附带光盘中的"CDROM\素材\第 15 章\手机 1.png、手机 2.png、手机 3.png"素材文件，如图 15.85 所示。

图 15.83　新建文档　　　　　　　图 15.84　【属性】面板

(4) 单击【打开】按钮，即可将选择的素材导入到【库】面板中。按 Ctrl+F8 组合键，在弹出的【创建新元件】对话框中将【名称】设置为"光"，将【类型】设置为【图形】，如图 15.86 所示。

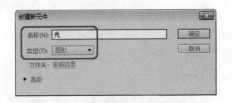

图 15.85　【导入到库】对话框　　　　图 15.86　【创建新元件】对话框

(5) 设置完成后单击【确定】按钮，在工具箱中选择【钢笔工具】，在舞台中绘制如图 15.87 所示的形状，作为发光的光束。

(6) 选择绘制的图形，在工具箱中选择【颜料桶工具】，打开【颜色】面板，将颜色类型设置为【径向渐变】，设置渐变的两个色块均为白色，调整色块的位置，并将右侧色块的 Alpha 值设置为 50%，如图 15.88 所示。

(7) 设置完成后在绘制的图形对象上单击，即可为其填充渐变颜色，如图 15.89 所示。

图 15.87　绘制图形　　　　图 15.88　【颜色】面板　　　　图 15.89　填充渐变颜色后的效果

(8) 设置完成后单击【确定】按钮，双击填充完颜色后的对象，在菜单栏中选择【修改】|【变形】|【柔化填充边缘】命令，如图 15.90 所示。

(9) 在弹出的【柔化填充边缘】对话框，将【距离】设置为 15 像素，将【步长数】设置为 8，在【方向】选项组中选中【插入】单选按钮，如图 15.91 所示。

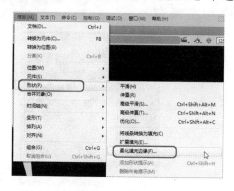
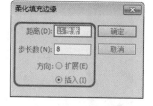

图 15.90　选择【柔化填充边缘】命令　　　图 15.91　【柔化填充边缘】对话框

(10) 设置完成后单击【确定】按钮，观察柔化填充边缘后的效果，如图 15.92 所示。

(11) 使用同样的方法，制作其他光束，完成后的效果如图 15.93 所示。

图 15.92　柔滑填充边缘后的效果　　　图 15.93　完成后的效果

(12) 在舞台中选择全部的光束，按 Ctrl+G 组合键将其组合，然后按 Ctrl+F8 组合键创建新元件，在弹出的【创建新元件】对话框中将其重命名为"S1"，将【类型】设置为【影片剪辑】，如图 15.94 所示。

(13) 设置完成后单击【确定】按钮，在工具箱中选择【椭圆工具】，在舞台中绘制圆形，填充颜色为白色，如图 15.95 所示。

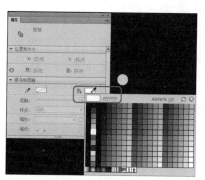

图 15.94　创建新元件　　　图 15.95　绘制圆形并填充颜色

(14) 选择绘制的圆形，打开【颜色】面板，将填充类型设置为【径向渐变】，设置渐变的两个色块的颜色均为白色，并设置右侧色块的 Alpha 为 0%，调整色块的位置，在舞台中观察调整完成后的效果，如图 15.96 所示。

(15) 选择圆形，将笔触设置为【无】，然后按 Ctrl+G 组合键将其组合，复制图形，并将其调整至合适的位置，设置不同的大小，如图 15.97 所示。

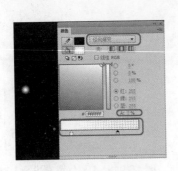

图 15.96　填充颜色

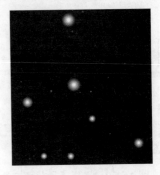

图 15.97　设置完成后的效果

(16) 在【图层】面板中选择【图层 1】，在第 2 帧位置按 F6 键插入关键帧，并调整舞台中对象的位置，如图 15.98 所示。

(17) 使用同样的方法在第 3 帧位置插入关键帧，在舞台中调整对象的位置，如图 15.99 所示。

图 15.98　添加关键帧并调整对象位置

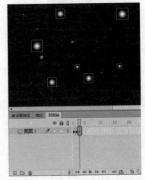

图 15.99　添加关键帧并调整对象位置

(18) 使用同样的方法，新建一个名为"S2"的影片剪辑，并绘制圆形，为其填充颜色，如图 15.100 所示。

(19) 按 Ctrl+F8 组合键，在弹出的【创建新元件】对话框中将【名称】设置为"猪"，将【类型】设置为【图形】，如图 15.101 所示。

(20) 设置完成后单击【确定】按钮，在工具箱中选择【钢笔工具】，在舞台中绘制猪的外形，如图 15.102 所示。

(21) 设置完成后单击【确定】按钮，将绘制的猪填充为黑色，并将轮廓线删除，如图 15.103 所示。

(22) 再次使用【钢笔工具】绘制猪的内部形状。为其填充任意颜色，并将其调整至合适的位置，如图 15.104 所示。

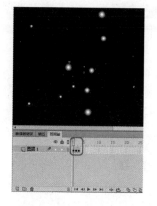

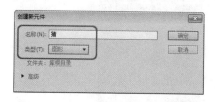

图 15.100　设置效果　　　　　　　图 15.101　【创建新元件】对话框

图 15.102　绘制猪的外形　　　图 15.103　填充颜色　　　　图 15.104　绘制图形

(23) 选择绘制的图形，打开【颜色】面板，将填充类型设置为【径向渐变】，将左侧色块的颜色设置为白色，将右侧色块的颜色设置为 FFC1C1，如图 15.105 所示。

(24) 再次使用【钢笔工具】绘制猪的鼻子，并为其填充颜色#FF8C8C，按 Ctrl+G 组合键将其组合，并调整至合适的位置，如图 15.106 所示。

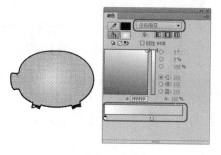

图 15.105　填充颜色　　　　　　图 15.106　绘制鼻子

(25) 使用同样的方法，绘制猪蹄，并为其填充颜色，完成后的效果如图 15.107 所示。

(26) 在工具箱中选择【椭圆工具】，在舞台中绘制小猪的眼睛，将其组合，并将其调整至合适的位置，如图 15.108 所示。

图 15.107　绘制猪蹄　　　　　　图 15.108　绘制小猪的眼睛

(27) 在舞台上的其他位置绘制一个正圆，打开【颜色】面板，将【填充类型】设置为【径向渐变】，将左侧色块的颜色设置为#FD6F6F，右侧颜色设置为#FE6D6D，并将右侧的 Alpha 值设置为 0%，如图 15.109 所示。

(28) 将其调整至合适的位置，如图 15.110 所示。

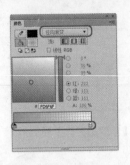

图 15.109　设置填充颜色

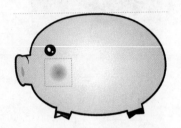

图 15.110　调整对象位置

(29) 使用同样的方法，绘制小猪身体的其他部分，并将其调整至合适的位置，如图 15.111 所示。

(30) 选择绘制的小猪对象，按 Ctrl+G 组合键将其组合，按 Ctrl+F8 组合键，打开【创建新元件】对话框，新建一个名为"手机动画"的影片剪辑元件，如图 15.112 所示。

图 15.111　绘制完成后的效果

图 15.112　【创建新元件】对话框

(31) 设置完成后单击【确定】按钮，在【图层】面板中选择【图层 1】，在该图层的第 12 帧位置按 F6 键插入关键帧，在【库】面板中选择"手机 1.png"素材对象，将其拖曳至舞台中，按 F8 键将其转换为【名称】为"手机 1"，【类型】为【图形】的元件，如图 15.113 所示。

(32) 设置完成后单击【确定】按钮，选择对象，打开【变形】面板，将缩放宽度设置为 70%，将【旋转】设置为 10°，并将其调整至合适的位置，如图 15.114 所示。

图 15.113　【转换为元件】对话框

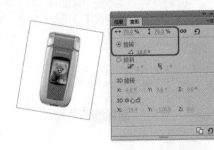

图 15.114　设置对象属性

(33) 在【图层 1】的第 18 帧位置插入关键帧，在舞台中调整素材的位置，在第 12 帧至第 18 帧的任意一帧上右击，在弹出的快捷菜单中选择【创建传统补间】命令，如图 15.115 所示。

(34) 在第 35 帧处按 F5 键插入帧，新建【图层 2】，在第 20 帧位置插入关键帧，在【库】面板中拖入"手机 2.png"素材文件，并将其转换为图形元件，调整至合适的位置，如图 15.116 所示。

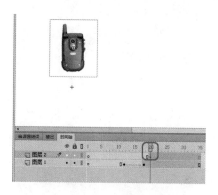

图 15.115　选择【创建传统补间】命令　　图 15.116　添加关键帧并拖入对象

(35) 在舞台中选择拖入的对象，打开【变形】面板，将缩放宽度设置为 70%，如图 15.117 所示。

(36) 在【图层 2】的第 26 帧位置插入关键帧，在舞台中调整对象的位置，并创建补间动画，如图 15.118 所示。

图 15.117　设置对象属性　　图 15.118　调整位置并创建补间动画

(37) 使用同样的方法，创建【图层 3】，并在第 29 帧至第 35 帧之间创建补间动画，如图 15.119 所示。

(38) 选择【图层 3】的第 35 帧，右击鼠标，在弹出的快捷菜单中选择【动作】命令，打开【动作】面板，在该面板中输入代码"stop();"，如图 15.120 所示。

(39) 新建【图层 4】，在工具箱中选择【矩形工具】，在舞台中绘制一个矩形，并将其调整至合适的位置，填充颜色随意，如图 15.121 所示。

(40) 选择【图层 4】，单击鼠标右键，在弹出的快捷菜单中选择【遮罩层】命令，如

图 15.122 所示。

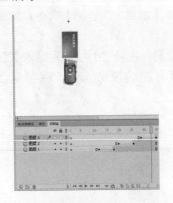

图 15.119　设置动画

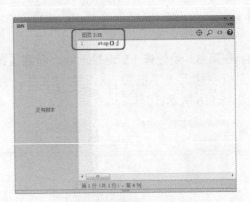

图 15.120　输入代码

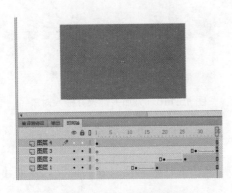

图 15.121　绘制矩形

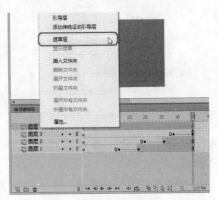

图 15.122　选择【遮罩层】命令

(41) 将【图层 1】和【图层 2】设置为被遮罩层，如图 15.123 所示。

(42) 选择【图层 4】，新建【图层 5】，在【库】面板中拖入 S1，并将其调整至合适的位置，如图 15.124 所示。

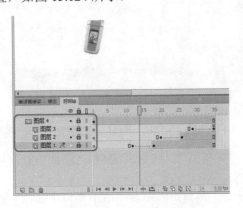

图 15.123　设置被遮罩层

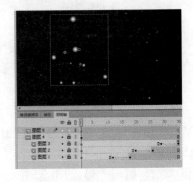

图 15.124　添加 S1 对象

(43) 选择导入的对象，展开【色彩效果】选项组，将【样式】设置为 Alpha，将 Alpha 值设置为 0%，如图 15.125 所示。

(44) 在该图层的第 5 帧位置插入关键帧，打开【属性】面板，将 Alpha 值设置为

100%，如图 15.126 所示。

图 15.125　设置对象属性

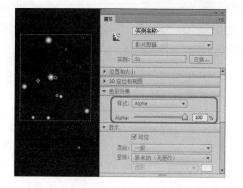

图 15.126　添加 S1 并设置对象属性

(45) 在第 1 帧至第 5 帧之间创建传统补间动画，如图 15.127 所示。

(46) 新建一个名为"组合动画"的影片剪辑元件，如图 15.128 所示。

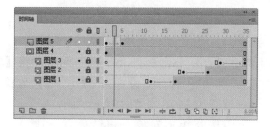

图 15.127　创建传统补间动画

图 15.128　【创建新元件】对话框

(47) 在【图层】面板中将【图层 1】重命名为"背景"，在工具箱中选择【矩形工具】，在舞台中绘制一个矩形。选择绘制的矩形，打开【属性】面板，展开【位置和大小】选项组，设置【宽】为 300，【高】为 355，颜色设置为#FFFF00，如图 15.129 所示。

(48) 在该图层的第 5 帧位置插入关键帧，在舞台中选择矩形对象，打开【颜色】面板，将填充类型设置为【径向渐变】，调整色块的位置，将左侧的色块颜色设置为 #FFFF00，将右侧的色块设置为#FF0000，并使用【颜料桶工具】调整颜色的中心点，如图 15.130 所示。

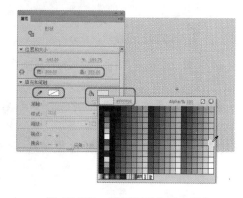

图 15.129　绘制矩形并填充颜色

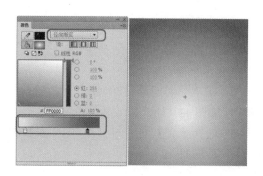

图 15.130　设置填充颜色

(49) 在第 1 帧至第 5 帧之间的任意一帧上右击，为其创建形状补间动画，如图 15.131 所示。

(50) 在第 38 帧位置插入关键帧，在舞台中选择矩形对象，按 F8 键将其转换为【背景】图形元件，如图 15.132 所示。

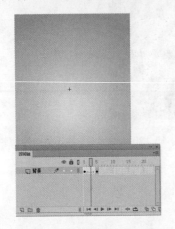

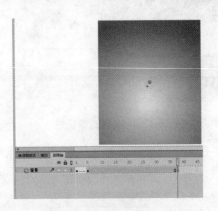

图 15.131　创建形状补间动画　　　　　　图 15.132　添加关键帧

(51) 在第 42 帧位置插入关键帧，在舞台中选择矩形，打开【属性】面板，将【样式】设置为【高级】，将红色百分比设置为 72%，将绿色百分比设置为 67%，绿色偏移设置为 92，将蓝色百分比设置为 90%，将蓝色偏移设置为 129，如图 15.133 所示。

(52) 在第 45 帧位置插入关键帧，在舞台中选择矩形对象，将红色百分比设置为 100%，将绿色百分比设置为 100%，绿色偏移设置为 0，将蓝色百分比设置为 100%，将蓝色偏移设置为 0，如图 15.134 所示。

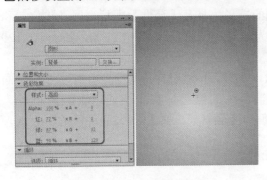

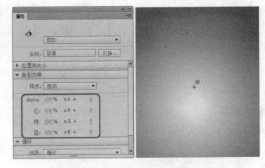

图 15.133　设置对象属性　　　　　　图 15.134　设置对象参数

(53) 分别在第 48 帧到第 42 帧之间、第 42 帧到第 45 帧之间创建传统补间动画，如图 15.135 所示。

(54) 在该图层的第 120 帧位置按 F5 键插入帧，新建【图层 2】，并将其重命名为"光"，如图 15.136 所示。

(55) 选择【光】图层的第 1 帧，在【库】面板中导入【光】对象，并将其调整至合适的位置，如图 15.137 所示。

图 15.135　创建补间动画

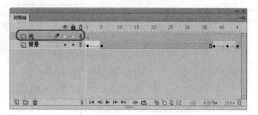

图 15.136　新建图层

(56) 在舞台中选择导入的对象，打开【属性】面板，将【样式】设置为 Alpha，将 Alpha 值设置为 0%，如图 15.138 所示。

图 15.137　拖入对象

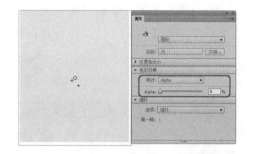

图 15.138　设置对象的 Alpha 值

(57) 在该图层的第 5 帧位置插入关键帧，在舞台中选择对象，在【属性】面板中将 Alpha 值设置为 100%，如图 15.139 所示。

(58) 在第 1 帧至第 5 帧之间创建传统补间动画，如图 15.140 所示。

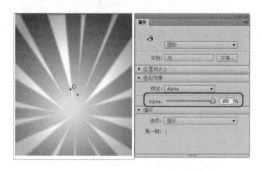

图 15.139　设置对象属性

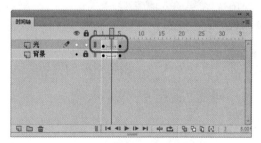

图 15.140　创建补间动画

(59) 在该图层的第 35 帧位置插入关键帧，再在第 40 帧位置插入关键帧，在舞台中选择对象，在【属性】面板中将 Alpha 值设置为 0%，如图 15.141 所示。

(60) 在第 45 帧位置插入关键帧，在舞台中选择对象，在【属性】面板中将 Alpha 值设置为 100%，如图 15.142 所示。

(61) 分别在第 35 帧至第 40 帧之间、第 40 帧至第 45 帧之间创建传统补间动画，如图 15.143 所示。

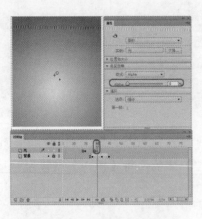

图 15.141　设置对象的 Alpha 值

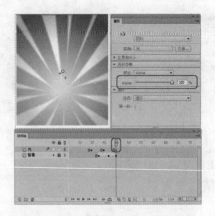

图 15.142　设置对象的 Alpha 值

(62) 新建【图层 3】，并将其重命名为"小猪"，为图层的第 2 帧位置插入关键帧，在【库】面板中拖入【猪】元件，并将其调整至合适的位置，如图 15.144 所示。

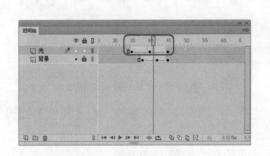

图 15.143　创建传统补间动画

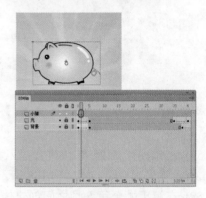

图 15.144　插入关键帧并拖入对象

(63) 在第 3 帧位置插入关键帧，在舞台中选择对象，在【属性】面板中将宽度值和高度值锁定在一起，将【高】设置为 123.5，如图 15.145 所示。

(64) 使用同样的方法，分别在第 4 帧、第 5 帧、第 6 帧、第 7 帧、第 8 帧插入关键帧，并设置对象大小，调整对象的位置，如图 15.146 所示。

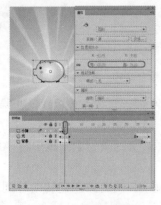

图 15.145　设置对象属性

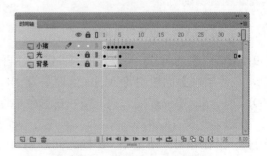

图 15.146　设置其他帧参数

(65) 在第 36 帧位置插入关键帧，在舞台中选择对象，在【属性】面板中将【宽】设置为 100.35，并将其调整至合适的位置，如图 15.147 所示。

(66) 在第 37 帧位置插入关键帧，在舞台中选择对象，在【属性】面板中将【宽】设置为 96.5，并将其调整至合适的位置，如图 15.148 所示。

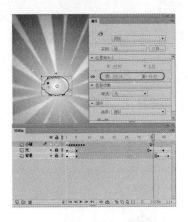 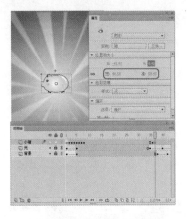

图 15.147　设置对象属性　　　　　图 15.148　设置对象属性

(67) 使用同样的方法，分别在第 38 帧、第 39 帧、第 40 帧位置插入关键帧，并设置对象大小，调整对象的位置，如图 15.149 所示。

(68) 在第 41 帧位置按 F7 键插入空白关键帧，在第 70 帧位置插入关键帧，在【库】面板中拖入【手机 1】、【充值卡】、【猪】元件，并将其调整大小及位置，如图 15.150 所示。

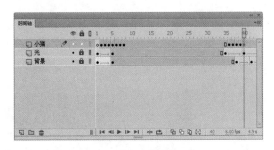 

图 15.149　设置其他帧　　　　　图 15.150　完成后的效果

(69) 新建一个名为"手机动画"的图层，在【库】面板中拖入【手机动画】元件，并将其调整至合适的位置，如图 15.151 所示。

(70) 在第 36 帧位置按 F7 键插入空白关键帧，新建 S2 图层，在第 45 帧位置插入关键帧，在【库】面板中拖入 S2 元件，并将其调整至合适的位置，如图 15.152 所示。

(71) 新建【文字】图层，并在第 45 帧位置插入关键帧，在工具箱中选择【文本工具】 T ，在舞台中输入文字，设置字体为【汉仪粗黑简】，将【大小】设置为 11 磅，并复制文字，设置不同的颜色，将其衬与文字的下方，如图 15.153 所示。

(72) 选择所有的文字，按 Ctrl+G 组合键将其组合，使用同样的方法，分别在第 46 帧、第 47 帧、第 48 帧、第 49 帧位置插入关键帧，并调整合并后的文字的大小，如图 15.154 所示。

图 15.151　添加元件

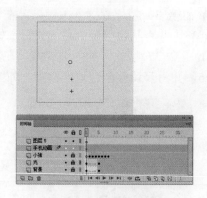

图 15.152　添加元件

图 15.153　输入文字

图 15.154　为其他帧输入文字

(73) 在该图层的第 69 帧位置调整舞台中文字对象的大小，如图 15.155 所示。

(74) 在第 69 帧位置按 F7 键插入空白关键帧，输入其他的文字并设置文字位置、大小，如图 15.156 所示。

图 15.155　设置文字大小

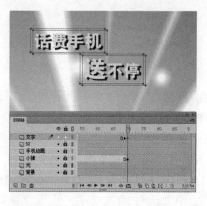

图 15.156　输入文字并调整文字位置

(75) 选择所有的文字，按 Ctrl+G 组合键将其组合，使用同样的方法，分别在第 71 帧、第 72 帧、第 73 帧、第 74 帧位置插入关键帧，并调整合并后的文字的大小，如图 15.157 所示。

(76) 新建一个【遮罩】图层，在舞台中绘制一个宽为 300、高为 355 的矩形，颜色随意，并将其调整至合适的位置，如图 15.158 所示。

图 15.157 设置其他的文字

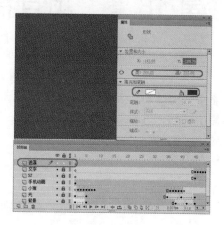

图 15.158 绘制矩形

(77) 将【遮罩】层设置为遮罩层，其余的图层均为被遮罩层，如图 15.159 所示。

(78) 返回【场景 1】，在【库】面板中拖入【组合动画】元件，并在【属性】面板中单击【锁定宽度值和高度值】按钮，将【宽】设置为 380，并将其调整至合适的位置，如图 15.160 所示。

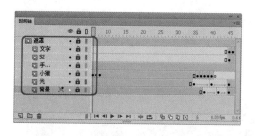

图 15.159 设置遮罩层和被遮罩层

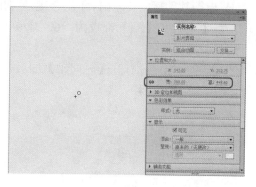

图 15.160 设置对象大小

(79) 至此，宣传广告就制作完成了，保存场景即可，按 Ctrl+Enter 组合键测试影片。

第 16 章　项目指导——网站片头的设计与制作

本章介绍了两个精彩案例的制作方法，将前面所学到的知识进行综合运用。案例效果可应用于网站、广告等行业。

16.1　网页导航栏

下面将介绍如何通过 Flash CC 制作网页导航栏，完成后的效果如图 16.1 所示。

图 16.1　网页导航栏

(1) 启动软件后，按 Ctrl+N 组合键，弹出【新建文档】对话框，选择 ActionScript 3.0 选项，将【宽】和【高】都设为 760 像素，将【帧频】设为 160，然后单击【确定】按钮，如图 16.2 所示。

(2) 新建文档后，打开【时间轴】面板，将【图层 1】名称更改为【背景】，完成后的效果如图 16.3 所示。

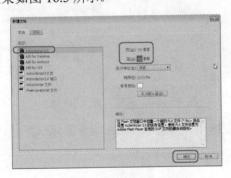

图 16.2　【新建文档】对话框

图 16.3　选择背景

(3) 在工具箱中选择【矩形工具】，打开【属性】面板，将【笔触颜色】设置为 #fe5cff，将填充颜色设为任意一种颜色，在舞台中绘制矩形，完成后的效果如图 16.4 所示。

(4) 选择创建的矩形，打开【属性】面板，将 X 和 Y 都设置为 0，将【宽】设置为 760，将【高】设置为 160，如图 16.5 所示。

图 16.4　创建矩形　　　　　　　　图 16.5　设置矩形的属性

　　(5) 继续选择矩形，打开【颜色】面板，将填充类型设为【线性渐变】，将第一个色标颜色设为#FE0BFF，将第二个色标设为白色，如图 16.6 所示。

　　(6) 在工具箱中选择【渐变变形工具】，对图形进行调整，如图 16.7 所示。

图 16.6　设置填充颜色　　　　　　　图 16.7　调整渐变色

　　(7) 选择绘制的矩形并进行复制，选择复制的矩形，打开【属性】面板，将【宽】设为 760，将【高】设为 45，并调整位置，如图 16.8 所示。

　　(8) 按 Ctrl+F8 组合键，弹出【创建新元件】对话框，将【名称】设为"文字 01"，将【类型】设为【图形】，如图 16.9 所示。

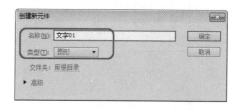

图 16.8　复制矩形　　　　　　　图 16.9　【创建新元件】对话框

　　(9) 在工具箱中选择【椭圆工具】，打开【属性】面板，将【笔触颜色】设为【无】，将【填充颜色】设为 CC00FF，在舞台中绘制椭圆，如图 16.10 所示。

　　(10) 在工具箱中选择【文本工具】，打开【属性】面板，将文本类型设为【动态文本】，将【系列】设为【汉仪雪峰体简】，将【大小】设为 40 磅，将【颜色】设为白色，并输入文本，如图 16.11 所示。

　　(11) 按 Ctrl+F8 组合键，弹出【创建新元件】对话框，将【名称】设为"星"，将

【类型】设为【图形】，设置完成后单击【确定】按钮，如图 16.12 所示。

图 16.10　绘制椭圆　　　　　　　　　　　　图 16.11　输入文本

(12) 在工具箱中选择【多角星形工具】，打开【属性】面板，将【笔触颜色】设为无，将【填充颜色】设为 00FFFF，单击【选项】按钮，弹出【工具设置】对话框，将【样式】设为【星形】，将【边数】设为 5，然后单击【确定】按钮，在舞台中绘制图形，如图 16.13 所示。

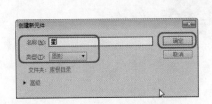

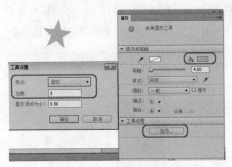

图 16.12　【创建新元件】对话框　　　　　　图 16.13　绘制五角星

(13) 使用【任意变形工具】选择五角星，并将其中心点调整到舞台的中心点，如图 16.14 所示。

(14) 在【变形】面板中将【旋转】设置为 40°，然后连续单击 【重置选区和变形】按钮，如图 16.15 所示。

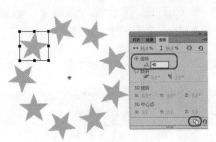

图 16.14　调整中心点　　　　　　　　　　　图 16.15　旋转五角星

(15) 按 Ctrl+F8 组合键，弹出【创建新元件】对话框，将【名称】设为"星动画"，将【类型】设为【影片剪辑】，设置完成后单击【确定】按钮，如图 16.16 所示。

(16) 打开【库】面板，选择【星】元件拖曳至舞台中，打开【对齐】面板，单击【水平中齐】和【垂直中齐】按钮，使其与舞台对齐，完成后的效果如图 16.17 所示。

(17) 在【时间轴】面板中选择【图层 1】的第 60 帧，并插入关键帧，如图 16.18 所示。

(18) 选择第 1 帧，单击鼠标右键，在弹出的快捷菜单中选择【创建传统补间】命令，如图 16.19 所示。

图 16.16　【创建新元件】对话框

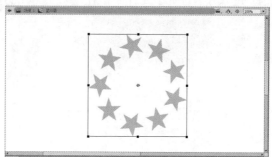

图 16.17　调整位置

图 16.18　插入关键帧

图 16.19　创建传统补间

(19) 选择【图层 1】的第 1 帧，打开【属性】面板，在【补间】选项组中将【旋转】设为【顺时针】，将【旋转次数】设为 1，如图 16.20 所示。

(20) 返回到【场景 1】中，新建【按钮】图层，按 Ctrl+F8 组合键，弹出【创建新元件】对话框，将【名称】设为"首页"，将【类型】设为【按钮】，然后单击【确定】按钮，如图 16.21 所示。

图 16.20　设置帧的属性

图 16.21　【创建新元件】对话框

(21) 在【时间轴】面板中选择【弹起】帧，在工具箱中选择【文本工具】，打开【属性】面板，将【文本类型】设为【动态文本】，将【系列】设为【文鼎霹雳体】，将【大小】设为 33 磅，将【颜色】设为#999900，设置完成后在舞台中输入文本"首页"，如图 16.22 所示。

(22) 选择输入的文本，打开【对齐】面板，单击【水平中齐】和【垂直中齐】按钮，使其与舞台对齐，如图 16.23 所示。

(23) 选择【指针经过】帧，并插入关键帧，选择舞台中的文字并右击，在弹出的快捷菜单中选择【转换为元件】命令，在打开的【转换为元件】对话框中，将【名称】设置为

"g-首页"，将【类型】设置为【图形】，单击【确定】按钮，如图 16.24 所示。

(24) 进入【g-首页】元件中，在"首页"下方输入"HOME"，如图 16.25 所示。

图 16.22　设置文本

图 16.23　【对齐】面板

图 16.24　【转换为元件】对话框

图 16.25　输入文本

(25) 选择所有的文字，并将其组合，打开【对齐】面板，单击【水平中齐】和【垂直中齐】按钮，使其与舞台对齐，如图 16.26 所示。

(26) 选择舞台中的文字并右击，在弹出的快捷菜单中选择【转换为元件】命令，打开【转换为元件】对话框，将【名称】设为"m-首页"，将【类型】设为【影片剪辑】，然后单击【确定】按钮，如图 16.27 所示。

图 16.26　组合并调整位置

图 16.27　【转换为元件】对话框

(27) 双击上一步制作的元件，进入【m-首页】元件，打开【时间轴】面板，新建一图层，在工具箱中选择【矩形工具】，在舞台中绘制一个半透明的矩形，使其能覆盖"HOME"文字，如图 16.28 所示。

(28) 在【时间轴】面板中，选择【图层 1】的第 10 帧，按 F6 键插入关键帧；并创建传统补间，完成后的效果如图 16.29 所示。

(29) 选择【图层 2】的第 10 帧，按 F5 键插入帧。然后选择【图层 1】的第 10 帧，在舞台中向下移动文字，使文字"首页"被矩形覆盖，如图 16.30 所示。

(30) 选择【图层 2】并右击，在弹出的快捷菜单中选择【遮罩层】命令，将图层转换为遮罩层，如图 16.31 所示。

图 16.28 绘制矩形

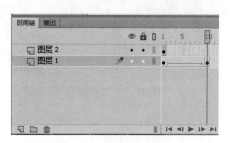

图 16.29 创建传统补间

图 16.30 移动文字

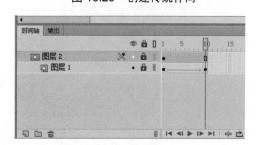

图 16.31 创建遮罩层

(31) 新建【图层 3】，选择第 10 帧，按 F6 键插入关键帧，如图 16.32 所示。

(32) 选择第 10 帧，打开【动作】面板，输入停止动画播放的动作命令"stop();"，如图 16.33 所示。

图 16.32 创建【图层 3】

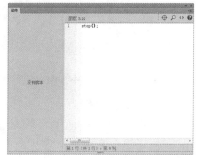

图 16.33 【动作】面板

(33) 返回到【首页】元件的场景舞台，将文字在舞台中居中。然后在【时间轴】面板中选择【按下】帧并右击，在弹出的快捷菜单中选择【插入空白关键帧】命令，如图 16.34 所示。

(34) 在【库】面板中选择【m-首页】元件，将其拖曳至舞台中，在【对齐】面板中单击【水平中齐】按钮和【垂直中齐】按钮，使实例在舞台中居中，如图 16.35 所示。

(35) 在菜单栏中选择【修改】|【分离】命令，得到如图 16.36 所示的效果。

(36) 将半透明矩形删除，再次执行两次【分离】命令；然后使用【文本工具】编辑文字，选择"首页"，按 Ctrl+X 组合键进行剪切，然后选择"HOME"，按 Ctrl+V 组合键进行粘贴；将"首页"文字的颜色设置为#00FFFF，并将其与舞台对齐，如图 16.37 所示。

图 16.34　插入空白关键帧　　　　　　　图 16.35　拖入元件

图 16.36　分离元件　　　　　　　　　图 16.37　修改文字

(37) 在【时间轴】面板中选择【点击】帧并右击，在弹出的快捷菜单中选择【插入空白关键帧】命令，插入空白关键帧，如图 13.38 所示。

(38) 将【弹起】帧中的文字复制到【点击】帧，并设置在相同的位置，将文字修改为"HOME"，然后绘制一个任意颜色的矩形，能够覆盖文字即可，将其作为按钮的鼠标感应区域，如图 13.39 所示。

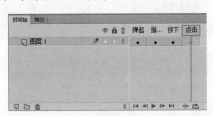

图 16.38　插入空白关键帧　　　　　　　图 16.39　复制文字

(39) 使用前面所讲的方法，制作按钮【产品】、【销售】、【服务】和【联系】。制作完成后，将按钮元件拖曳至场景中，排列好位置，如图 16.40 所示。

(40) 新建【隔条】图层，在工具箱中选择【椭圆工具】，将【笔触颜色】设为无，将【填充颜色】设为【径向渐变】(#00ff00 到#C6AA58 的渐变)，在舞台中进行绘制，并将其拖曳至【按钮】图层的下方，完成后的效果如图 16.41 所示。

图 16.40　制作其他按钮　　　　　　　图 16.41　绘制隔条

(41) 新建【高光】图层，在工具箱中选择【矩形工具】，将【笔触颜色】设为【无】，将【填充颜色】设为白色到透明的线性渐变，如图 16.42 所示。

(42) 在工具箱中选择【渐变变形工具】，选择矩形的渐变填充部分，对其进行旋转并调整大小，如图 16.43 所示。

图 16.42　绘制矩形

图 16.43　调整渐变色

（43）在工具箱中选择【钢笔工具】，在舞台中绘制区域，如图 16.44 所示。

（44）在工具箱中选择【颜料桶工具】，打开【颜色】面板，将【填充颜色】设为白色到#FF00FF 的径向渐变，进行填充，并将外侧边线删除，如图 16.45 所示。

图 16.44　绘制区域

图 16.45　填充颜色

（45）新建【装饰】图层，打开【库】面板，选择【星动画】元件并将其拖曳到舞台，使用【任意变形工具】调整大小，完成后的效果如图 16.46 所示。

（46）选择【文字 01】元件并拖曳到舞台中，使用【任意变形工具】调整位置及大小，如图 16.47 所示。

图 16.46　添加元件

图 16.47　调整位置及大小

（47）按 Ctrl+R 组合键，弹出【导入】对话框，选择随书附带光盘中的"CDROM\素材\Cha16\鞋.png"素材，单击【打开】按钮，如图 16.48 所示。

（48）选择导入的素材文件，在工具箱中选择【任意变形工具】，调整大小和位置，如图 16.49 所示。

图 16.48　【导入】对话框

图 16.49　导入素材

（49）打开【时间轴】面板，选择【按钮】图层，将其拖曳到图层的最上方，按Ctrl+Enter 组合键测试影片，如图 16.50 所示。

（50）在菜单栏中选择【文件】|【导出】|【导出影片】命令，弹出【导出影片】对话框，设置【文件名】和【保存类型】，然后单击【保存】按钮，如图 16.51 所示。

图 16.50　完成后的效果　　　　　图 16.51　【导出影片】对话框

16.2　网站动画——公益广告

本例将介绍网站中常见的公益动画的制作，其中将涉及的动画有补间动画、关键帧动画等。完成后的效果如图 16.52 所示。

图 16.52　公益广告

(1) 运行 Flash CC 软件，在弹出的界面中选择【Flash 文件(ActionScript 3.0)】选项，新建文档。在【属性】面板中单击【属性】选项组下的【编辑】按钮，在弹出的【新建文档】对话框中设置【尺寸】为 1100 像素×199 像素，单击【确定】按钮，如图 16.53 所示。

(2) 按 Ctrl+R 组合键，在弹出的【导入】对话框中选择随书附带光盘中的 "CDROM\素材\Cha16\背景 1.jpg" 文件，单击【打开】按钮，如图 16.54 所示。

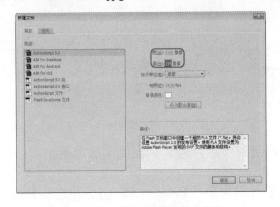

图 16.53　【新建文档】对话框　　　　图 16.54　【导入】对话框

(3) 在舞台中选择图像素材，在【对齐】面板中选中【与舞台对齐】复选框，在【对齐】选项组中单击【垂直中齐】按钮 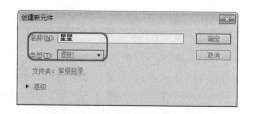 和【水平中齐】按钮 ，这样导入的图像相对舞台居中对齐，如图 16.55 所示。

(4) 按 Ctrl+F8 组合键，在弹出的【创建新元件】对话框中设置【名称】为"星星"，设置【类型】为【图形】，单击【确定】按钮，如图 16.56 所示。

图 16.55　【对齐】面板　　　　　　图 16.56　【创建新元件】对话框

(5) 将舞台设置为黑色，在工具箱中选择【多角星形工具】 ，在【属性】面板中设置画笔笔触为无，单击【工具设置】选项组下的【选项】按钮，在弹出的【工具设置】对话框中设置【样式】为【星形】、【边数】为 6、【星形顶点大小】为 0.10，单击【确定】按钮，如图 16.57 所示。

(6) 在舞台中绘制多角星形形状，在工具箱中选择【选择工具】 ，在舞台中选择形状，在【颜色】面板中选择填充按钮，选择【径向渐变】，设置渐变为白色，将右侧的色标向左调整，并设置其 Alpha 值为 0，并将对象在舞台中进行对齐，如图 16.58 所示。

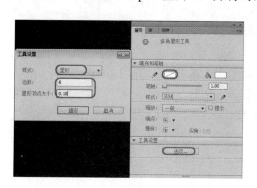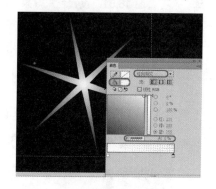

图 16.57　【工具设置】对话框　　　　　图 16.58　【颜色】面板

(7) 按 Ctrl+F8 组合键，在弹出的【创建新元件】对话框中设置【名称】为"星星-动画"，设置【类型】为【影片剪辑】，单击【确定】按钮，如图 16.59 所示。

(8) 新建元件后，在【库】面板中将【星星】元件拖曳到影片剪辑元件舞台，对齐舞台后，在【时间轴】面板中的第 10 帧和第 20 帧处插入关键帧，如图 16.60 所示。

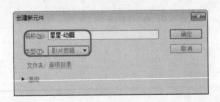

图 16.59 【创建新元件】对话框

图 16.60 插入关键帧

(9) 选择第 1 帧，在舞台中选择元件，在【属性】面板中设置【位置和大小】选项组中的【宽】和【高】为 1，设置【色彩效果】选项组中的【样式】为 Alpha，并设置 Alpha 参数值为 0，如图 16.61 所示。

(10) 选择第 10 帧，在【属性】面板中设置【位置和大小】选项组下的【宽】为 100、【高】为 100，设置【色彩效果】选项组中的【样式】为【无】，如图 16.62 所示。

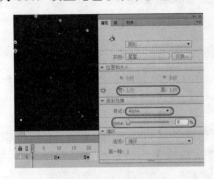

图 16.61 设置色彩效果

图 16.62 设置宽、高

(11) 选择第 20 帧，在【属性】面板中设置【位置和大小】选项组下的【宽】为 1、【高】为 1，设置【色彩效果】选项组中的【样式】为 Alpha，并设置 Alpha 参数值为 0，在第 1 帧到第 10 帧、第 10 帧和第 20 帧处分别创建传统补间，如图 16.63 所示。

(12) 按 Ctrl+F8 组合键，在弹出的【创建新元件】对话框中设置【名称】为"块"，设置【类型】为【影片剪辑】，单击【确定】按钮，如图 16.64 所示。

图 16.63 创建传统补间

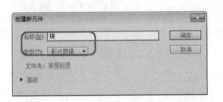

图 16.64 【创建新元件】对话框

(13) 在元件舞台中创建一个填充为白色、Alpha 为 50%的半透明矩形，在第 15 帧和第 30 帧分别插入关键帧，并在关键帧之间创建传统补间，如图 16.65 所示。

(14) 选择第 15 帧，在舞台中调整矩形的位置，如图 16.66 所示。

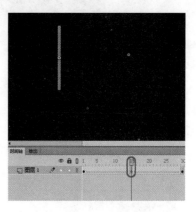

图 16.65　创建传统补间　　　　　　　　　　图 16.66　调整位置

(15) 选择第 30 帧，在舞台中调整矩形的位置，如图 16.67 所示，创建矩形来回移动的动画。

(16) 在【库】面板中复制一个【块 1】元件，如图 16.68 所示，适当调整该元件的动画，使其与【块】元件的动画有些区别即可。

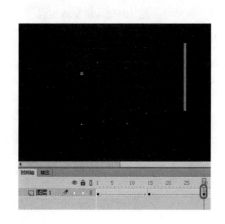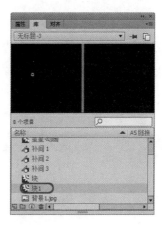

图 16.67　移动位置　　　　　　　　　　图 16.68　复制【块】元件

(17) 切换到【场景】舞台，在【时间轴】面板中为【图层 1】的第 150 帧处插入关键帧，在【时间轴】面板中单击【新建图层】按钮 ，新建图层，在【库】面板中将【块】和【块 1】元件拖曳至场景舞台，并调整其大小和位置，并分别复制 1 个，将【星-动画】拖曳至场景的左侧图像区域，如图 16.69 所示。

(18) 新建【图层 3】，在第 2 帧插入关键帧，并在场景舞台的左侧图像区域添加【星-动画】，如图 16.70 所示。

(19) 在【时间轴】面板中单击【新建图层】按钮 ，新建【图层 4】，在第 10 帧插入关键帧，在工具箱中选择【文本工具】 ，在舞台中创建文本，在【属性】面板中为其设置合适的字体，设为【华文行楷】，将"水"字设置大小为 110，"乃生命之源"大小为 60，字母间距为 14，颜色为白色，如图 16.71 所示。

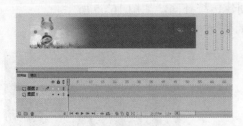

图 16.69　新建图层

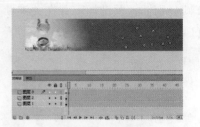

图 16.70　插入关键帧

(20) 按两次 Ctrl+B 组合键，将文本分离，在舞台中选择分离后的"水"字并按 Ctrl+G 组合键，将文本组合，使用同样的方法分别将其他文本进行组合，如图 16.72 所示。

图 16.71　创建文本

图 16.72　将文本组合

(21) 将字体移动到舞台的右边，效果如图 16.73 所示。

(22) 在【图层 4】的第 15 帧处插入关键帧，并将文本"水"移动到舞台中，如图 16.74 所示。

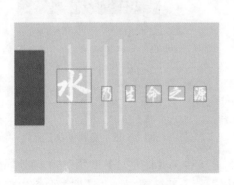

图 16.73　移动字体

图 16.74　插入关键帧

(23) 在【图层 4】的第 20 帧处插入关键帧，并将文本"乃"移动到舞台中，如图 16.75 所示。

(24) 在【图层 4】的第 25 帧处插入关键帧，并将文本"生"移动到舞台中，如图 16.76 所示。

(25) 在【图层 4】的第 30 帧处插入关键帧，并将文本"命"移动到舞台中，如图 16.77 所示。

图 16.75　插入关键帧　　　　　　　图 16.76　插入关键帧

(26) 在【图层 4】的第 35 帧插入关键帧，并将文本"之"移动到舞台中，如图 16.78 所示。

图 16.77　插入关键帧　　　　　　　图 16.78　插入关键帧

(27) 在【图层 4】的 40 帧处插入关键帧，并将文本"源"移动到舞台中，如图 16.79 所示。

(28) 在【时间轴】面板中新建【图层 5】，在第 40 帧插入关键帧，并在舞台中输入文字，如图 16.80 所示。

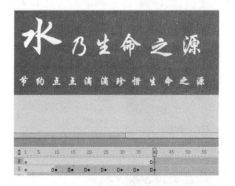

图 16.79　插入关键帧　　　　　　　图 16.80　插入关键帧

(29) 在【属性】面板中将字体大小设置为 25，其他保持默认设置，将文本放置在如图 16.81 所示舞台的右侧。

(30) 选择创建的文本，按 Ctrl+B 组合键分离文本，然后选择分离后的文本，按 Ctrl+G 组合键将文本组合在一起，如图 16.82 所示。

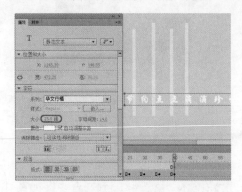

图 16.81　设置字体

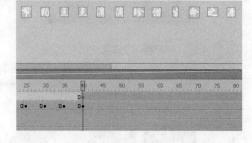

图 16.82　文本组合

(31) 在第 45 帧处插入关键帧，并将文本从舞台的右侧移至如图 16.83 所示的位置。

(32) 在第 40 帧到第 45 帧之间创建传统补间动画，如图 16.84 所示。

图 16.83　插入关键帧

图 16.84　创建传统补间动画

(33) 将第 46 帧到第 50 帧之间的空白帧转换为关键帧，如图 16.85 所示。

(34) 选择第 48 帧到第 50 帧的关键帧，在舞台中选择组合的文本，在【属性】面板中，设置【色彩效果】选项组下的【样式】为 Alpha，并设置 Alpha 的参数值为 0，如图 16.86 所示。

图 16.85　转换为关键帧

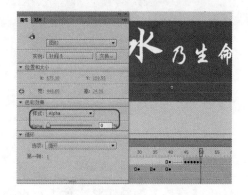

图 16.86　添加 Alpha 样式

(35) 选择第 45 帧到第 50 帧并右击，在弹出的快捷菜单中选择【复制帧】命令，如图 16.87 所示。

(36) 在【时间轴】面板中选择第 51 帧并右击，在弹出的快捷菜单中选择【粘贴帧】命令，如图 16.88 所示。

图 16.87　选择【复制帧】命令

图 16.88　选择【粘贴帧】命令

(37) 以同样的方法粘贴帧，粘贴到 80 帧即可，如图 16.89 所示。

(38) 创建新图层，并在第 80 帧处插入关键帧，运用【文本工具】命令，在舞台中输入"节约用水人人有责"，【属性】面板中的参数保持默认，如图 16.90 所示。

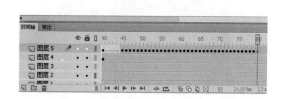

图 16.89　粘贴帧

图 16.90　新建图层

(39) 将字体移动到舞台的右边，在第 85 帧处插入关键帧，再次将字体移动到舞台中，在第 80 帧到第 85 帧插入传统补间动画，如图 16.91 所示。

(40) 将第 86 帧到第 90 帧之间的空白帧转换为关键帧，如图 16.92 所示。

图 16.91　创建传统补间动画

图 16.92　转换为关键帧

(41) 选择第 88 帧到第 90 帧处的关键帧，在舞台中选择组合的文本，在【属性】面板中，设置【色彩效果】选项组下的【样式】为 Alpha，并设置 Alpha 的参数值为 0，如图 16.93 所示。

(42) 选择第 85 帧到第 90 帧并右击，在弹出的快捷菜单中选择【复制帧】命令，如图 16.94 所示。

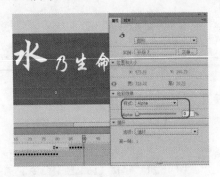

图 16.93　设置色彩效果

图 16.94　选择【复制帧】命令

(43) 在【时间轴】面板中选择第 91 帧并右击，在弹出的快捷菜单中选择【粘贴帧】命令，如图 16.95 所示。

(44) 以同样的方法粘贴帧，粘贴到 120 帧即可，如图 16.96 所示。

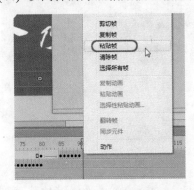

图 16.95　选择【粘贴帧】命令

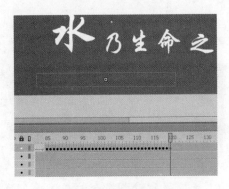

图 16.96　粘贴帧

(45) 将第 150 帧之外的帧进行删除，如图 16.97 所示。

(46) 在菜单栏中选择【文件】|【导出】|【导出影片】命令，如图 16.98 所示。

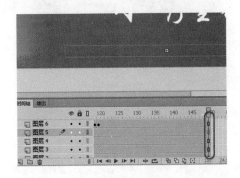

图 16.97　删除帧

图 16.98　选择【导出影片】命令

第 16 章　项目指导——网站片头的设计与制作

(47) 在弹出的【导出影片】对话框中为其指定一个正确的存储路径，将其命名为"公益广告"，其格式为【SWF 影片(*.swf)】，如图 16.99 所示。

(48) 单击【保存】按钮，即可将其导出。在菜单栏中选择【文件】|【另存为】命令即可，如图 16.100 所示。

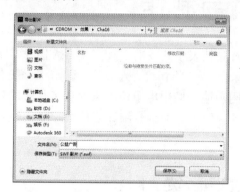

图 16.99　【导出影片】对话框　　　　　图 16.100　选择【另存为】命令

(49) 在弹出的【另存为】对话框中为其指定一个正确的存储路径，将其命名为"公益广告"，其格式为【Flash 文档(*.fla)】，如图 16.101 所示。

图 16.101　【另存为】对话框

333

第 17 章 项目指导——贺卡的设计与制作

贺卡是人们在遇到喜庆的日子或事件时互相表示问候的一种卡片。人们通常赠送贺卡的日子包括生日、圣诞、元旦、春节、母亲节、父亲节、情人节等。贺卡上一般有一些祝福的话语，而在计算机飞速发展的今天，慢慢地人们用电子贺卡来代替卡片式的贺卡。电子贺卡可以根据需要添加不同的图片、背景音乐等。本章介绍如何使用 Flash 制作电子贺卡，其中包括祝福贺卡和友情贺卡。

17.1 祝 福 贺 卡

本例来介绍如何制作祝福贺卡。该例主要是通过创建文字，设置图片动画，制作一个简单的祝福贺卡，其效果如图 17.1 所示。

图 17.1 祝福贺卡

(1) 在菜单栏中选择【文件】|【新建】命令，弹出【新建文档】对话框，在【类型】列表框中选择 ActionScript 3.0 选项，然后在右侧的设置区域中将【宽】设置为 440 像素，将【高】设置为 330 像素，如图 17.2 所示。

(2) 设置完成后单击【确定】按钮，在菜单栏中选择【文件】|【导入】|【导入到库】命令，如图 17.3 所示。

(3) 在弹出的【导入到库】对话框中选择随书附带光盘中的"CDROM\素材\Cha17\图 1.jpg、图 2.jpg、音乐.MP3"素材文件，如图 17.4 所示。

(4) 单击【打开】按钮，即可将选择的素材导入到【库】面板中，在【时间轴】面板中将【图层 1】重命名为【背景 1】，并在【库】面板中拖入"图 1.jpg"素材，按 F8 键打开【转换为元件】对话框，在该对话框中将【名称】重命名为"图 1"，将【类型】设置为【图形】，将【对齐】设置为左上角，如图 17.5 所示。

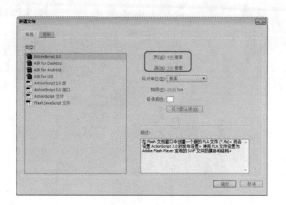

图 17.2　【新建文档】对话框

图 17.3　选择【导入到库】命令

图 17.4　【导入到库】对话框

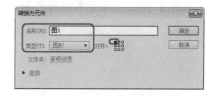

图 17.5　【转换为元件】对话框

(5) 设置完成后单击【确定】按钮，然后在舞台中选择对象，打开【属性】面板，展开【位置和大小】选项组，确定【将高度值和宽度值锁定在一起】按钮处于锁定的状态下，将【宽】设置为 440，将 X、Y 均设置为 0，如图 17.6 所示。

(6) 在【背景 1】图层的第 130 帧处插入关键帧，然后在第 150 帧处插入关键帧，如图 17.7 所示。

图 17.6　设置元件属性

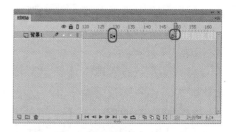

图 17.7　插入关键帧

(7) 选择第 150 帧处的关键帧，在舞台中选择对象，打开【属性】面板，展开【色彩效果】选项组，将【样式】设置为 Alpha，将 Alpha 值设置为 0，如图 17.8 所示。

(8) 在第 130 帧至第 150 帧之间的任意一帧上右击，在弹出的快捷菜单中选择【创建传统补间】命令，如图 17.9 所示。

图 17.8 【属性】面板

图 17.9 选择【创建传统补间】命令

(9) 执行完该命令后，即可为其创建传统补间动画，按 Ctrl+F8 组合键，在弹出的【创建新元件】对话框中将【名称】重命名为"矩形动画"，将【类型】设置为【影片剪辑】，如图 17.10 所示。

(10) 设置完成后单击【确定】按钮，在工具箱中单击【矩形工具】 ▣，绘制一个矩形，在【属性】面板中将【填充颜色】设置为白色，将【笔触颜色】设置为无，如图 17.11 所示。

图 17.10 【创建新元件】对话框

图 17.11 绘制矩形

(11) 在舞台中选择绘制的矩形，在【属性】面板中将【宽】和【高】分别设置为376.9、53，将 X、Y 分别设置为-188.4、-26.5，如图 17.12 所示。

(12) 确认场景中的对象处于被选择的状态下，按 F8 键，在弹出的【转换为元件】对话框中将【名称】设置为【矩形】，将【类型】设置为【图形】，将【对齐】设置为中点，如图 17.13 所示。

(13) 设置完成后单击【确定】按钮，在舞台中选择转换后的图形元件，在【属性】面板中将 X、Y 分别设置为-81、-79，将【宽】和【高】都设置为 69，如图 17.14 所示。

(14) 设置完成后，在【时间轴】面板中选择【图层 1】的第 260 帧，按 F5 键插入帧，选择【图层 1】的第 14 帧，插入关键帧，如图 17.15 所示。

图 17.12　设置对象属性

图 17.13　【转换为元件】对话框

图 17.14　设置位置和大小

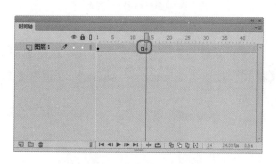

图 17.15　插入关键帧

(15) 在舞台中选择对象，打开【属性】面板，将【宽】和【高】均设置为 22.8，并将【样式】设置为 Alpha，将 Alpha 值设置为 11%，如图 17.16 所示。

(16) 在第 15 帧处插入关键帧，在舞台中选择对象，在【属性】面板中将【宽】、【高】均设置为 17.5，将 Alpha 值设置为 0，如图 17.17 所示。

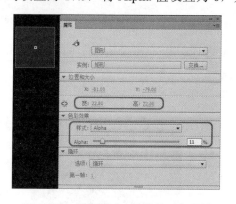

图 17.16　设置第 14 帧处的对象属性

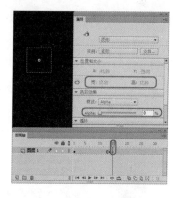

图 17.17　设置第 15 帧处的对象属性

(17) 在第 1 帧至第 14 帧之间的任意一帧上右击，在弹出的快捷菜单中选择【创建传统补间】命令，如图 17.18 所示。

(18) 执行完该命令即可为其创建补间动画，在【时间轴】面板中新建【图层 2】，在【库】面板中拖入【矩形】元件，如图 17.19 所示。

(19) 在舞台中选择添加的对象，在【属性】面板中将 X、Y 分别设置为-81.05、-10，将【宽】和【高】都设置为 69，如图 17.20 所示。

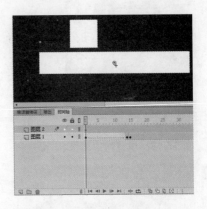

图 17.18　选择【创建传统补间】命令　　　　图 17.19　新建图层并添加对象

(20) 在舞台中选择对象，打开【属性】面板，将【宽】和【高】均设置为 22.8，并将【样式】设置为 Alpha，将 Alpha 值设置为 11%，如图 17.21 所示。

图 17.20　设置第 1 帧处的对象属性　　　　图 17.21　设置第 14 帧处的对象属性

(21) 在第 15 帧处插入关键帧，在舞台中选择对象，在【属性】面板中将【宽】、【高】均设置为 17.5，将 Alpha 值设置为 0，如图 17.22 所示。

(22) 在第 1 帧至第 14 帧之间创建传统补间动画，如图 17.23 所示。

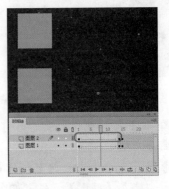

图 17.22　设置第 15 帧位置的对象属性　　　　图 17.23　创建传统补间动画

(23) 使用同样的方法新建其他图层，并创建传统补间动画，如图 17.24 所示。

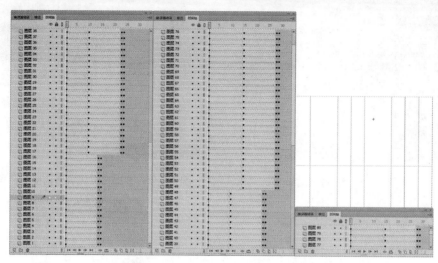

图 17.24　创建完成后的效果

(24) 新建【图层 81】，在第 265 帧处插入关键帧，单击右键，在弹出的快捷菜单中选择【动作】命令，在打开的【动作】面板中输入代码 "stop();"，如图 17.25 所示。

(25) 设置完成后关闭【动作】面板，按 Ctrl+F8 组合键，在弹出的【创建新元件】对话框中新建一个名为 "圆" 的影片剪辑元件，如图 17.26 所示。

图 17.25　【动作】面板

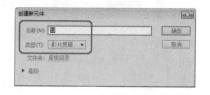

图 17.26　【创建新元件】对话框

(26) 单击【确定】按钮，在工具箱中选择【椭圆工具】 ，在舞台中绘制一个正圆，选择绘制的正圆，将其调整至合适的位置，打开【属性】面板，在【填充和笔触】选项组中将【笔触颜色】设置为无，将【填充颜色】设置为白色，如图 17.27 所示。

(27) 确认场景中的圆处于被选择的状态下，在菜单栏中选择【修改】|【形状】|【柔化填充边缘】命令，如图 17.28 所示。

(28) 打开【柔化填充边缘】对话框，将【距离】设置为【20 像素】，将【步长数】设置为 30，将【方向】设置为【扩展】，如图 17.29 所示。

(29) 设置完成后单击【确定】按钮，效果如图 17.30 所示。

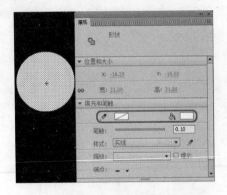

图 17.27　设置对象属性

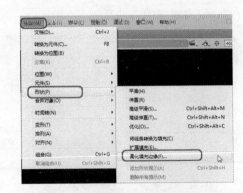

图 17.28　选择【柔化填充边缘】命令

图 17.29　【柔化填充边缘】对话框

图 17.30　设置完成后的效果

(30) 再次绘制一个正圆，将其调整至前面绘制的正圆的上方，在空白位置单击，然后选择最上层的圆对象，按 Delete 键将其删除，如图 17.31 所示。

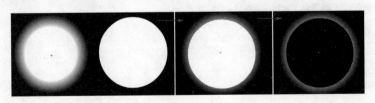

图 17.31　完成后的效果

(31) 在舞台中框选调整完成后的对象，按 F8 键打开【转换为元件】对话框，设置【名称】为"圆环"，如图 17.32 所示。

(32) 单击【确定】按钮，在舞台中选择转换完的元件，打开【属性】面板，将【宽】和【高】均设置为 115.3，并将其调整至合适的位置，如图 17.33 所示。

图 17.32　【转换为元件】对话框

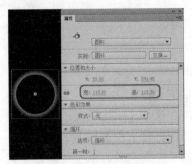

图 17.33　设置对象属性

(33) 在【图层 1】的第 10 帧处插入关键帧，在舞台中选择对象，打开【属性】面板，将【宽】设置为 97，如图 17.34 所示。

(34) 在第 20 帧处插入关键帧，在舞台中选择对象，打开【属性】面板，将【宽】设置为 115.3，如图 17.35 所示。

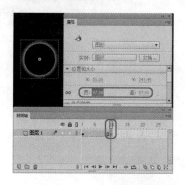

图 17.34　设置第 10 帧位置的对象属性

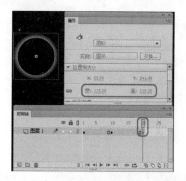

图 17.35　设置第 20 帧位置的对象属性

(35) 分别在第 1 帧至第 10 帧之间、第 10 帧至第 20 帧之间创建传统补间动画，如图 17.36 所示。

(36) 使用同样的方法，制作其他层的动画，如图 17.37 所示。

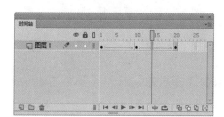

图 17.36　创建传统补间动画

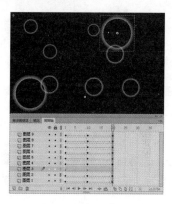

图 17.37　完成后的效果

(37) 按 Ctrl+F8 组合键，打开【创建新元件】对话框，将其重命名为"文字 1"，将【类型】设置为【影片剪辑】，如图 17.38 所示。

(38) 单击【确定】按钮，在【图层 1】的第 15 帧处插入关键帧，在工具箱中选择【文本工具】 T ，在舞台中输入文字信息，并选择输入的文本，在【属性】面板中将【系列】设置为【汉仪丫丫体简】，将【大小】设置为 25，将【颜色】设置为#990000，如图 17.39 所示。

(39) 在舞台中选择输入的文字，按 F8 键将其转换为【文字 1】图形元件，在第 35 帧位置插入关键帧，将文字垂直向上调整位置，如图 17.40 所示。

(40) 选择第 15 帧位置的对象，在【属性】面板中将【色彩效果】选项组下的【样式】设置为 Alpha，并将 Alpha 值设置为 0，如图 17.41 所示。

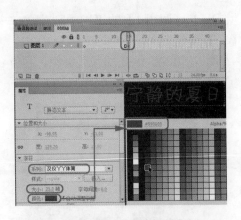

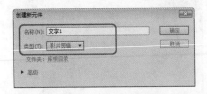

图 17.38　创建影片剪辑元件　　　　　　　图 17.39　设置文本属性

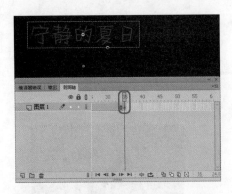

图 17.40　插入关键帧并调整对象位置　　　图 17.41　设置第 15 帧处的对象属性

(41) 在第 15 帧至第 35 帧之间创建传统补间动画，在第 101 帧位置插入关键帧，如图 17.42 所示。

(42) 在第 120 帧位置插入关键帧，在舞台中选择对象，打开【属性】面板，将【样式】设置为 Alpha，将 Alpha 值设置为 0，如图 17.43 所示。

图 17.42　插入关键帧　　　　　　　　　　图 17.43　插入关键帧并设置对象属性

(43) 在第 101 帧至第 120 帧之间创建传统补间动画，如图 17.44 所示。

(44) 使用同样的方法，创建【图层 2】，制作其他文字的动画效果，如图 17.45 所示。

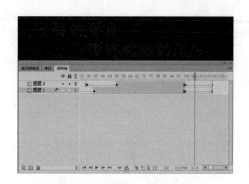

图 17.44　创建传统补间动画　　　　　图 17.45　制作其他文字动画

(45) 创建【文字动画 2】影片剪辑元件，使用同样的方法在舞台中创建文字并设置文字属性，如图 17.46 所示。

(46) 将文字转换为【文字 3】图形元件，在【图层 1】的第 20 帧处插入关键帧，将舞台中的对象垂直向下移动一定的位置，然后选择第 1 帧位置的对象，在【属性】面板中将【样式】设置为 Alpha，将 Alpha 值设置为 0，如图 17.47 所示。

图 17.46　输入文字　　　　　　　图 17.47　设置对象属性

(47) 在第 1 帧处至第 20 帧处之间创建传统补间动画，如图 17.48 所示。

(48) 在第 60 帧处插入关键帧，然后在第 80 帧处插入关键帧，在舞台中选择对象，将其水平向右移动一定的位置，在【属性】面板中将【样式】设置为 Alpha，将 Alpha 值设置为 0，如图 17.49 所示。

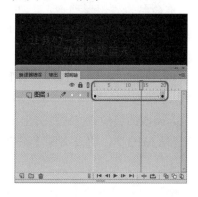
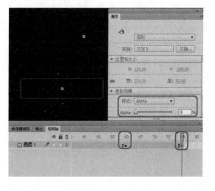

图 17.48　创建传统补间动画　　　　图 17.49　插入关键帧并设置对象属性

343

(49) 设置完成后在第 60 帧至第 80 帧之间创建传统补间动画，如图 17.50 所示。

(50) 创建【文字动画 3】影片剪辑元件，使用同样的方法，在舞台中创建文字并将其转换为【文字 4】图形元件，在【图层 1】的第 10 帧处插入关键帧，将文字垂直向下移动位置，如图 17.51 所示。

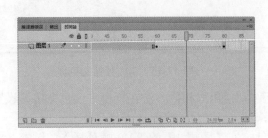

图 17.50　创建传统补间动画

图 17.51　插入关键帧并调整文字

(51) 选择第 1 帧位置的文字，在【属性】面板中将【样式】设置为 Alpha，将 Alpha 值设置为 0%，如图 17.52 所示。

(52) 在第 1 帧至第 10 帧之间创建传统补间动画，如图 17.53 所示。

图 17.52　设置对象属性

图 17.53　创建传统补间动画

(53) 在第 133 帧处插入帧，使用同样的方法，制作其他文字效果，如图 17.54 所示。

(54) 回到【场景 1】，新建【图层 2】，并将其重命名为"矩形动画"，在【库】面板中拖入【矩形动画】元件，打开【属性】面板，确定【宽度值和高度值锁定】按钮处于 🔗 状态下，将【宽】设置为 460，并将其调整至合适的位置，如图 17.55 所示。

(55) 新建【图层 3】并将其重命名为"文字 1"，在第 20 帧处插入关键帧，并在【库】面板中拖入【文字动画1】元件，将其调整至合适的位置，如图 17.56 所示。

(56) 新建【图层 4】并将其重命名为"音乐"，选择该图层的第 1 帧，打开【属性】面板，展开【声音】选项组，将【声音】设置为"音乐.MP3"，将【效果】设置为【淡出】，如图 17.57 所示。

图 17.54　完成后的时间轴效果

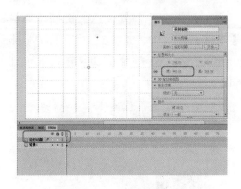

图 17.55　设置对象属性

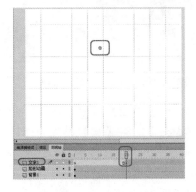

图 17.56　添加元件

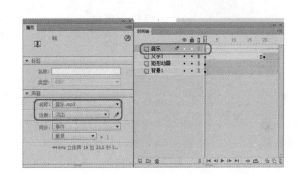

图 17.57　添加音乐

(57) 在第 463 帧处插入帧，新建【图层 5】并将其重命名为"图"，在第 211 帧处插入关键帧，在【库】面板中拖入"图 2.jpg"素材，将其调整至合适的位置，并将其转换为【图 1】图形元件，如图 17.58 所示。

(58) 在第 226 帧处插入关键帧，在舞台中选择对象，将其水平向左移动一定的位置，并在第 211 帧至第 226 帧之间创建传统补间动画，如图 17.59 所示。

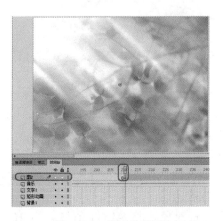

图 17.58　插入关键帧并添加元件

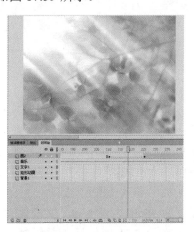

图 17.59　创建传统补间动画

(59) 在第 265 帧处插入关键帧，然后在第 289 帧处插入关键帧，在舞台中选择对象，在【属性】面板中将【样式】设置为 Alpha，将 Alpha 值设置为 0，如图 17.60 所示。

(60) 在第 265 帧至第 289 帧之间创建传统补间动画，在第 290 帧处插入空白关键帧，如图 17.61 所示。

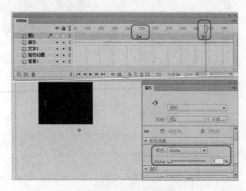

图 17.60　设置对象属性

图 17.61　创建传统补间动画

(61) 在第 362 帧处插入关键帧，在【库】面板中拖入【图 2】图形元件，打开【属性】面板，确定【宽度值和高度值是锁定】按钮处于🔗状态下，将【宽】设置为 516，并将其调整至合适的位置，将【样式】设置为 Apha，将 Alpha 值设置为 0，如图 17.62 所示。

(62) 在第 388 帧处插入关键帧，在舞台中选择对象，在【属性】面板中将 Alpha 值设置为 100%，并将其水平向左移动一定的位置，如图 17.63 所示。

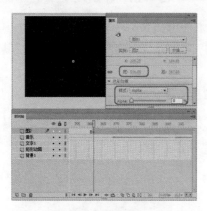

图 17.62　设置 Alpha 值

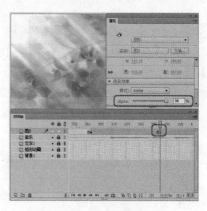

图 17.63　设置 Alpha 值

(63) 在第 389 帧插入关键帧，在舞台中选择对象，在【属性】面板中将其 Alpha 值设置为 100%，在第 362 帧至第 388 帧之间创建传统补间动画，如图 17.64 所示。

(64) 再次创建图层并将其重命名为"图 2 动画"，在第 130 帧处插入关键帧，在【库】面板中导入【图层 2】元件，并将其调整至合适的位置，在【属性】面板中将【样式】设置为 Alpha，将 Alpha 值设置为 0，如图 17.65 所示。

(65) 在第 150 帧处插入关键帧，在舞台中选择对象，将 Alpha 值设置为 100%，如图 17.66 所示。

图 17.64　插入关键帧

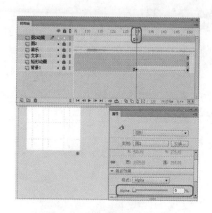

图 17.65　设置 Alpha 值

(66) 在第 211 帧处插入关键帧，然后在第 226 帧处插入关键帧，在舞台中选择对象，将其水平向左移动位置，并将其【样式】设置为 Alpha，将 Alpha 值设置为 0，如图 17.67 所示。

图 17.66　设置对象属性

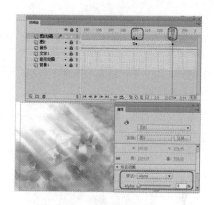

图 17.67　设置对象属性

(67) 分别在第 130 帧和第 150 帧之间、第 211 帧和第 226 帧之间创建传统补间动画，然后在第 350 帧处插入空白关键帧，如图 17.68 所示。

(68) 新建图层并将其重命名为"文字动画 2"，在第 147 帧处插入关键帧，在【库】面板中拖入【文字动画 3】，并将其调整至合适的位置，如图 17.69 所示。

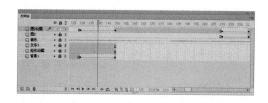

图 17.68　创建传统补间动画

图 17.69　添加元件

(69) 在第 227 帧处插入空白关键帧，在第 265 帧处插入关键帧，在【库】面板中拖入【图 2】图形元件，打开【属性】面板，确定宽【度值和高度值是锁定】按钮处于 🔗 状态下，将【宽】设置为 757，将【样式】设置为 Alpha，将 Alpha 值设置为 0，如图 17.70 所示。

(70) 在第 288 帧处插入关键帧，在舞台中选择对象，将 Alpha 值设置为 96%，并将其调整至合适的位置，如图 17.71 所示。

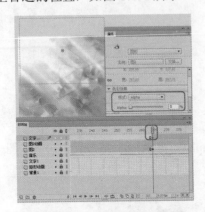

图 17.70　设置对象属性

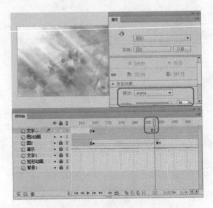

图 17.71　插入关键帧

(71) 在第 289 帧处插入关键帧，在舞台中选择对象，将【属性】面板中的【样式】设置为【无】，在第 362 帧处插入关键帧，在第 389 帧处插入关键帧，在舞台中选择对象，在【属性】面板中将【样式】设置为 Alpha，将 Alpha 值设置为 0，如图 17.72 所示。

(72) 分别在第 265 帧至第 288 帧之间、第 362 帧至第 389 帧之间创建传统补间动画，在第 390 帧处插入空白关键帧，如图 17.73 所示。

图 17.72　设置对象属性

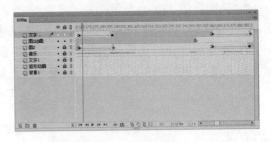

图 17.73　创建传统补间动画

(73) 使用同样的方法创建【文字动画 3】和【圆】图层，添加元件并调整位置，如图 17.74 所示。

(74) 最后再新建一个图层并将其重命名为"外部对象"，按 Ctrl+O 组合键，在弹出的【打开】对话框中选择随书附带光盘中的"CDROM\素材\Cha17\动画.fla"素材文件，如图 17.75 所示。

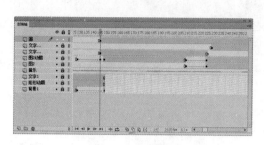

图 17.74 创建其他图层

图 17.75 【打开】对话框

(75) 单击【打开】按钮，即可将选择的素材打开，然后切换至我们的场景中，将【库】面板定义为"动画.fla"，选择【动画】，将其拖曳至舞台中，并将其调整至合适的位置，如图 17.76 所示。

(76) 新建一个图层并将其重命名为"代码"，在第 463 帧处插入关键帧，打开【动作】面板，输入代码"stop();"，如图 17.77 所示。

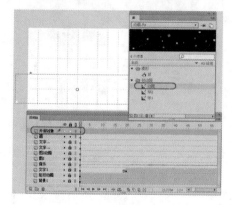

图 17.76 添加外部对象

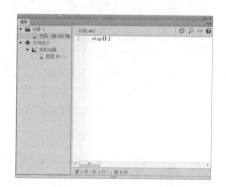

图 17.77 【动作】面板

(77) 至此，贺卡就制作完成了，按 Ctrl+Enter 组合键测试影片即可。

17.2 制作友情贺卡

本例来介绍"友情贺卡"的制作，该例主要是为素材图片添加传统补间，创建影片剪辑元件，然后导入音频文件，效果如图 17.78 所示。

(1) 在菜单栏中选择【文件】|【新建】命令，弹出【新建文档】对话框，在【类型】列表框中选择 ActionScript 3.0 选项，然后在右侧的设置区域中将【宽】设置为 440 像素，将【高】设置为 330 像素，将【背景颜色】设置为#339900，如图 17.79 所示。

(2) 单击【确定】按钮，即可新建一个空白文档，然后在菜单栏中选择【文件】|【导入】|【导入到舞台】命令，如图 17.80 所示。

图 17.78　友情贺卡

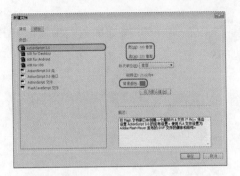

图 17.79　【新建文档】对话框

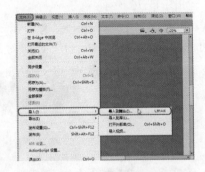

图 17.80　选择【导入到舞台】命令

　　(3) 在弹出的【导入】对话框中选择随书附带光盘中的"CDROM\素材\Cha17\01.jpg"素材文件，单击【打开】按钮，如图 17.81 所示。

　　(4) 单击【打开】按钮，即可将选择的素材文件导入到舞台中，然后按 Ctrl+K 组合键，弹出【对齐】面板，在该面板中选中【与舞台对齐】复选框，然后单击【水平中齐】按钮 和【垂直中齐】按钮 ，并单击【匹配宽和高】按钮 ，如图 17.82 所示。

图 17.81　选择素材文件

图 17.82　【对齐】面板

　　(5) 确定导入的素材文件处于选择状态，按 F8 键，弹出【转换为元件】对话框，在该对话框中设置【名称】为"01"，将【类型】设置为【图形】，如图 17.83 所示。

　　(6) 单击【确定】按钮，即可将素材文件转换为元件，在【时间轴】面板中选择【图层1】的第 565 帧,按 F5 键插入帧,如图 17.84 所示。

图 17.83 【转换为元件】对话框   图 17.84 插入帧

(7) 按 Ctrl+F8 组合键,在弹出的【创建新元件】对话框中将【名称】设置为"小球运动",将【类型】设置为【影片剪辑】,如图 17.85 所示。

(8) 设置完成后,单击【确定】按钮,按 Ctrl+F8 组合键,在弹出的【创建新元件】对话框中将【名称】设置为"小球",将【类型】设置为【图形】,如图 17.86 所示。

图 17.85 创建新元件   图 17.86 新建图形元件

(9) 设置完成后,单击【确定】按钮,在工具箱中单击【椭圆形工具】,在舞台中绘制一个宽和高都为 20.8 的圆形,将其填充颜色设置为白色,如图 17.87 所示。

(10) 按 Ctrl+L 组合键,在【库】面板中双击【小球运动】影片剪辑元件,如图 17.88 所示。

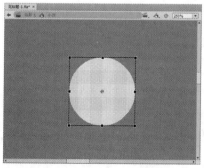

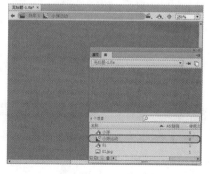

图 17.87 绘制圆形   图 17.88 双击小球运动影片剪辑元件

(11) 再在【库】面板中选择【小球】图形元件，按住鼠标将其拖曳至舞台中，并调整其位置，效果如图 17.89 所示。

(12) 在【属性】面板中将【样式】设置为【高级】，并设置其参数，如图 17.90 所示。

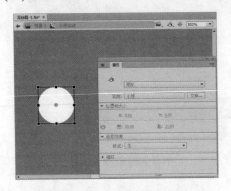
图 17.89 调整小球的位置

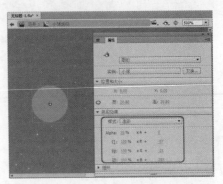
图 17.90 设置色彩效果

(13) 在【时间轴】面板中选择【图层 1】的第 3 帧，按 F6 键插入一个关键帧，在【属性】面板中调整高级样式的参数，如图 17.91 所示。

(14) 选择第 2 帧并右击，在弹出的快捷菜单中选择【创建传统补间】命令，如图 17.92 所示。

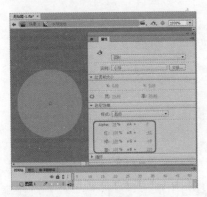
图 17.91 在第 3 帧处插入关键帧并调整参数

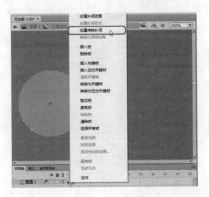
图 17.92 选择【创建传统补间】命令

(15) 选择第 25 帧，按 F6 键插入一个关键帧，在【属性】面板中将【样式】设置为 Alpha，将 Alpha 设置为 0，如图 17.93 所示。

(16) 选择第 15 帧并右击，在弹出的快捷菜单中选择【创建传统补间】命令，即可创建传统补间，如图 17.94 所示。

(17) 选择第 26 帧并右击，在弹出的快捷菜单中选择【插入空白关键帧】命令，如图 17.95 所示。

(18) 插入关键帧后，选择该图层的第 51 帧，按 F6 键插入一个关键帧，在【库】面板中将【小球】图形元件拖曳至舞台中，并调整其位置，在【属性】面板中将【样式】设置为 Alpha，将 Alpha 值设置为 0，如图 17.96 所示。

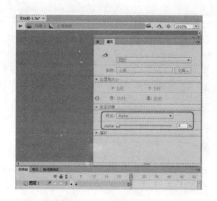

图 17.93　插入关键帧并添加 Alpha 样式

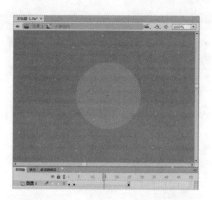

图 17.94　创建传统补间后的效果

图 17.95　选择【插入空白关键帧】命令

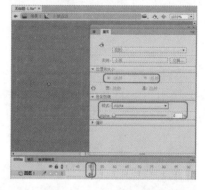

图 17.96　调整图形元件位置并设置 Alpha 值

(19) 选择【图层 1】的第 55 帧，按 F6 键插入关键帧，在【属性】面板中将【样式】设置为【高级】，并设置其下方的参数，如图 17.97 所示。

(20) 选择第 53 帧并右击，在弹出的快捷菜单中选择【创建传统补间】命令，即可创建传统补间，效果如图 17.98 所示。

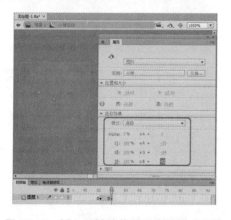

图 17.97　插入关键帧并设置高级样式参数

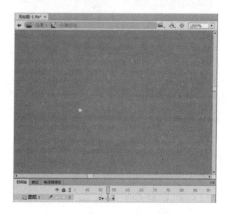

图 17.98　创建传统补间

(21) 在【时间轴】面板中选择第 56 帧，按 F6 键插入关键帧，在【属性】面板中设置该帧上的元件，如图 17.99 所示。

(22) 在【时间轴】面板中选择第 59 帧，按 F6 键插入关键帧，在【属性】面板中设置该帧上的元件，如图 17.100 所示。

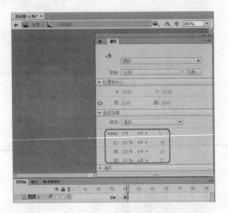

图 17.99　插入关键帧并进行设置

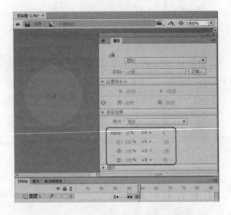

图 17.100　插入关键帧并设置高级样式参数

(23) 设置完成后，在【时间轴】面板中选中【图层 1】的第 57 帧并右击，在弹出的快捷菜单中选择【创建传统补间】命令，创建传统补间，如图 17.101 所示。

(24) 使用相同的方法在其他帧上插入关键帧，并进行相应的设置，效果如图 17.102 所示。

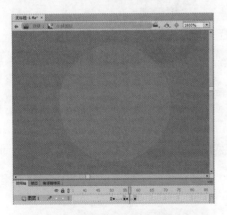

图 17.101　创建传统补间

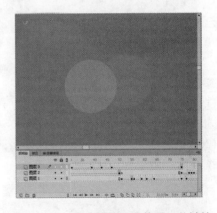

图 17.102　创建其他图层并添加关键帧

(25) 返回至【场景 1】中，在【时间轴】面板中单击【新建图层】按钮，新建【图层 2】，如图 17.103 所示。

(26) 在【库】面板中选择【小球运动】影片剪辑元件，按住鼠标将其拖曳至舞台中，在【属性】面板中将 X、Y 分别设置为 58、259，将【宽】和【高】都设置为 80.3，将【样式】设置为【色调】，如图 17.104 所示。

(27) 设置完成后，继续在【属性】面板中单击【滤镜】选项组中的【添加滤镜】按钮，在弹出的菜单中选择【模糊】命令，如图 17.105 所示。

(28) 将【模糊 X】、【模糊 Y】设置为 36 像素，如图 17.106 所示。

(29) 使用同样的方法在舞台中添加小球运动影片剪辑元件，并进行相应的设置，调整后的效果如图 17.107 所示。

图 17.103　新建【图层 2】

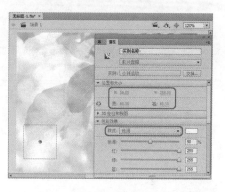

图 17.104　调整位置及大小并设置样式

图 17.105　选择【模糊】命令

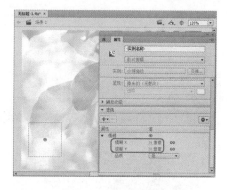

图 17.106　设置模糊参数

(30) 按 Ctrl+F8 组合键，在弹出的【创建新元件】对话框中将【名称】设置为"文字1"，将【类型】设置为【影片剪辑】，如图 17.108 所示。

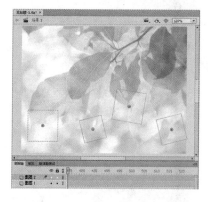

图 17.107　添加其他元件后的效果

图 17.108　设置元件名称及类型

(31) 设置完成后，单击【确定】按钮，在工具箱中选择【文本工具】，在舞台中单击鼠标并输入文字，然后选中输入的文字，将【系列】设置为【华文新魏】，将【大小】设置为 19，将【颜色】设置为#5F7302，如图 17.109 所示。

(32) 使用【选择工具】选中该文字，按 F8 键，在弹出的【转换为元件】对话框中将【名称】设置为"w01"，将【类型】设置为【图形】，如图 17.110 所示。

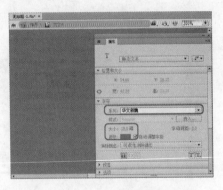

图 17.109 输入文字并进行设置

图 17.110 【转换为元件】对话框

(33) 设置完成后，单击【确定】按钮，在工具箱中单击【任意变形工具】，在舞台中调整文字的中心点，如图 17.111 所示。

(34) 调整完中心点后，在舞台中调整该元件的位置，在【属性】面板中将 X、Y 分别设置为 210.25、27.4，将【样式】设置为 Alpha，将 Alpha 值设置为 0，如图 17.112 所示。

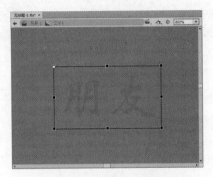

图 17.111 调整文字的中心点

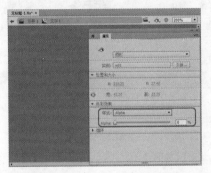

图 17.112 添加 Alpha 样式

(35) 选择第 15 帧，按 F6 键插入一个关键帧，在【属性】面板中将 X、Y 分别设置为 206.35、27.4，将【样式】设置为【无】，如图 17.113 所示。

(36) 在该图层的第 10 帧处右击，在弹出的快捷菜单中选择【创建传统补间】命令，即可创建传统补间，如图 17.114 所示。

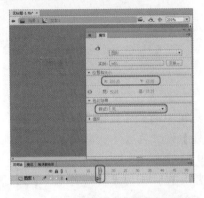

图 17.113 调整元件的位置并设置样式

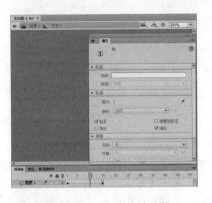

图 17.114 创建传统补间

(37) 选择该图层的第 54 帧，按 F6 键插入一个关键帧，选中该帧上的元件，在【属性】面板中将 X 设置为 195.15，如图 17.115 所示。

(38) 在【时间轴】面板中选择该图层的第 35 帧并右击，在弹出的快捷菜单中选择【创建传统补间】命令，即可创建传统补间，如图 17.116 所示。

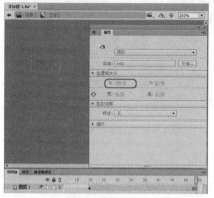

图 17.115　插入关键帧并设置元件的位置

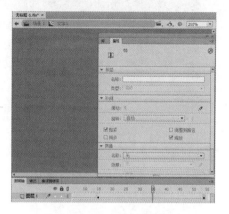

图 17.116　创建传统补间

(39) 选择该图层的第 70 帧，按 F6 键插入一个关键帧，选中该帧上的元件，在【属性】面板中将 X 设置为 195.15，将【样式】设置为 Alpha，将 Alpha 设置为 0，如图 17.117 所示。

(40) 在【时间轴】面板中选择该图层的第 65 帧并右击，在弹出的快捷菜单中选择【创建传统补间】命令，即可创建传统补间，如图 17.118 所示。

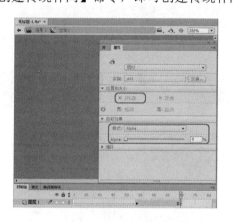

图 17.117　调整元件的位置并添加 Alpha 样式

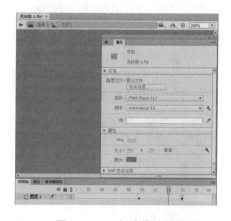

图 17.118　创建传统补间

(41) 在【时间轴】面板中单击【新建图层】按钮，新建【图层 2】，在第 5 帧处按 F6 键插入关键帧，如图 17.119 所示。

(42) 在工具箱中单击【文本工具】，在舞台中单击并输入文字，如图 17.120 所示。

(43) 选中该文字，按 F8 键，在弹出的【转换为元件】对话框中将【名称】设置为 "w02"，将【类型】设置为【图形】，如图 17.121 所示。

(44) 设置完成后，单击【确定】按钮，在工具箱中单击【任意变形工具】，在舞台中调整该元件的中心点，调整后的效果如图 17.122 所示。

图 17.119　新建图层并插入关键帧

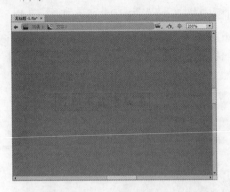

图 17.120　输入文字

图 17.121　【转换为元件】对话框

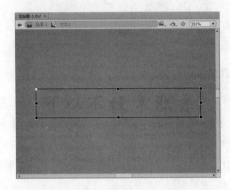

图 17.122　调整元件中心点的位置

(45) 选中【图层 2】的第 5 帧上的元件，在【属性】面板中将 X、Y 分别设置为 241.45、55.9，将【样式】设置为 Alpha，将 Alpha 值设置为 0，如图 17.123 所示。

(46) 选择【图层 2】的第 20 帧，按 F6 键插入关键帧，在【属性】面板中将 X 设置为 247.2，将【样式】设置为【无】，如图 17.124 所示。

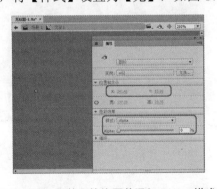

图 17.123　调整元件位置并添加 Alpha 样式

图 17.124　调整位置并将【样式】设置为【无】

(47) 选择【图层 2】的第 15 并右击，在弹出的快捷菜单中选择【创建传统补间】命令，即可创建传统补间，如图 17.125 所示。

(48) 使用同样的方法在该图层的其他帧上插入关键帧，并使用相同的方法创建其他图层，效果如图 17.126 所示。

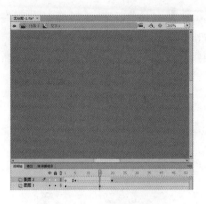

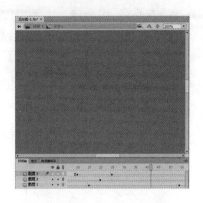

图 17.125　创建传统补间　　　　　　　　　图 17.126　创建其他效果

(49) 在【时间轴】面板中单击【新建图层】按钮，新建【图层 4】，在第 80 帧处按 F6 键插入关键帧，如图 17.127 所示。

(50) 按 F9 键，在弹出的【动作】面板中输入代码 "stop();"，如图 17.128 所示。

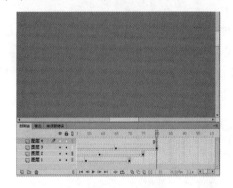

图 17.127　在第 80 帧处插入关键帧　　　　　　　图 17.128　输入代码

(51) 返回至【场景 1】中，在【时间轴】面板中单击【新建图层】按钮，新建【图层 3】，在第 30 帧处按 F6 键插入关键帧，如图 17.129 所示。

(52) 在【库】面板中选择【文字 1】影片剪辑元件，按住鼠标将其拖曳至舞台中，并在舞台中调整其位置，调整后的效果如图 17.130 所示。

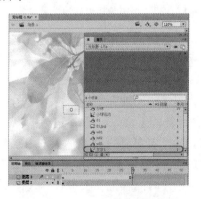

图 17.129　在【图层 3】的第 30 帧处插入关键帧　　　图 17.130　将元件拖曳至舞台中

(53) 按 Ctrl+F8 组合键，在弹出的【创建新元件】对话框中将【名称】设置为"打开矩形动画"，将【类型】设置为【影片剪辑】，如图 17.131 所示。

(54) 在工具箱中单击【矩形工具】，在舞台中绘制一个矩形，将【宽】和【高】分别设置为 74.6、343，效果如图 17.132 所示。

图 17.131 【创建新元件】对话框

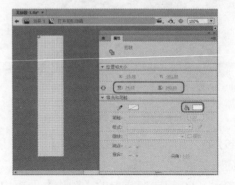

图 17.132 绘制矩形

(55) 按 F8 键，在弹出的【转换为元件】对话框中将【名称】设置为"白色矩形"，将【类型】设置为【图形】，并调整其对齐方式，如图 17.133 所示。

(56) 设置完成后，单击【确定】按钮，在舞台中调整其位置，调整后的效果如图 17.134 所示。

图 17.133 将白色矩形转换为元件

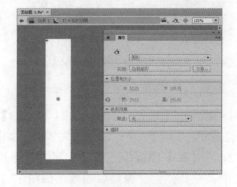

图 17.134 调整元件的位置

(57) 在【时间轴】面板中选择【图层 1】的第 3 帧，按 F6 键插入关键帧，在【属性】面板中将【宽】设置为 71.3，将【样式】设置为 Alpha，将 Alpha 值设置为 95，如图 17.135 所示。

(58) 在【时间轴】面板中选择【图层 1】的第 2 帧并右击，在弹出的快捷菜单中选择【创建传统补间】命令，即可创建传统补间，如图 17.136 所示。

(59) 选择该图层的第 5 帧，按 F6 键插入关键帧，在【属性】面板中将【宽】设置为 61.5，将 Alpha 值设置为 80，如图 17.137 所示。

(60) 在【时间轴】面板中选择【图层 1】的第 4 帧并右击，在弹出的快捷菜单中选择【创建传统补间】命令，即可创建传统补间，如图 17.138 所示。

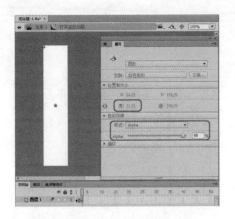

图 17.135　调整元件宽度并添加 Alpha 样式

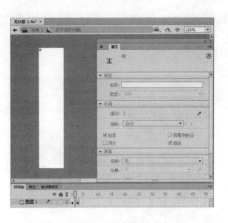

图 17.136　创建传统补间

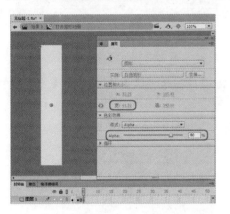

图 17.137　调整元件的宽度并设置 Alpha 值

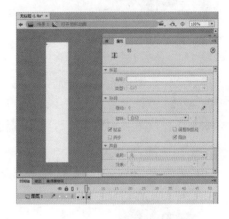

图 17.138　创建传统补间

(61) 选择该图层的第 7 帧，按 F6 键插入关键帧，在【属性】面板中将【宽】设置为 45.2，将 Alpha 值设置为 55，如图 17.139 所示。

(62) 选择第 6 帧并右击，在弹出的快捷菜单中选择【创建传统补间】命令，即可创建传统补间，如图 17.140 所示。

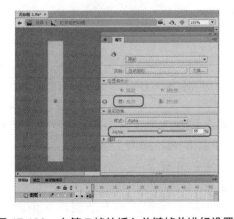

图 17.139　在第 7 帧处插入关键帧并进行设置

图 17.140　创建传统补间

(63) 选择该图层的第 9 帧，按 F6 键插入关键帧，在【属性】面板中将【宽】设置为

22.4，将 Alpha 值设置为 21，如图 17.141 所示。

(64) 选择第 8 帧并右击，在弹出的快捷菜单中选择【创建传统补间】命令，即可创建传统补间，如图 17.142 所示。

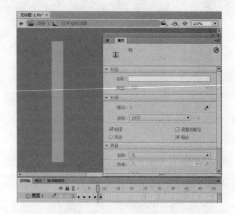

图 17.141　在第 9 帧处插入关键帧并进行设置　　　图 17.142　创建传统补间

(65) 选择该图层的第 10 帧，按 F6 键插入关键帧，在【属性】面板中将【宽】设置为 8.5，将 Alpha 值设置为 0，如图 17.143 所示。

(66) 选择该图层的第 30 帧，按 F5 键插入帧，效果如图 17.144 所示。

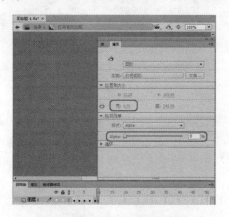

图 17.143　在第 10 帧处插入关键帧并设置 Alpha 参数　　　图 17.144　插入帧

(67) 在【时间轴】面板中单击【新建图层】按钮，新建【图层 2】，在【库】面板中选择【白色矩形】图形元件，将其拖曳至舞台中，在【属性】面板中将 X、Y 分别设置为 106.85、165.45，如图 17.145 所示。

(68) 选择【图层 2】的第 7 帧，按 F6 键插入关键帧，在【属性】面板中将【宽】设置为 71.3，将【样式】设置为 Alpha，将 Alpha 值设置为 95，如图 17.146 所示。

(69) 在【时间轴】面板中选择【图层 2】的第 4 帧并右击，在弹出的快捷菜单中选择【创建传统补间】命令，即可创建传统补间，如图 17.147 所示。

(70) 使用同样的方法在该图层上创建其他帧，并运用相同的方法创建其他图层，如图 17.148 所示。

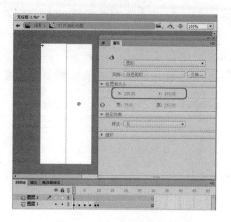

图 17.145　新建图层并添加元件

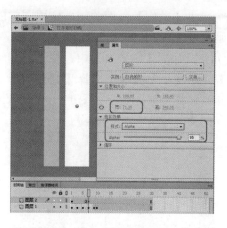

图 17.146　插入关键帧并调整元件参数

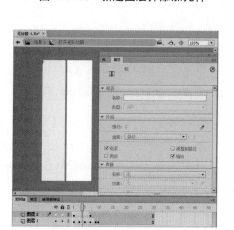

图 17.147　创建传统补间

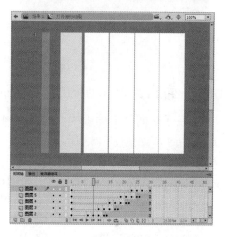

图 17.148　创建其他图层后的效果

(71) 在【时间轴】面板中单击【新建图层】按钮，新建【图层 7】，选择第 30 帧，按 F6 键插入关键帧，如图 17.149 所示。

(72) 按 F9 键打开【动作】面板，在该面板中输入动作语句"stop();"，如图 17.150 所示。

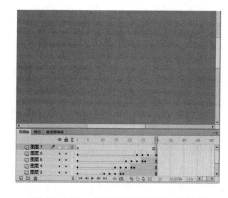

图 17.149　新建图层并插入关键帧

图 17.150　输入代码

(73) 将【动作】面板关闭，使用同样的方法再创建一个【关闭矩形动画】影片剪辑元件，如图 17.151 所示。

(74) 返回至【场景 1】中，在【时间轴】面板中单击【新建图层】按钮，新建【图层 4】，在【库】面板中选择【打开矩形动画】影片剪辑元件，按住鼠标将其拖曳至舞台中，并调整其位置，效果如图 17.152 所示。

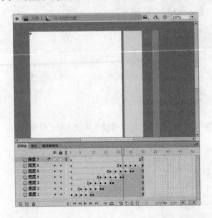

图 17.151　创建【关闭矩形动画】影片剪辑元件　　　图 17.152　将影片剪辑元件拖曳至舞台中

(75) 在【时间轴】面板中将【图层 4】隐藏，在菜单栏中选择【文件】|【导入】|【导入到库】命令，如图 17.153 所示。

(76) 在弹出的【导入到库】对话框中选择随书附带光盘中的"CDROM\素材\Cha17\02.jpg、03.jpg、04.jpg"素材文件，如图 17.154 所示。

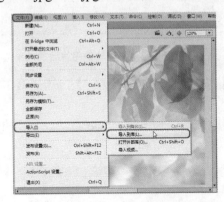
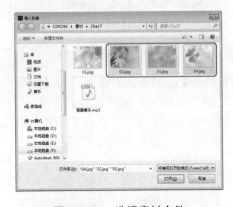

图 17.153　选择【导入到库】命令　　　　图 17.154　选择素材文件

(77) 单击【打开】按钮，将其添加至【库】面板中，选择【图层 1】的第 142 帧，按 F7 键插入空白关键帧，在【库】面板中选择"02.jpg"，按住鼠标将其拖曳至舞台中，并调整其大小，如图 17.155 所示。

(78) 按 F8 键，在弹出的【转换为元件】对话框中将【名称】设置为"02"，将【类型】设置为【图形】，如图 17.156 所示。

(79) 设置完成后，单击【确定】按钮，在【时间轴】面板中将【图层 4】取消隐藏，选择第 110 帧，按 F7 键插入空白关键帧，如图 17.157 所示。

(80) 在【库】面板中选择【关闭矩形动画】影片剪辑元件，按住鼠标将其拖曳至舞台中，并调整其位置，效果如图 17.158 所示。

图 17.155 将素材文件拖曳至舞台中

图 17.156 将素材文件转换为元件

图 17.157 插入空白关键帧

图 17.158 选择影片剪辑元件

(81) 根据上面所介绍的方法制作其他动画效果。完成后的效果如图 17.159 所示。

(82) 在菜单栏中选择【文件】|【打开】命令，在弹出的【打开】对话框中选择随书附带光盘中的"CDROM\素材\Cha17\飘动的小球.fla"素材文件，如图 17.160 所示。

图 17.159 制作其他动画后的效果

图 17.160 选择素材文件

(83) 单击【打开】按钮，按 Ctrl+C 组合键，返回至友情贺卡的场景中，在【时间轴】面板中单击【新建图层】按钮，新建【图层 5】，在菜单栏中选择【编辑】|【粘贴到当前位置】命令，如图 17.161 所示。

(84) 粘贴完成后，在【时间轴】面板中调整图层的排放顺序。调整后的效果如图 17.162 所示。

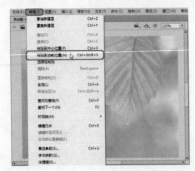

图 17.161　选择【粘贴到当前位置】命令

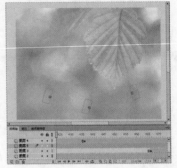

图 17.162　调整图层后的效果

(85) 在菜单栏中选择【文件】|【导入】|【导入到库】命令，如图 17.163 所示。

(86) 在弹出的【导入到库】对话框中选择随书附带光盘中的"CDROM\素材\Cha17\背景音乐.mp3"音频文件，如图 17.164 所示。

图 17.163　选择【导入到库】命令

图 17.164　选择音频文件

(87) 单击【打开】按钮，在【时间轴】面板中单击【新建图层】按钮，新建【图层 6】，将音频文件拖曳至舞台中，如图 17.165 所示。

图 17.165　将音频文件拖曳至舞台中

(88) 在【时间轴】面板中单击【新建图层】按钮，新建【图层 7】，选择【图层 7】的第 565 帧，按 F6 键插入关键帧，按 F9 键，在弹出的【动作】面板中输入代码"stop();"，如图 17.166 所示。

(89) 输入完成后，将【动作】面板关闭，并对完成后的场景进行保存。

图 17.166　输入代码

第18章 项目指导——多媒体课件的制作

多媒体课件在教学中经常要使用，本章将介绍多媒体课件的制作过程。首先制作课件的首页和导航，通过首页导航可以切换到其他页面，然后制作【作者简介】、【美文欣赏】和【文章主旨】等页面，最后制作结束页面。

图 18.1 多媒体课件

18.1 课件首页和导航的制作

下面将介绍课件首页和导航的制作过程。

(1) 启动 Adobe Flash Professional CC，新建一个 Flash 文件，选择【新建】|
ActionScript 3.0 选项，如图 18.2 所示。

(2) 设置帧频率，在【属性】面板中，将【属性】选项组下的 FPS 的值设置为 12，如图 18.3 所示。

图 18.2 新建一个 Flash 文件

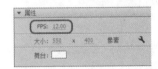

图 18.3 设置 FPS 的值

(3) 设置舞台颜色，单击【舞台】右侧的颜色块，将舞台颜色设置为#CCCCCC，如图 18.4 所示。

(4) 选择【文件】|【导入】|【导入到库】命令，如图 18.5 所示。

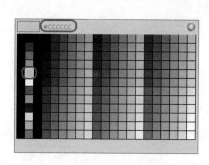

图 18.4　设置舞台颜色

图 18.5　选择【导入到库】命令

(5) 在弹出的【导入到库】对话框中，选择随书附带光盘中的素材，然后单击【打开】按钮，如图 18.6 所示。

(6) 打开【库】面板，选择"背景 1.jpg"并将其拖入到舞台中，如图 18.7 所示。

图 18.6　【导入到库】对话框

图 18.7　选择"背景 1.jpg"

(7) 在舞台中选中"背景 1.jpg"，在【对齐】面板中，选中【与舞台对齐】复选框，然后分别单击【匹配宽和高】按钮 、【水平中齐】按钮 和【垂直中齐】按钮 ，如图 18.8 所示。

(8) 按 F8 键，在弹出的【转换为元件】对话框中，将【名称】设置为"背景 1"，【类型】设置为【图形】，如图 18.9 所示。

图 18.8　【对齐】面板

图 18.9　【转换为元件】对话框

(9) 单击【确定】按钮，在【属性】面板中，将【色彩效果】选项组下的【样式】设置为 Alpha，并将 Alpha 的值设置为 60%，如图 18.10 所示。

(10) 在【图层 1】的第 55 帧处，按 F5 键插入帧，然后新建【图层 2】，在【时间轴】面板中，单击【新建图层】按钮 ，如图 18.11 所示。

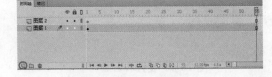

图 18.10 设置 Alpha 的值   图 18.11 新建图层

(11) 将【图层 1】锁定，单击工具栏中的【文本工具】 ，在【属性】面板中，将【字符】选项组下的【系列】设置为【华文琥珀】，【大小】设置为 48 磅，【颜色】设置为白色，如图 18.12 所示。

(12) 选择【图层 2】的第 1 帧，在舞台的适当位置输入文本"荷塘月色"，如图 18.13 所示。

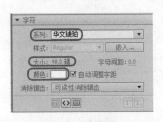

图 18.12 设置文本   图 18.13 输入文本

(13) 选中文本，在【对齐】面板中单击【水平居中】按钮 ，如图 18.14 所示。

(14) 在【属性】面板中，将【大小】设置为 24 磅，打开随书附带光盘中的"素材文本.txt"文档，选中所需的文本，如图 18.15 所示。

图 18.14 【对齐】面板   图 18.15 选中文本

（15）将所选的文本进行复制并粘贴到舞台中，然后调整文本框及其位置，如图 18.16 所示。

（16）在【属性】面板中，将【大小】设置为 30 磅，在舞台的适当位置输入文本"作者简介"，如图 18.17 所示。

图 18.16　调整文本框及其位置

图 18.17　输入文本

（17）选中输入的文本，按 F8 键，在弹出的【转换为元件】对话框中，将【名称】设置为"作者简介"，【类型】设置为【按钮】，如图 18.18 所示。

（18）单击【确定】按钮，双击按钮元件，进入元件编辑模式。在【图层 1】的第 2 帧处，按 F6 键插入关键帧，如图 18.19 所示。

图 18.18　【转换为元件】对话框

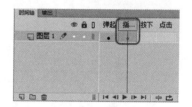

图 18.19　插入关键帧

（19）打开【变形】面板，单击【约束】按钮，然后将宽和高均设置为 140%，如图 18.20 所示。

（20）返回【场景 1】，选中按钮元件，在【属性】面板的【位置和大小】选项组中，将 X 设置为 40、Y 设置为 350，如图 18.21 所示。

图 18.20　【变形】面板

图 18.21　设置位置

（21）使用同样的方法，分别创建【美文欣赏】和【文章主旨】按钮元件，完成后的效果如图 18.22 所示。

(22) 选中【作者简介】按钮元件，在【属性】面板中，将【实例名称】设置为"zz"，如图 18.23 所示。

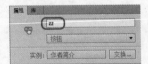

图 18.22 完成后的效果　　　　　图 18.23 设置实例名称

(23) 使用同样的方法，分别将【美文欣赏】和【文章主旨】按钮元件的【实例名称】设置为"mm"和"wz"。在【图层 2】的第 55 帧处插入关键帧并右击，在弹出的快捷菜单中选择【动作】命令，如图 18.24 所示。

(24) 在【动作】面板中输入代码，如图 18.25 所示。

```
1   zz.addEventListener("click",t1);
2   function t1(me:MouseEvent)
3   {
4       gotoAndPlay(56);
5
6   }
7   mm.addEventListener("click",t2);
8   function t2(me:MouseEvent)
9   {
10      gotoAndPlay(92);
11      stop();
12
13  }
14  wz.addEventListener("click",t3);
15  function t3(me:MouseEvent)
16  {
17      gotoAndPlay(93);
18      stop();
19
20  }
21  stop();
```

图 18.24 选择【动作】命令　　　　　图 18.25 输入代码

(25) 关闭【动作】面板，新建【图层 3】。选择【图层 3】的第 1 帧，在工具栏中选取【矩形工具】▣，将【笔触颜色】设置为无色，在舞台的适当位置绘制一个矩形，如图 18.26 所示。

(26) 按 F8 键，在弹出的【转换为元件】对话框中，将【名称】设置为"矩形 1"，【类型】设置为【图形】，如图 18.27 所示。

图 18.26 绘制矩形　　　　　图 18.27 【转换为元件】对话框

(27) 单击【确定】按钮，然后将矩形元件向左移动适当距离，如图 18.28 所示。

(28) 在第 30 帧处插入关键帧，然后将矩形移动到适当位置，将文字覆盖，如图 18.29 所示。

图 18.28　移动矩形

图 18.29　移动矩形

(29) 在第 1 帧至第 30 帧之间右击，在弹出的快捷菜单中选择【创建传统补间】命令，如图 18.30 所示。

(30) 在【图层 3】的第 31 帧处插入关键帧，如图 18.31 所示。

图 18.30　选择【创建传统补间】命令

图 18.31　选中文本

(31) 在工具栏中选取【任意变形工具】，拉伸矩形元件的宽度，如图 18.32 所示。

(32) 调整中心点的位置，将其移动到矩形的顶端，如图 18.33 所示。

图 18.32　拉伸矩形元件的宽度

图 18.33　移动中心点

(33) 在第 55 帧处插入关键帧，然后调整矩形的宽度，将矩形向下拉伸，如图 18.34 所示。

(34) 在第 31 帧至第 55 帧处右击，在弹出的快捷菜单中选择【创建传统补间】命令，创建传统补间动画，如图 18.35 所示。

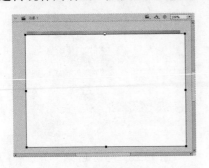

图 18.34　将矩形向下拉伸

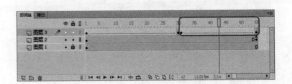

图 18.35　创建传统补间动画

(35) 将【图层 3】转换为遮罩层。在【时间轴】面板中右击【图层 3】，在弹出的快捷菜单中选择【遮罩层】命令，如图 18.36 所示。

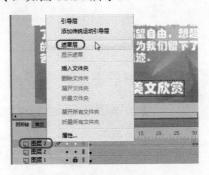

图 18.36　选择【遮罩层】命令

18.2　课件页面的制作

课件首页和导航制作完成后，继续制作【作者简介】、【美文欣赏】和【文章主旨】等页面。

18.2.1　【作者简介】页面的制作

下面将介绍【作者简介】页面的制作。

(1) 新建【图层 4】，并在其第 56 帧处插入关键帧，如图 18.37 所示。

(2) 打开【库】面板，选择"背景 2.jpg"并将其拖入到舞台中。在舞台中选中"背景 1.jpg"，在【对齐】面板中，选中【与舞台对齐】复选框，然后分别单击【匹配宽和高】按钮、【水平中齐】按钮和【垂直中齐】按钮。调整后的效果如图 18.38 所示。

(3) 按 F8 键，在弹出的【转换为元件】对话框中，将【名称】设置为"背景 2"、【类型】设置为【图形】，如图 18.39 所示。

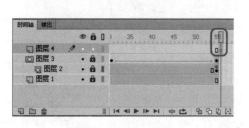

图 18.37　插入关键帧

图 18.38　调整后的效果

(4) 单击【确定】按钮，在【属性】面板中，将【色彩效果】选项组下的【样式】设置为 Alpha，并将 Alpha 的值设置为 40%，如图 18.40 所示。

图 18.39　【转换为元件】对话框

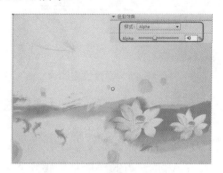

图 18.40　设置 Alpha 的值

(5) 在【图层 4】的第 91 帧处，按 F6 键插入关键帧，然后单击右键，在弹出的快捷菜单中选择【动作】命令。在【动作】面板中输入代码，如图 18.41 所示。

(6) 关闭【动作】面板，新建【图层 5】，在其第 56 帧处插入关键帧，如图 18.42 所示。

图 18.41　输入代码

图 18.42　插入关键帧

(7) 在【库】面板中，将【矩形 1】图形元件拖入到舞台中。在【属性】面板中，将【位置和大小】选项组中的 X 设置为 0、Y 设置为 12。解除宽和高的约束，【宽】设置为 550、【高】设置为 340。将【色彩效果】选项组下的【样式】设置为 Alpha，并将 Alpha 的值设置为 40%，如图 18.43 所示。

(8) 将【图层 4】和【图层 5】锁定，新建【图层 6】。在【图层 6】的第 56 帧处插入关键帧，如图 18.44 所示。

(9) 在【库】面板中，将【照片.jpg】图形元件拖入到舞台中。在【属性】面板中，将【位置和大小】选项组中的 X 设置为 440、Y 设置为 22，将【宽】设置为 110、【高】设置为 156，如图 18.45 所示。

图 18.43　设置属性

图 18.44　锁定图层和插入关键帧

(10) 选中图片，按 F8 键，在弹出的【转换为元件】对话框中，将【名称】设置为"照片"、【类型】设置为【图形】，如图 18.46 所示。

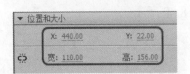

图 18.45　设置位置和大小

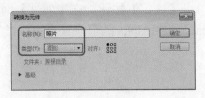

图 18.46　【转换为元件】对话框

(11) 单击【确定】按钮，在【属性】面板中，将【色彩效果】选项组下的【样式】设置为 Alpha，并将 Alpha 的值设置为 0，如图 18.47 所示。

(12) 在第 91 帧处插入关键帧，在【属性】面板中，将【色彩效果】选项组下的【样式】设置为 Alpha，并将 Alpha 的值设置为 100%，如图 18.48 所示。

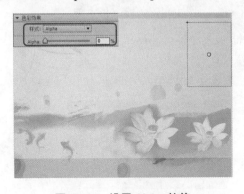

图 18.47　设置 Alpha 的值

图 18.48　设置 Alpha 的值

(13) 在【图层 6】的第 56 帧至第 91 帧之间，单击右键，在弹出的快捷菜单中选择【创建传统补间】命令，创建传统补间动画，如图 18.49 所示。

(14) 新建【图层 7】，在第 56 帧处插入关键帧。单击工具栏中的【文本工具】按钮
，在【属性】面板中，将【字符】选项组下的【系列】设置为【华文琥珀】、【大小】设置为 16 磅、【颜色】设置为黑色，如图 18.50 所示。

(15) 打开随书附带光盘中的"素材文本.txt"文档，选中所需的文本，如图 18.51 所示。

(16) 将所选的文本进行复制并粘贴到舞台中。

(17) 打开随书附带光盘中的"素材文本.txt"文档，选中所需的文本，如图 18.52 所示。

(18) 将所选的文本进行复制并粘贴到舞台中。

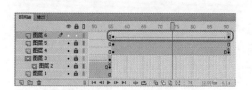

图 18.49 创建传统补间动画 图 18.50 设置文本

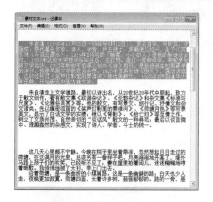

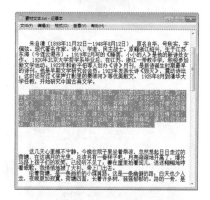

图 18.51 选中所需的文本 图 18.52 选中所需的文本

(19) 选择【图层 7】的第 91 帧，对文本进行适当调整，如图 18.53 所示。

(20) 按 Ctrl+F8 组合键，在弹出的【创建新元件】对话框中将【名称】设置为"返回"、【类型】设置为【按钮】，如图 18.54 所示。

图 18.53 调整文本 图 18.54 【创建新元件】对话框

(21) 单击【确定】按钮，进入元件编辑模式。在工具栏中选取【文本工具】 T ，将文字大小设置为 32 磅，然后输入文本"返回"，如图 18.55 所示。

(22) 在【图层 1】的第 2 帧处，按 F6 键插入关键帧，将文本颜色更改为白色，如图 18.56 所示。

(23) 返回【场景 1】，选择【图层 7】的第 56 帧，在【库】面板中，将【返回】按钮元件拖入到舞台并调整其到适当位置，如图 18.57 所示。

(24) 选中【返回】按钮元件，在【属性】面板中，将【实例名称】设置为"f1"，如图 18.58 所示。

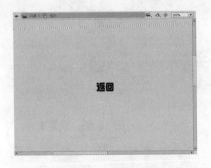

图 18.55 输入文本

图 18.56 更改文本颜色

图 18.57 调整按钮元件

图 18.58 设置实例名称

(25) 在【图层 7】的第 56 帧处单击右键，在弹出的快捷菜单中选择【动作】命令，在打开【动作】面板中输入代码，如图 18.59 所示。输入完成后，关闭【动作】面板。

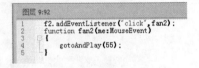

图 18.59 输入代码

18.2.2 【美文欣赏】页面的制作

下面将介绍【美文欣赏】页面的制作。

(1) 新建【图层 8】，并在其第 92 帧处插入关键帧，如图 18.60 所示。

(2) 打开【库】面板，选择"背景 3.jpg"并将其拖入到舞台中。在舞台中选中"背景 3.jpg"，在【对齐】面板中，选中【与舞台对齐】复选框，然后分别单击【匹配宽和高】按钮、【水平中齐】按钮和【垂直中齐】按钮，调整后的效果如图 18.61 所示。

图 18.60 插入关键帧

图 18.61 调整后的效果

(3) 打开【库】面板，将【矩形 1】图形元件拖入到舞台中，如图 18.62 所示。

(4) 在【属性】面板中，将【位置和大小】选项组中的 X 设置为 0、Y 设置为 12，将【宽】设置为 550、【高】设置为 340，如图 18.63 所示。

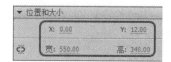

图 18.62　拖入元件　　　　　　　图 18.63　设置位置和大小

(5) 在【属性】面板中，将【色彩效果】选项组下的【样式】设置为 Alpha，并将 Alpha 的值设置为 60%，如图 18.64 所示。

(6) 将【图层 8】锁定，然后新建【图层 9】，在【图层 9】的第 92 帧处插入关键帧，如图 18.65 所示。

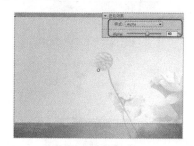

图 18.64　设置 Alpha 的值　　　　　图 18.65　插入关键帧

(7) 在工具栏中选取【文本工具】 T ，在【属性】面板中，将【文本类型】设置为动态文本，将【字符】选项组下的【系列】设置为【宋体】、【大小】设置为 14 磅、【颜色】设置为黑色，将【段落】选项组中的【行为】设置为【多行】，如图 18.66 所示。

(8) 打开随书附带光盘中的"素材文本.txt"文档，选中所需的文本，如图 18.67 所示。

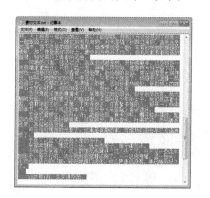

图 18.66　设置文本　　　　　　　图 18.67　选中文本

(9) 将所选的文本进行复制并粘贴到舞台中，在工具栏中选取【选择工具】，选择输入的文本，单击右键，在弹出的快捷菜单中选择【可滚动】命令，如图 18.68 所示。

(10) 在【属性】面板中，将【位置和大小】选项组中的 X 设置为 0、Y 设置为 25，将【宽】设置为 530、【高】设置为 318，如图 18.69 所示。

图 18.68　选择【可滚动】命令　　　　图 18.69　设置位置和大小

(11) 在菜单栏中选择【窗口】|【组件】命令，如图 18.70 所示。

(12) 打开【组件】面板，双击 User Interface 下的 UIScrollBar 组件，如图 18.71 所示。

图 18.70　选择【组件】命令　　　　图 18.71　双击 UIScrollBar 组件

(13) 将添加的组件调整到适当位置并调整其大小，如图 18.72 所示。

(14) 在【库】面板中，将【返回】按钮元件拖入到舞台并调整其位置，如图 18.73 所示。

图 18.72　调整组件　　　　　　图 18.73　调整【返回】按钮元件

(15) 选中按钮元件，在【属性】面板中，将【实例名称】设置为"f2"，如图 18.74 所示。

(16) 在【图层 9】的第 92 帧处右击，在弹出的快捷菜单中选择【动作】命令，在打开的【动作】面板中输入代码，如图 18.75 所示。

(17) 将【动作】面板关闭。

图 18.74　设置实例名称

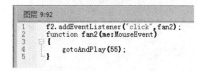

图 18.75　输入代码

18.2.3　【文章主旨】页面的制作

下面将介绍【文章主旨】页面的制作。

(1) 新建【图层 10】，在其第 93 帧处插入关键帧，如图 18.76 所示。

(2) 打开【库】面板，选择"背景 4.jpg"并将其拖入到舞台中，如图 18.77 所示。

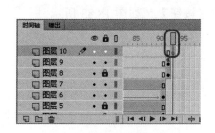

图 18.76　插入关键帧

图 18.77　选择"背景 4.jpg"

(3) 在舞台中选中"背景 4.jpg"，在【对齐】面板中，选中【与舞台对齐】复选框，然后分别单击【匹配宽和高】按钮、【水平中齐】按钮和【垂直中齐】按钮，调整后的效果如图 18.78 所示。

(4) 将【图层 10】锁定，然后新建【图层 11】，在其第 93 帧处插入关键帧，如图 18.79 所示。

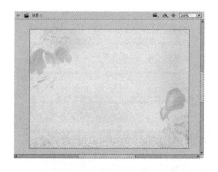

图 18.78　调整后的效果

图 18.79　插入关键帧

(5) 在工具栏中选取【文本工具】 T，在【属性】面板中，将【文本类型】设置为【静态文本】，将【字符】选项组下的【系列】设置为【宋体】、【大小】设置为 34 磅、【颜色】设置为黑色，如图 18.80 所示。

(6) 打开随书附带光盘中的"素材文本.txt"文档，选中所需的文本，如图 18.81 所示。

图 18.80　设置文本

图 18.81　选择所需的文本

(7) 将所选的文本进行复制并粘贴到舞台中。在舞台中对文本框进行适当调整，调整后的效果如图 18.82 所示。

(8) 创建【结束】按钮元件。按 Ctrl+F8 组合键，在弹出的【创建新元件】对话框中将【名称】设置为"结束"、【类型】设置为【按钮】，如图 18.83 所示。

图 18.82　调整文本

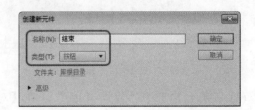

图 18.83　【创建新元件】对话框

(9) 单击【确定】按钮，进入元件编辑模式。在工具栏中选取【文本工具】 T，在【属性】面板中，将【系列】设置为【华文琥珀】、【大小】设置为 32 磅、【颜色】设置为黑色，如图 18.84 所示。

(10) 在舞台中输入文本"结束"，在【图层 1】的第 2 帧处，按 F6 键插入关键帧，将文本颜色更改为白色，如图 18.85 所示。

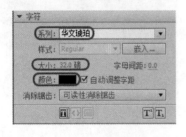

图 18.84　设置文本

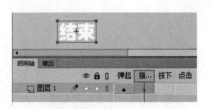

图 18.85　更改文本颜色

(11) 返回【场景 1】，选择【图层 11】的第 93 帧，在【库】面板中，将【结束】按钮元件拖入到舞台并调整其到适当位置，如图 18.86 所示。

(12) 选中【结束】按钮元件，在【属性】面板中，将【实例名称】设置为"js"，如图 18.87 所示。

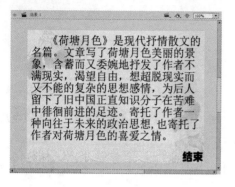

图 18.86 调整按钮元件

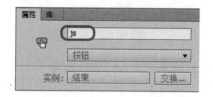

图 18.87 设置实例名称

(13) 在【图层 11】的第 93 帧处右击，在弹出的快捷菜单中选择【动作】命令，在打开的【动作】面板中输入代码，如图 18.88 所示。

(14) 关闭【动作】面板，锁定【图层 11】，然后新建【图层 12】，在其第 93 帧处插入关键帧，如图 18.89 所示。

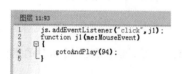

图 18.88 输入代码

图 18.89 插入关键帧

(15) 创建影片剪辑元件。按 Ctrl+F8 组合键，在弹出的【创建新元件】对话框中将【名称】设置为"矩形"、【类型】设置为【影片剪辑】，如图 18.90 所示。

(16) 打开【库】面板，选择【矩形 1】图形元件并将其拖入到舞台中。在舞台中选中【矩形 1】图形元件，在【属性】面板中，将【位置和大小】选项组中的【宽】设置为 550、【高】设置为 34，如图 18.91 所示

图 18.90 【创建新元件】对话框

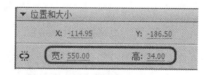

图 18.91 设置位置和大小

(17) 返回到【场景 1】，在【图层 12】的第 93 帧处，将创建的【矩形】影片剪辑元件拖入到舞台中，然后调整其位置，将其覆盖首行文本，如图 18.92 所示。

(18) 双击创建的【矩形】影片剪辑元件，进入【矩形】影片剪辑元件编辑模式，

如图 18.93 所示。

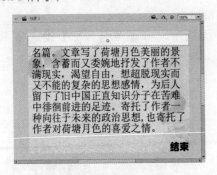

图 18.92　调整元件　　　　　　　图 18.93　【矩形】影片剪辑元件编辑模式

(19) 在【图层 1】的第 20 帧处插入关键帧，如图 18.94 所示。

(20) 选择第 1 帧，然后在工具栏中选取【任意变形工具】，缩小【矩形】元件的宽度，如图 18.95 所示。

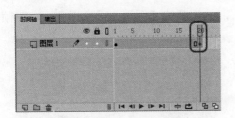

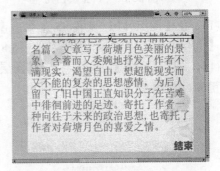

图 18.94　插入关键帧　　　　　　图 18.95　缩小【矩形】元件的宽度

(21) 在第 1 帧至第 20 帧之间右击，在弹出的快捷菜单中选择【创建传统补间】命令，创建传统补间动画，如图 18.96 所示。

(22) 选中【图层 1】的第 180 帧，按 F5 键插入帧，如图 18.97 所示。

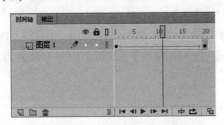

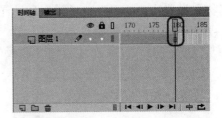

图 18.96　创建传统补间动画　　　　图 18.97　插入帧

(23) 新建【图层 2】并在其第 20 帧处插入关键帧，打开【库】面板，选择【矩形 1】图形元件并将其拖入到舞台中。在舞台中选中【矩形 1】图形元件，在【属性】面板中，将【位置和大小】选项组中的【宽】设置为 550、【高】设置为 34。然后调整其位置，将其覆盖第二行文本，如图 18.98 所示。

(24) 在【图层 2】的第 40 帧处插入关键帧，如图 18.99 所示。

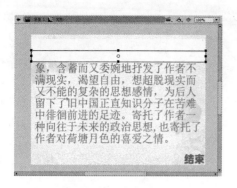

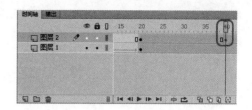

图 18.98　调整矩形元件　　　　　　　　　图 18.99　插入关键帧

（25）选择第 20 帧，然后在工具栏中选取【任意变形工具】，缩小【矩形 1】元件的宽度，如图 18.100 所示。

（26）在第 20 帧至第 40 帧之间右击，在弹出的快捷菜单中选择【创建传统补间】命令，创建传统补间动画，如图 18.101 所示。

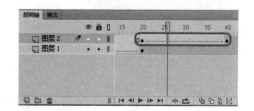

图 18.100　缩小【矩形 1】元件的宽度　　　　　图 18.101　创建传统补间动画

（27）按照相同的方法，创建其他图层的传统补间动画，如图 18.102 所示。

（28）新建【图层 10】，在第 180 帧处插入关键帧，如图 18.103 所示。

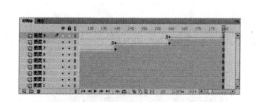

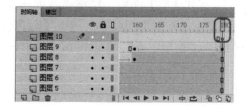

图 18.102　创建传统补间动画　　　　　　　图 18.103　插入关键帧

（29）打开【库】面板，选择【矩形 1】图形元件并将其拖入到舞台中，将【结束】按钮元件覆盖，如图 18.104 所示。

（30）在【图层 10】的第 180 帧处右击，在弹出的快捷菜单中选择【动作】命令，在打开的【动作】面板中输入代码，如图 18.105 所示。

（31）关闭【动作】面板，返回【场景 1】，如图 18.106 所示。

（32）将【图层 12】转换为遮罩层。在【时间轴】面板中右击【图层 12】，在弹出的快捷菜单中选择【遮罩层】命令，如图 18.107 所示。

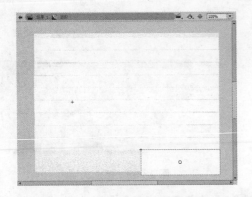

图 18.104　拖入【矩形 1】图形元件

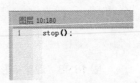

图 18.105　输入代码

图 18.106　返回【场景 1】

图 18.107　转换为遮罩层

18.3　结束页面的制作

最后将介绍结束页面的制作方法。

(1) 新建【图层 13】，在其第 94 帧处插入关键帧，如图 18.108 所示。

(2) 打开【库】面板，选择"背景 5.jpg"并将其拖入到舞台中。在舞台中选中"背景 5.jpg"，在【对齐】面板中，选中【与舞台对齐】复选框，然后分别单击【匹配宽和高】按钮、【水平中齐】按钮和【垂直中齐】按钮，调整后的效果如图 18.109 所示。

图 18.108　插入关键帧

图 18.109　调整后的效果

(3) 在第 110 帧处插入帧，然后将【图层 13】锁定，如图 18.110 所示。

(4) 新建【图层 14】，在第 94 帧处插入关键帧，如图 18.111 所示。

图 18.110　插入帧并锁定图层

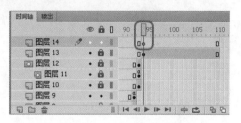

图 18.111　插入关键帧

(5) 单击工具栏中的【文本工具】 ，在【属性】面板中，将【字符】选项组下的【系列】设置为【华文琥珀】、【大小】设置为 56 磅、【颜色】设置为白色，如图 18.112 所示。

(6) 在舞台的右侧输入"谢谢观赏"文本并调整其位置，如图 18.113 所示。

图 18.112　设置文本

图 18.113　输入文本

(7) 在【图层 14】的第 110 帧处插入关键帧，如图 18.114 所示。

(8) 在舞台中调整文字的位置，如图 18.115 所示。

图 18.114　插入关键帧

图 18.115　调整文字的位置

(9) 在第 110 帧处右击，在弹出的快捷菜单中选择【动作】命令，在弹出的【动作】面板中输入代码，如图 18.116 所示。

(10) 关闭【动作】面板，在第 94 帧至第 110 帧之间右击，在弹出的快捷菜单中选择【创建传统补间】命令，创建传统补间动画，如图 18.117 所示。

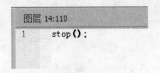

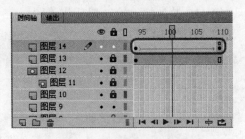

图 18.116　输入代码　　　　　　**图 18.117　创建传统补间动画**

(11) 课件制作完成后，按 Ctrl+Enter 组合键测试影片。最后将文件进行保存。

附录 习题答案

第 1 章

1. Flash 动画的特点？

答：Flash 动画具有矢量格式、支持多种图像格式文件导入、支持视/音频文件导入、支持导入视频、平台的广泛支持、Flash 动画文件容量小、制作简单且观赏性强、支持流式下载、交互性强等 9 个特点。

2. 计算机对图像的处理方式有哪两种？

答：计算机对图像的处理方式有矢量图形和位图图像两种。

3. 如何测试文件？

答：打开一个 Flash 影片文件后，按 Enter 键，或者在菜单栏中选择【控制】|【播放】命令，可以播放该影片。

第 2 章

1. 在使用【线条工具】绘制图形时，如何利用 Ctrl 和 Shift 键进行操作？

答：在绘制的过程中，如果按住 Shift 键，就可以绘制垂直、水平和 45 度斜线，这给绘制特殊的直线提供了方便，如果按 Ctrl 键可以暂时切换到【选择工具】，对工作区中的对象进行选取，当松开 Ctrl 键时，又会自动切回到【线条工具】。Shift 键和 Ctrl 键在绘图工具中经常会用到，它们被用作许多工具的辅助键。

2. 如何利用【多角星形工具】绘制五角星？

答：首先选择【多角星形工具】，然后打开【属性】面板，在【工具设置】选项组中单击【选项】按钮，随即会弹出【工具设置】对话框，将【样式】设为【星形】，将【边数】设为 5，然后单击【确定】按钮，这样就可以绘制五角星。

3. 如何设置辅助线的参数？

答：在菜单栏中选择【视图】|【辅助线】|【编辑辅助线】命令，打开【辅助线】对话框，可以对辅助线的参数进行设置。

第 3 章

1. 如何导入位图？

答：在菜单栏中选择【文件】|【导入】|【导入到舞台】命令，打开【导入】对话框，选择所需要的位图即可。

2. 如何设置导入音频的效果？

答：在音频层中任意选择一帧(含有声音数据的)，并打开【属性】面板，用户在【效果】下拉列表框中选择一种效果即可。

3. 如何将音频设为循环播放？

答：在【属性】面板的【声音】下拉列表框中可设置【重复】音频重复播放的次数，如果要连续播放音频，可以选择【循环】，以便在一段持续时间内一直播放音频。

第 4 章

1. 【选择工具】和【任意变形工具】的相同点和不同点？

答：相同点是都可以对图形进行选择，不同点是，【选择工具】可以对图形某一部分进行修改，【任意变形工具】可以对图形整体缩放。

2. 如何使用【任意变形工具】对图形进行等比缩放？

答：按住 Shift 键对控制点进行拉伸，即可以对其进行等比缩放。

3. 优化曲线的作用？

答：优化曲线通过减少用于定义这些元素的曲线数量来改进曲线和填充轮廓，这能够减小 Flash 文件的大小。

第 5 章

1. 【墨水瓶工具】、【颜料桶工具】、【滴管工具】的不同用处？

答：【墨水瓶工具】：使用墨水瓶工具可以在绘图中更改线条和轮廓线的颜色和样式。

【颜料桶工具】：使用【颜料桶工具】可以给工作区内有封闭区域的图形填色。

【滴管工具】：【滴管工具】就是吸取某种对象颜色的管状工具。在 Flash 中，【滴管工具】的作用是采集某一对象的色彩特征，以便应用到其他对象上。

2. 使用【任意变形工具】调整中心点的位置，有何用处？

答：中心点主要用于使用【任意变形工具】对图形进行调整时，以中心点位置为中心进行调整，当中心点位置发生变化时，在调整图形时也会发生变化。

3. 如何利用【橡皮擦工具】擦除外部线条？

答：选择【橡皮擦工具】后将模式设为【擦除线条】模式，这样就可以擦除线条。

第 6 章

1. 如何将输入的文字转换为图形？

答：选择输入的文字，执行两次【分离】命令，这样就可以将图形分离为文字。

2. 为什么有时候对文字执行【分离】命令时，文字会消失？

答：不能分离可滚动文本字段中的文本。而且【分离】命令只适用于轮廓字体，如 TrueType 字体。当分离位图字体时，它们会从屏幕上消失。只有在 Macintosh 系统上才能分离 PostScript 字体。

第 7 章

1. 在 Flash 中可以制作的元件类型有几种？

答：在 Flash 中可以制作的元件类型有三种：图形元件、按钮元件及影片剪辑元件。

2. 如何将图形对象转换为元件？

答：在舞台中选择要转换为元件的图形对象，然后在菜单栏中选择【修改】|【转换为元件】命令或按快捷键 F8，打开【转换为元件】对话框，在该对话框中设置要转换的元件类型，最后单击【确定】按钮。

3. 元件如何相互转换？

答：要将一种元件转换为另一种元件，首先要在【库】面板中选择该元件，并在该元件上单击鼠标右键，在弹出的快捷菜单中选择【属性】命令，打开【元件属性】对话框，在其中选择要改变的元件类型，然后单击【确定】按钮即可。

第 8 章

1. 如何应用【分散到图层】命令？

答：在菜单栏中选择【修改】|【时间轴】|【分散到图层】命令自动地为每个对象创建并命名新图层，并且将这些对象移动到对应的图层中，还可以为这些图层提供恰当的命名，如果对象是元件或位图图像，新图层将按照对象的名称命名。

2. 掌握帧的删除、移动、复制、转换与清除。

答：通过快捷菜单可以对帧进行删除、复制、转换与清除，移动帧直接用鼠标拖动即可。

3. 帧的删除和清除有何不同？

答：删除帧表示此帧被删除，清除帧则表示变为空白帧。

第 9 章

1. 创建传统补间动画中，需要具备哪两个前提条件？

答：

(1) 起始关键帧与结束关键帧缺一不可。

(2) 应用于动作补间的对象必须具有元件或者群组的属性。

2. 引导层在影片制作中起辅助作用，它可以分为哪两种？

答：引导层在影片制作中起辅助作用，它可以分为普通引导层和运动引导层两种。

3. 如何创建遮罩层？

答：

(1) 首先创建一个普通层——【图层 1】，并在此层绘制出可透过遮罩层显示的图形与文本。

(2) 新建一个图层——【图层 2】，将该图层移动到【图层 1】的上面。

(3) 在【图层 2】上创建一个填充区域和文本。

(4) 在该层上单击鼠标右键，从弹出的快捷菜单中选择【遮罩层】命令，这样就将【图层 2】设置为遮罩层，而其下面的【图层 1】就变成了被遮罩层。

第 10 章

1. 在【动作】面板中有哪几种模式选择，分别是什么？

答：在【动作】面板中有两种模式选择，分别是普通模式和脚本助手模式。

2. 变量的命名主要遵循 3 条规则，分别是什么？

答：

(1) 变量必须是以字母或者下划线开头，其中可以包括$、数字、字母或者下划线。如 _myMC、e3game、worl$dcup 都是有效的变量名，但是!go、2cup、$food 就不是有效的变量名了。

(2) 变量不能与关键字同名(注意 Flash 是不区分大小写的)，并且不能是 true 或者 false。

(3) 变量在自己的有效区域中必须唯一。

3. 在动作脚本中有哪 3 种类型的变量范围？

答：

(1) 本地变量：是在它们自己的代码块(由大括号界定)中可用的变量。

(2) 时间轴变量：是可以用于任何时间轴的变量，条件是使用目标路径。

(3) 全局变量：是可以用于任何时间轴的变量(即使不使用目标路径)。

第 11 章

1. 了解不同组件的不同用处？

答：略。

2. UI 组件的使用。

答：对于 UI 组件，用户既可以单独使用这些组件在 Flash 影片中创建简单的用户交互功能，也可以通过组合使用这些组件为 Web 表单或应用程序创建一个完整的用户界面。详细使用方法见本章节内容。

3. Video 组件的使用。

答：Video 组件主要包括 FLV PlayBack 组件和一系列视频控制按键的组件。通过添加该组件以播放 Flash 视频等。

第 12 章

1. 影片制作完成后如何测试影片

答：在菜单栏中选择【控制】|【测试影片】命令测试影片，也可以利用 Ctrl+Enter 组合键测试影片。

2. 为什么需要对 Flash 作品进行优化？

答：动画制作好之后需要对影片进行优化，只有进行优化后的动画才可以起到预想的效果，主要包括优化图形、声音、字体等。